Hans-Jürgen Zebisch
Fördertechnik 2
kurz und bündig
Stetigförderer und
Lagerwesen

Ing. (grad.) Ing. (grad.) Hans-Jürgen Zebisch

Fördertechnik 2
kurz und bündig

Stetigförderer und Lagerwesen

Stetigförderer, Flurförderzeuge, Lagerwesen, Transportrationalisierung

ISBN 3-8023-0058-0
Alle Rechte, auch des auszugsweisen Nachdrucks,
der fotomechanischen Wiedergabe und der Übersetzung, vorbehalten.
Printed in Germany
Copyright 1972 by Vogel-Verlag Würzburg
Herstellung Vogel-Verlag, Würzburg, Graphischer Betrieb

Vorwort

Es gibt nicht viele Fachgebiete, die vom Praktiker und Studenten ein solch umfangreiches technisches Fachwissen fordern, wie die Fördertechnik. Gut fundierte Kenntnisse der Maschinenelemente, des Stahlbaus und der praktischen Mechanik sind ebenso notwendig, wie ein solides Fachwissen auf den Gebieten der Elektrotechnik, Elektronik und Regelungstechnik. Neben diesem technischen „Know how" ist ein großer Erfahrungsschatz notwendig.

Dieses Werk in zwei Bänden soll kurz und bündig eine Gesamtübersicht über den heutigen Stand des betrieblichen Förder- und Lagerwesens liefern. Aus diesem Blickwinkel gesehen wird mit „Fördertechnik" eine Marktlücke geschlossen; deshalb sollte dieses preiswerte Informationsmittel auf keinem Studiertisch fehlen. Und auch der Praktiker, der gern nachschlagen möchte, dürfte auf dieses Buch zurückgreifen.

Auch wenn es nicht der eigentliche Sinn dieser Veröffentlichung sein kann, der raschen Änderungen unterworfenen Geräte- und Anlagentechnik das Hauptaugenmerk zu schenken, so ist ein Mindestmaß an Informationen auf diesem Sektor dennoch unerläßlich. Eine Vielzahl von praktischen Erfahrungsdaten werden dabei helfen, Vorauslegungsrechnungen durchzuführen.

An dieser Stelle möchte ich den im Anhang genannten Firmen für die Unterstützung durch Informationsmaterial, Meßdaten und manchen guten Rat, recht herzlich danken.

Verfasser und Verlag hoffen, daß dieses Buch seiner ihm zugedachten Aufgabe gerecht wird. Jede Anregung und Kritik wird jederzeit dankbar entgegengenommen.

Obertshausen *Hans-Jürgen Zebisch*

Inhaltsverzeichnis

	Vorwort	5
1.	**Stetigförderer**	7
1.1.	Allgemeines	7
1.1.1.	Einsatz von Stetigförderern	7
1.1.2.	Fördergut	8
1.2.	Bandförderer	9
1.2.1.	Gummigurtförderer; Gurte, Antriebe, Gurtspannanlagen, Tragrollen und Bandtraggerüst, Auf- und Abgabestellen, Gurt- und Trommelreinigung, Berechnung	10
1.2.2.	Stahlbandförderer	30
1.2.3.	Drahtbandförderer	30
1.3.	Gliederförderer	30
1.3.1.	Gliederbandförderer; Gliederband, Antrieb, Berechnung	30
1.3.2.	Kratzerförderer; Zugmittel, Mitnehmer und Rinne, Antrieb und Spanneinrichtung, Berechnung	39
1.3.3.	Trogkettenförderer; Trogkette, Antrieb und Spanneinrichtung, Berechnung	43
1.4.	Kreisförderer	48
1.4.1.	Zugmittel, Lastaufnahmemittel und Laufwerk	48
1.4.2.	Laufbahn und Umlenkeinrichtungen	51
1.4.3.	Antrieb, Spanneinrichtung und Schutzeinrichtungen	54
1.4.4.	Berechnung	55
1.5.	Becherwerke	59
1.5.1.	Senkrecht- oder Schrägbecherwerke (Elevatoren), Zugmittel und Becher, Antrieb und Spanneinrichtung, Aufgabe, Abgabe, Berechnung	59
1.5.2.	Pendelbecherwerke; Berechnung, Raumbewegliche Pendelbecherwerke, Schöpfbecherwerke	70
1.6.	Schneckenförderer	74
1.6.1.	Die Förderschnecke	75
1.6.2.	Der Fördertrog	75
1.6.3.	Der Antrieb	78
1.6.4.	Berechnung	78
1.7.	Schwerkraftförderer	80
1.7.1.	Rutschen	80
1.7.2.	Rollenbahnen; Rollen und Rollenträger, Berechnung von Schwerkraftrollenbahnen, Angetriebene Rollenbahnen, Berechnung der angetriebenen Rollenbahnen	81
1.8.	Schwingförderer	85
1.8.1.	Schüttelrutschen	85
1.8.2.	Schwingrinnen; Antriebe, Berechnung	86
1.9.	Pneumatische Förderer	102
1.9.1.	Saugluftförderanlagen	103
1.9.2.	Druckluftförderanlagen	103
1.9.3.	Berechnung	104
1.10.	Sonstige Förderanlagen	108
1.10.1.	Wandertische	108
1.10.2.	Schaukelförderer	109
1.10.3.	Umlaufförderer	110
1.10.4.	Stapelförderer	110
1.10.5.	Schleppkettenförderer	110
1.10.6.	Hydraulische Förderanlagen	110
1.11.	Wahl des geeigneten Fördersystems	111
2.	**Gleislose Flurförderzeuge**	112
2.1.	Schlepper	113
2.2.	Wagen	113
2.3.	Stapler	113
3.	**Lagerwesen**	116
3.1.	Allgemeines	116
3.2.	Lagerplanung	122
3.2.1.	Die betriebliche Situation des Lagers	122
3.2.2.	Zusammenhang von Lagergröße und Kapitalbindung	122
3.2.3.	Die Kommissionierung	122
3.2.4.	Die allgemeine Lagerkonzeption ...	122
3.2.5.	Heutige Erkenntnisse der Industrie für zukünftige Hochregalanlagen ...	123
4.	**Einrichtung der Transportrationalisierung**	126
4.1.	Paletten	126
4.2.	Container	127
	Literaturverzeichnis	149
	Stichwortverzeichnis	150

1. Stetigförderer

1.1. Allgemeines

1.1.1. Einsatz von Stetigförderern

Jede Neueinrichtung eines Fabrikationsbetriebes, jede Umstellung bzw. Erweiterung der Produktion erfordert eine gründliche Vorplanung. Die gesamten fertigungstechnischen, baulichen und maschinentechnischen Kenntnisse müssen zusammengefaßt und unter Berücksichtigung der Randbedingungen ausgewertet werden. Als Randbedingungen gelten: Art des Produktionsgutes, Umfang der Produktion, Fertigungs- und Fördermittel usw. Alle diese Überlegungen finden ihren Niederschlag im Gesamtlayout. Da der wirtschaftliche Transport der Güter eine wesentlichen Rolle spielt, kommt es auf die richtige Auswahl des Fördersystems an.

Die Stetigförderer können nach verschiedenen Gesichtspunkten eingeteilt werden. Die bekannteste Einteilung erfolgt nach der Art des **Förderguts**, und zwar in
a) Stetigförderer zur ausschließlichen Förderung von Schüttgut, wie beispielsweise Becherwerke;
b) Stetigförderer für die Förderung von Schütt- und Stückgut; der bekannteste Förderer dieser Art ist der Gurtbandförderer;
c) Stetigförderer, die ausschließlich zur Förderung von Stückgut eingesetzt werden, wie z. B. Kreisförderer, Rollenbahnen usw.

Eine Einteilung der Stetigförderer **nach ihrem konstruktiven Aufbau** in zwei Hauptgruppen ist ebenfalls möglich. Zu unterscheiden sind Förderer **mit** oder **ohne umlaufendes Zugmittel**, wobei das Zugmittel als Tragorgan dienen kann.

Eine weitere Unterscheidung in angetriebene und nichtangetriebene Stetigförderer ist ebenso möglich. Die physikalisch-mechanischen Eigenschaften des Fördergutes engen den Kreis der Stetigförderer, die für einen Fördervorgang in Betracht kommen, wesentlich ein; die einzelnen Fördermittel sind nicht im gleichen Maße für die verschiedenen Transportgüter geeignet. Die Auswahl des Fördermittels wird auch von der geforderten Fördermenge je Zeiteinheit beeinflußt. Baulich günstig sind Förderer, die das Gut ununterbrochen und mit großer Fördergeschwindigkeit transportieren. Mit der Geschwindigkeitserhöhung sinkt die auf den laufenden Meter der Förderlänge entfallende Fördergutmenge, so daß die Förderanlage einen kleineren Querschnitt erhält. So ist z. B. für große Fördermengen in der Zeiteinheit ein Gurtbandförderer besser geeignet als die mit geringeren Geschwindigkeiten betriebenen Kratzer- und Schneckenförderer.

Durch die Vorplanung kann bereits festgelegt werden, ob die Förderkapazität ausbaufähig sein muß oder nicht. Muß diese mögliche Leistungssteigerung einkalkuliert werden, so arbeitet die Anlage vorerst nur im Teillastbereich.

Ferner sind **Richtung** und **Länge** des Förderwegs wichtige Faktoren bei der Auswahl eines Stetigförderers. Dabei ist besonders die gegenseitige **Lage** der Auf- und Abgabestellen des Fördergutes zu beachten. Während bei einigen Stetigförderern eine **Richtungsänderung** des Förderweges sowohl in der Ebene als auch räumlich leicht durchführbar ist, ist bei anderen dagegen nur eine geradlinige Förderrichtung möglich. Außerdem ist bei bestimmten Bauarten die **Förderlänge** begrenzt. Besonders zu achten ist auf eine möglichst geringe Zahl von Übergabestellen, die die Betriebssicherheit herabsetzen und die Güte des Förderguts mindern können.

Die Art der Be- und Entladung beeinflußt ebenfalls die Auswahl des **Stetigförderers.** Einige Bauarten können das Gut selbst aufnehmen, andere müssen mit besonderen Aufgabevorrichtungen ausgerüstet oder manuell beladen werden. Schüttgüter werden entweder auf Halden oder in Bunkern gelagert; bei der ersten Lagerart wird das Gut mittels Schaufeln, Schrappern usw. dem Fördermittel zugeführt, während bei der zweiten die Zuführung ohne besondere zusätzliche Einrichtungen erfolgen kann.

Die Auf- und Abgabe der **Stückgüter** kann ebenfalls auf verschiedene Weise erfolgen; dabei ist jedoch darauf zu achten, daß zusätzlicher Arbeitsaufwand und Hilfsmittel möglichst vermieden werden.

Die grundlegende **Forderung** bei der Auswahl kann wie folgt formuliert werden:

Geld, Zeit und Arbeitskräfte einsparen durch Erleichterung und Vereinfachung der Transportarbeit mittels besserer Methoden und besserer Fördermittel.

1.1.2. Fördergut

Die Art des Fördergutes sowie dessen physikalische Eigenschaften sind die Hauptfaktoren zur Bestimmung der Bauart und der Konstruktionsdaten der Förderanlage. Sie müssen deshalb beim Entwurf der Anlage bekannt sein. Die Fördergüter gliedern sich in Stück- und Schüttgüter.

Stückgüter sind alle normalerweise anzahlmäßig erfaßbaren Einzellasten, verpackte Güter und mehr oder weniger große Massengüter. Hierzu zählen z. B. Kisten, Bauteile, Blöcke usw. Die Kennzeichnung der Stückgüter erfolgt nach den Hauptabmessungen, der Form, dem Stückgewicht usw.

Schüttgüter sind die verschiedenartigsten stückigen, körnigen und staubförmigen Güter, wie Erze, Sand, Getreide, Zement usw. Die Kennzeichnung erfolgt mit Hilfe ihrer physikalischen Eigenschaften. Hierzu zählen die Stückigkeit bzw. die Körnung, das Schüttgewicht, die Wichte, die Feuchtigkeit, die gegenseitige Verschiebbarkeit der Teilchen, der natürliche Böschungswinkel, die Verschleißwirkung und sonstige Eigenschaften.

Stückigkeit bzw. Körnung: Unter Stückigkeit eines Schüttgutes versteht man die Kennzeichnung der Teilchen und deren größenmäßige Zusammensetzung. Bei stückigen Gütern dient die maximale Korngröße a (der diagonal gemessene größte Kantenabstand) zur Kennzeichnung (Bild 1.1.1).

Je nach der Gleichmäßigkeit der Zusammensetzung unterscheidet man sortierte und unsortierte Schüttgüter.

Beim **sortierten Schüttgut** gilt (1)

$$a_{max} : a_{min} \leq 2{,}5$$

Die Stückigkeit bzw. Körnung wird mit (2)

$$a_k = \frac{1}{2} \cdot (a_{max} + a_{min}) \text{ in mm}$$

angegeben.

Beim **unsortierten Schüttgut** gilt (3)

$$a_{max} : a_{min} > 2{,}5$$

Die Festlegung von a_k erfolgt nach der Kantenlänge des größten Stücks. Ist bei einer Schüttgutprobe der Anteil der Stücke von $0{,}8 \cdot a_{max}$ bis a_{max} größer als 10% des gesamten Probengewichtes, so wird die Stückigkeit a_k durch a_{max} angegeben, d. h., $a_k = a_{max}$. Ist der Anteil kleiner als 10% des Gesamtgewichtes, so gilt $a_k = 0{,}8 \cdot a_{max}$.

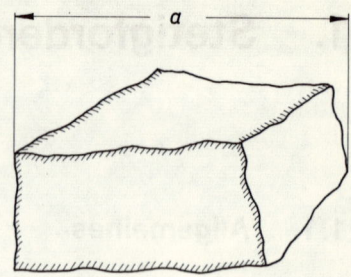

Bild 1.1.1. Die Korngröße von stückigem Schüttgut

In Tafel 1 ist die Gliederung der Schüttgüter nach Stückigkeit und Körnung angegeben.

Unter dem **Schüttgewicht** γ_s versteht man das Gewicht einer Raumeinheit des geschütteten Gutes. Es stellt eine wichtige Größe zur Leistungsbestimmung der Förderanlage dar. Manchmal unterscheidet man das Schüttgewicht von losem und verdichtetem Schüttgut. Das Verhältnis der beiden Schüttgewichte stellt den sogenannten **Verdichtungsgrad** dar.

In Tafel 2 sind die Schüttgüter nach dem Schüttgewicht aufgegliedert. In Tafel 3 ist eine alphabetische Zusammenstellung der Schüttgewichte angegeben.

Natürlicher Böschungswinkel

Wird das Schüttgut lose auf eine waagerechte Fläche geschüttet, so bildet sich eine ganz bestimmte Böschung, deren Neigungswinkel gegen die Ebene als natürlicher Böschungswinkel β bezeichnet wird (Bild 1.1.2). Der Böschungswinkel ist abhängig von der gegenseitigen Verschiebbarkeit der Schüttgutteilchen; je größer deren Verschiebbarkeit ist, um so kleiner ist der Winkel β. Man unterscheidet zwischen dem Böschungswinkel β der Ruhe und β_b der Bewegung. Angenähert kann man mit $\beta_b \approx 0{,}7 \cdot \beta$ gerechnet werden. Allgemein gilt:

$$\beta_b = (0{,}5 \cdots 1) \cdot \beta$$

Reibung

Bei der Konstruktion der Fördermittel und deren Hilfseinrichtungen spielen die Reibungszahlen der

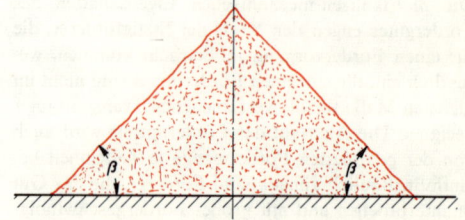

Bild 1.1.2. Der natürliche Böschungswinkel

Schüttgüter auf verschiedenen Unterlagen eine große Rolle. In Tafel 4 sind Reibungszahlen und die Böschungswinkel der wichtigsten Schüttgüter aufgeführt.

Als **Verschleißwirkung** wird die Eigenschaft der Schüttgutteilchen bezeichnet, die bei Bewegung mit ihnen in Berührung kommenden Oberflächen der Anlagenteile abzunutzen. Stark schleißende Güter sind Bauxit, Zement, zerkleinerte Erze, Sand, Koks u. ä.

1.2. Bandförderer

DIN-Erläuterung: Bandförderer sind Schütt- und Stückgutförderer für vorwiegend waagerechte oder geneigte Förderung mit Gurten und Bändern als Trag- und Zugorgan. Das Band wird von Stützrollen (Tragrollen) getragen.

Ausführungen: ortsfest — ortsveränderlich
flach — gemuldet

Die Bandförderer sind bei der Förderung von Stück- und Schüttgütern sehr weit verbreitet. Dieser Umstand ist auf hohe Förderleistungen (bis 5000 m³/h), große Förderlängen (bis 5000 m), einfache Konstruktion, geringe Wartung, geringen Verschleiß und relativ geringe Antriebsleistung zurückzuführen. Die Begrenzung des Einsatzes liegt im wesentlichen bei der Steilförderung (Richtwerte der möglichen Steigung s. Tafel 3) und der Förderung heißer Güter. Um Steigungswinkel bis zu 45° zu erreichen, werden auf den Gurt Stollen aufvulkanisiert. Zwei solcher **Steilfördergurte** werden in Bild 1.2.1 gezeigt.

In den folgenden Abschnitten sollen nur Normalausführungen der Gurtförderer behandelt werden, bei denen allein das Gurtobertrum dem Transport dient. Sonderausführungen für doppelstöckige Förderung finden vorwiegend im Untertagebergbau Verwendung. Diese doppelt genutzten Förderbänder dienen dem gleichzeitigen Transport von Kohle auf dem Obergurt schachtwärts und Versatzmaterial auf dem Untergurt bergwärts.

Jede Bandanlage besteht grundsätzlich aus folgenden Bauteilen (Bild 1.2.2):

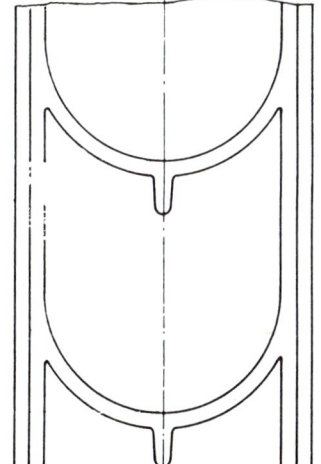

Bild 1.2.1. Steilfördergurte

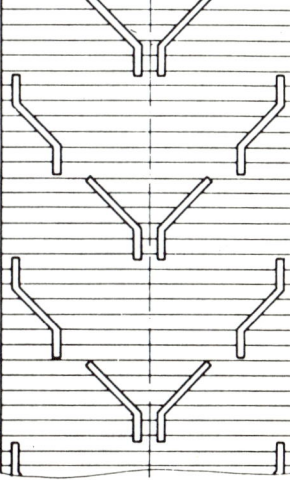

Bild 1.2.2. Aufbau einer Bandanlage
1. Gurt
2. Antrieb
3. Gurtspannanlage
4. Bandrollen und Traggerüst
5. Bandumkehre
6. Aufgabestelle
7. Gurt- und Trommelreinigung
8. Gurtgeradlauf und Sicherheitseinrichtungen

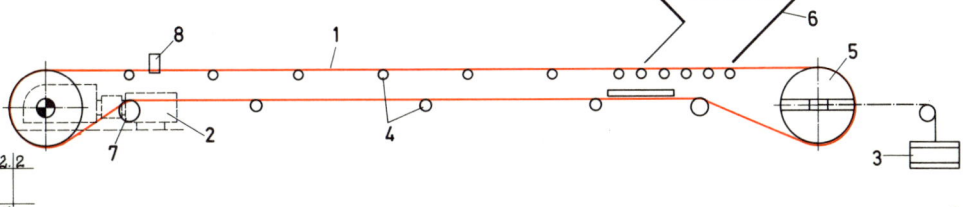

Bild 1.2.3. Baumwollgewebegurt

Wie der Name bereits sagt, hat der Gurtförderer als Trag- und Zugmittel einen endlosen Fördergurt. Dieser Gurt ist entweder ein reiner Textilgurt oder ein Gummigurt mit Gewebeeinlage. Besonders in der Lebensmittelindustrie haben sich auch Kunststoffgurte durchgesetzt. Bei einigen relativ selten vorkommenden Gurtförderern werden Gummigurte mit Stahlgewebeeinlagen oder Stahlband- bzw. Drahtbandgurte verwendet.

Außer den speziellen Bedingungen, die vom jeweiligen Fördergut herrühren, müssen noch folgende erfüllt werden:
Widerstandsfähigkeit des Gurtes gegen Verschleiß
Hohe Lebensdauer
Geringe Dehnung bei Belastung
Möglichst keine Feuchtigkeitsaufnahme
Große Festigkeit bei geringem Eigengewicht
Widerstandsfähigkeit gegen Wechselbeanspruchung, bedingt durch häufige Gurtumlenkung

1.2.1. Gummigurtförderer
Gurte
Grundsätzlich wird zwischen Gurten mit **Textilien** und solchen mit **Stahlseilen als Zugträger** unterschieden.

a) Textilgurte
Ein aus Textilien aufgebauter Gurt besteht aus mehreren übereinanderliegenden Gewebeeinlagen, die nach der Friktion (in diesem Falle Tränkung mit Gummi) mit dünnen Gummizwischenlagen zu einem Gewebepaket zusammenvulkanisiert werden, um sie vor äußeren Einflüssen zu schützen.

Das Gewebepaket enthält Deckplatten und Seitenkanten aus Gummi oder einem geeigneten Kunststoff (PVC) je nach Verwendungszweck und Einsatzbedingungen (z. B. Hitzebeständigkeit). Nach DIN 22102 sind Angaben über die Beschaffenheit und Prüfung der Gurte mit allen einschlägigen Hinweisen festgelegt.

Bei Gummigurten mit Textileinlage erfolgt die Kennzeichnung durch den Werkstoff und die statische Zerreißfestigkeit in Längsrichtung je cm Breite und Lage (in kp/cm).

Gebräuchlichste Einlagen bestehen aus
B: Baumwolle (Naturfaser) mit Zugfestigkeiten von 50, 60, 80, 100 kp/cm pro Einlage. Der Einfluß von Feuchtigkeit macht sich in bezug auf die Festigkeit kaum bemerkbar.

Z: Zellwolle (halbsynthetische Chemiefaser) wird aus regenerierter Zellulose hergestellt. Die Zugfestigkeiten liegen wesentlich höher als bei Baumwolle. Gebräuchlich ist der Typ Z 90 mit etwa 110 kp/cm Festigkeit pro Einlage. Bei Nässe kann die Zugfestigkeit bis auf 65% absinken.

R: Reyon (synthetische Chemiefaser) dient zur Übertragung von hohen Zugkräften. Diese Einlagen zeichnen sich durch kleine Gewichte, geringe Gurtdicken und gute Flexibilität aus. Sie haben eine gute Gebrauchsdehnung und im trockenen wie im nassen Zustand die gleiche Festigkeit. Oftmals findet man auch Gewebe mit Reyon in Kette und Perlon im Schuß, die die Abkürzung RP tragen.

Der Aufbau der Gurte ist in den Bildern 1.2.3 und 1.2.4 dargestellt. Die **Bruchdehnung** beträgt bei Gummigurten mit Einlagen aus Baumwolle etwa 14%, aus Reyon etwa 10%, aus Zellwolle etwa 12%.
Flammwidrige Gurte für den Bergbau werden mit synthetischem Gummi (z. B. Neoprene) oder Kunststoffen (PVC) hergestellt; für die Nahrungsmittelindustrie geruchlose Gummigurte; **Heißgutbänder** bis 150 °C.

Bezeichnung: z. B. 5 × R 125, das sind 5 Reyoneinlagen mit einer Zugfestigkeit von 125 kp/cm ($k_z = 125$ kp/cm).

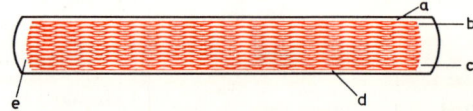

Bild 1.2.4. Kunstseide-Gewebegurt, a) Tragschicht, b) Einlage, c) Zwischenschicht, d) Laufschicht, e) Kantenschutz

Bestimmung der Einlagenzahl
Der maximale Gurtzug F_1 (im Anlauf- oder Bremszustand — für die Überschlagsrechnung genügt jedoch der stationäre Zustand) dient zusammen mit der Gurtkonfektion und der Bandbreite B zur Festlegung der Einlagenzahl. Da hierbei nur mit der reinen Zugspannung gerechnet wird und die Biegespannungskomponente unberücksichtigt bleibt, muß die Sicherheit v_z mindestens 5 betragen. Bei der Berechnung der Gurtfestigkeit in der Verbindung wird mit einer Einlage weniger als im vollen Bandquerschnitt gerechnet, bei einem 3-Lagen-Gurt also nur zwei tragende Einlagen in der Verbindung.

$$z = \frac{F_1 \cdot v_z}{B \cdot k_z} \quad (4)$$

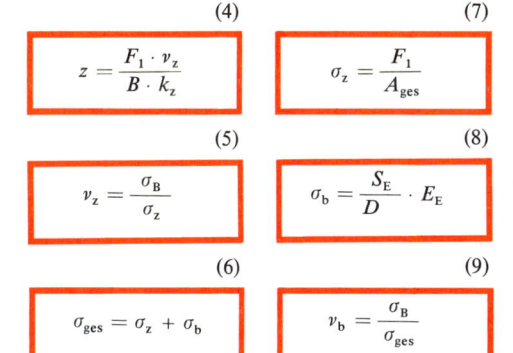

$$\sigma_z = \frac{F_1}{A_{ges}} \quad (7)$$

$$v_z = \frac{\sigma_B}{\sigma_z} \quad (5)$$

$$\sigma_b = \frac{S_E}{D} \cdot E_E \quad (8)$$

$$\sigma_{ges} = \sigma_z + \sigma_b \quad (6)$$

$$v_b = \frac{\sigma_B}{\sigma_{ges}} \quad (9)$$

z = Einlagenzahl ($z_{min} = 2$)
B = Bandbreite
F_1 = maximaler Bandzug
k_z = Zugfestigkeit
v_z = Sicherheit (5···10, da nur Zug berücksichtigt)
σ_B = Bruchfestigkeit
σ_z = Zugspannung
σ_b = Biegespannung
σ_{ges} = Gesamtspannung
v_b = Sicherheit (3···5, da Biegeanteil mit berücksichtigt)
A_{ges} = Querschnittsfläche aller Einlagen
s_E = Einlagenstärke
D = Trommeldurchmesser
E_E = E-Modul der Einlage (für Kunststoffe $E_E \approx 7000$ kp/mm²; für Gummi $E_E \approx 200···1000$ kp/cm²)

Gewichte von Textilgurten
In allen Berechnungen der Bandanlage muß das Gewicht des Gurtes bekannt sein, das neben dem Einlagengewicht der Konfektion auch von der Dicke der Gummidecke und deren Qualität je m² abhängt. In Tafel 5 sind die ungefähren Gewichte verschiedener Qualitäten je m² ohne Gummidecke angegeben.
Zu diesen Gewichten kommen Zuschläge für die Gummidecken an der Lauf- und Tragseite. Diese Gewichte betragen bei 1 mm Dicke je m² für:

    normale abriebfeste Decken   1,2 kp
    flammwidrige Decken   1,3 kp
    PVC-Decken   1,4 kp

Die Dicke der Gummidecke für die Laufseite und für die Tragseite richtet sich nach der Beschaffenheit des Fördergutes. Grobstückiges und spezifisch schweres Fördergut verlangt besonders auf der Tragseite eine dickere Gummidecke als feinkörniges und spezifisch leichteres Fördergut (Tafel 6).
Die Qualität der Gummidecke wird auch von der Temperatur des Fördergutes und dem Einsatzort bestimmt. Neben den Normalqualitäten werden Heißgutförderbänder für Dauertemperaturen bis zu 150 °C zur Förderung von Koks, Formsand, Zement, Schlacke, Asche usw. und flammwidrige Gurte besonders für den Untertagebetrieb hergestellt.
Für Steilförderbänder (Bild 1.2.1) werden neben den glatten Gummidecken auch profilierte hergestellt, die je nach Verwendungszweck Fischgräten-, Pyramiden-, Warzen- oder Querprofile tragen.

Trommeldurchmesser für Textilgurte
Nach DIN 22101 werden folgende Trommeldurchmesser vorgeschlagen:
D = 200, 250, 320, 400, 500, 630, 800, 1000, 1250, 1400, 1600, 1800, 2000 mm.
Der Trommeldurchmesser ermittelt sich zu

$$D = \frac{360 \cdot F_u}{p \cdot \pi \cdot \alpha \cdot B} \quad (10)$$

F_u = Umfangskraft in kp
p = Übertragungsbeiwert in kp/m²
   p_B = (2000···4000) kp/m²
   p_R = (3000···6000) kp/m²
   p_{RP} = (3000···6000) kp/m²
α = Umschlingungswinkel in 1°
B = Bandbreite in m (vgl. Tafel 7)
D = Trommeldurchmesser in m
wobei jedoch folgender Mindestdurchmesser nicht unterschritten werden sollte:

$$D_{min} = x \cdot z \quad (11)$$

D_{min} = Mindestdurchmesser in m
x = Multiplikator (n. Tafel 8)
z = Einlagenzahl
Der so ermittelte Durchmesser gilt für die **Antriebstrommel**. Der Durchmesser der **Umkehrtrommel** kann mit
$$D_U \approx 0{,}8 \cdot D$$
und der der **Drucktrommel** mit
$$D_D \approx 0{,}65 \cdot D$$
überschlägig ermittelt werden.

Gurtmuldung
Die zulässige Gurtmuldung ist von der Bandbreite und der Konfektion der Gummigurte abhängig. Je höher die Anzahl und je größer die Festigkeit der Einlagen sind, desto breiter muß der Gurt sein, um sich in die durch den Rollensatz gegebene Mulde einlegen zu können. In den Tafeln 9 und 10 sind die für Baumwoll- und Kunstfasergurte erforderlichen **Mindestbandbreiten** bei einer Muldung von 20 und

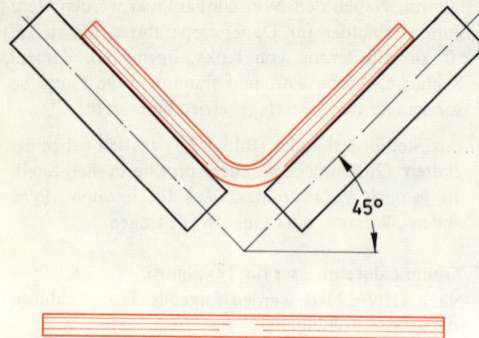

Bild 1.2.5. Gurtmuldung durch zwei Rollen (Gurt mit geschwächter Mittelzone)

Übergangslängen

Die Übergangslängen vom ebenen Ablauf einer Trommel in die Gurtmuldung und umgekehrt müssen überprüft werden (Bild 1.2.8). Um Überdehnungen durch die Gurtmuldung in den Randzonen zu vermeiden, erfolgt vor Ablauf des gemuldeten Gurtes auf die Antriebstrommel, also im Bereich des größten Gurtzuges, eine stufenweise Abmuldung in mehreren Rollensätzen, so z. B. von einer 30°-Muldung mit einem 20°- und einem 10°-Muldenrollensatz.

Die Abmuldungslänge l_A ergibt sich aus folgender Formel:

(12)
$$l_A \geq b \cdot y \cdot \sqrt{1 - \cos \alpha}$$

y = Hilfsfaktor;
für Baumwollgurte ist $y = 10$
für RP-Gurte ist $y = 11{,}5$
für Stahlseilgurte ist $y = 22{,}5$
Diesem Berechnungsverfahren ist bei Textilgurten eine Randdehnung von 0,8% und bei Stahlseilgurten von 0,2% zugrunde gelegt.

30° in Abhängigkeit von der Qualität und der Einlagenzahl aufgeführt. Auch bei 4- und 5-Mulden-Rollensätzen soll die Abwinkelung von Rolle zu Rolle nicht mehr als 30° betragen.
Durch besondere Ausbildung des Gurtes lassen sich ohne weiteres andere Muldungsformen erreichen, z. B.:
1. durch Schwächung der Gurtmittelzone ein 2-Rollen-Muldensatz mit einem Muldungswinkel bis zu 45° (z. B. für Steilförderbänder, Bild 1.2.5).
2. durch Schwächung der Gurtrandzonen ein Muldensatz mit einer langen waagerechten mittleren Rolle und zwei unter annähernd 90° anstehenden kurzen seitlichen Führungsrollen (z. B. für Kastenbänder, Bild 1.2.6).
An Aufgabestellen wird durch Anordnung von 5-Mulden-Rollensätzen eine besonders günstige, beinahe halbkreisförmige Gurtmuldung erzielt, wobei die äußeren Seitenrollen unter einem Neigungswinkel von maximal 60° stehen (Bild 1.2.7). Die Voraussetzung sind muldungsgünstige Gurte. Die Zuführung des Förderstromes auf die nach der Aufgabestelle normal mit 3 Rollen gemuldete Bandstrecke erfolgt gut mittig.

Dehnung bei Gummigurten

Man unterscheidet bei Gummigurten zwischen der Bruch- und der Betriebsdehnung. Von der Betriebsdehnung sind ⅔ bleibende Dehnung und ⅓ die im Gurt verbleibende Restelastizität. Die bleibende Dehnung wird durch Gurtkürzung oder durch Nachziehen der Bandumkehre oder durch eine Bandschleife, die elastische Dehnung durch die Spanneinrichtung aufgenommen.

	Bruch-dehnung	Betriebs-dehnung
Baumwollgewebegurt	12%	1,2···2%
Kunstseidengewebegurt	12···15%	1,2···1,5%
Stahlseilgurt	2%	0,15···0,2%

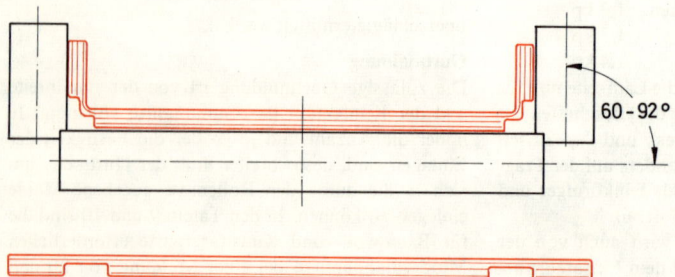

Bild 1.2.6. Kastenband (Gurt mit geschwächter Randzone)

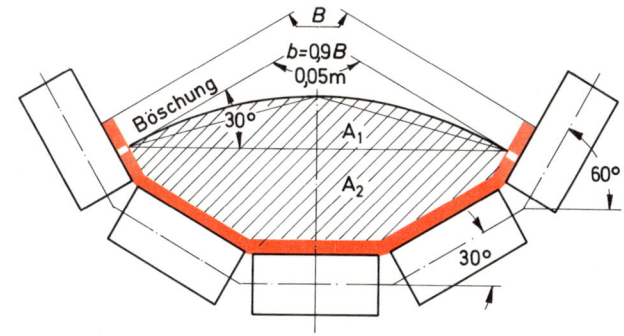

Bild 1.2.7. *Aufgabestelle mit 5-Mulden-Rollensatz*

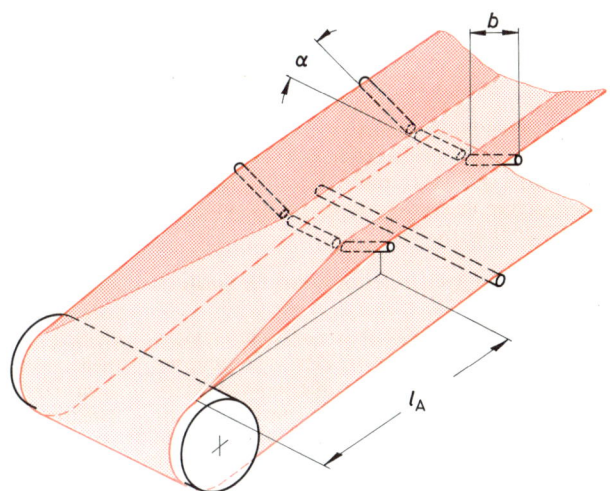

Bild 1.2.8. *Übergang des Gurtes von der Trommel in die Muldung*

Gurtverbindungen

Man unterscheidet zwischen der mechanischen Verbindung (Haken- und Scharnierverbindung) und der Endlosvulkanisation. Die mechanischen Verbindungen kommen jedoch nur für leichte Bandanlagen in Betracht, da nur bis maximal 70% des Gurtzuges übertragen werden können.

Die Endlosvulkanisation ist für alle hochbelasteten und stationären Anlagen zu empfehlen. Diese Verbindung kann den Gurtzug nahezu in vollem Umfang aufnehmen, so daß die Gurtqualität voll ausgenutzt wird.

b) Stahlseilgurte

Immer höhere Anforderungen an die Zugkraft der Fördergurte führen zu der Verwendung von Stahlseilen als Zugträger, wobei diese in einer Ebene dicht nebeneinander liegen. Zur Bezeichnung von Stahlseilgurten wurde die Bezeichnung „St." eingeführt. Die folgende Zahl (800···6000) gibt die Bruchfestigkeit je cm Bandbreite an.

Die Stahlseile haben eine bestimmte Teilung, sind nach bekannten Verfahren der Metall-Gummi-Bindung mit einer Kernmischung umhüllt und gegen Korrosion verzinkt. Die Deckplatten bestehen aus Kautschukmischungen wie normale äußere Gummischichten und sind von bester kerbzäher und abriebfester Qualität. Ihre Mindestdicke ist höher als bei Textilgurten, damit sich die hochgespannten Stahlseile an den Antriebstrommeln nicht durchdrücken (Bild 1.2.9). Stahlseilgurte zeichnen sich durch geringe Dehnung, damit durch kurze Spannwege, gute Muldungsfähigkeit und hohe Lebensdauer aus. Die Durchmesser der Antriebs- und Umlenktrommeln können wesentlich kleiner als bei Textilgurten mit ähnlichen Zugeigenschaften gewählt werden.

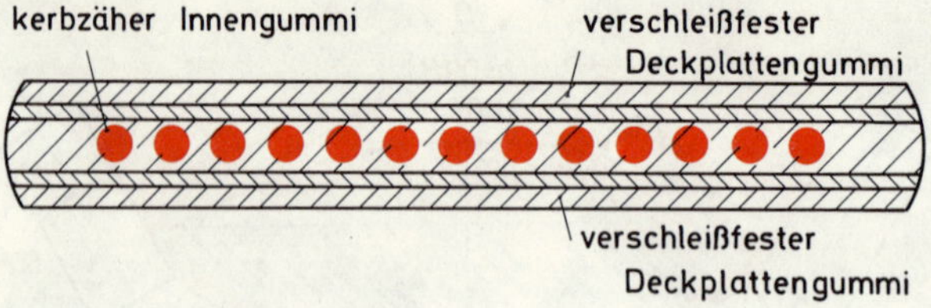

kerbzäher Innengummi   verschleißfester
                       Deckplattengummi

Bild 1.2.9. Gewebefreier Stahlseilgurt

verschleißfester
Deckplattengummi

Bestimmung der Gurtqualität
Wie beim Gewebegurt wird die richtige Gurtqualität aus dem maximalen Gurtzug F_1 ermittelt. Auch hier muß die Sicherheitszahl $v_z > 5{,}2$ unbedingt eingehalten werden. Für die Berechnung der Gurtfestigkeit in der Verbindung sind Festigkeitsverluste zu beachten (einstufige Verbindung 10%, zweistufige 15%, dreistufige 20% Verlust).
In Tafel 11 sind die wichtigsten Werte von gewebefreien Stahlseilgurten zusammengefaßt. Bei großen und schweren Einzelstücken im Förderstrom wird die Deckplatte der Tragseite verstärkt. Je mm Deckplatte erhöht sich das Gurtgewicht um 1,1 kp/m² für Normaldecken und um 1,3 kp/m² für flammwidrige Gurtdecken (FW-Decken).

Bestimmung der Trommeldurchmesser für Stahlseilgurte
Für die Übertragungsfähigkeit zwischen Trommel und Gurt ist in erster Linie die Flächenpressung am Anlaufpunkt maßgebend. Der Biegewiderstand ist erst in zweiter Linie wichtig. Der Durchmesser der **Antriebstrommel** kann nach Gleichung 10 ermittelt werden; $p_{St} = (5000 \cdots 15\,000)$ kp/m².
Der Durchmesser der **Umkehrtrommel** (Spanntrommel) kann mit

$$D_U \approx 0{,}8 \cdot D$$

und der der **Drucktrommel** (Ablenktrommel) mit

$$D_D \approx 0{,}5 \cdot D$$

überschlägig ermittelt werden.
Für die Ermittlung der Gesamtspannung gelten die Gleichungen 6, 7 und 8. Für A_{ges} ist dabei der metallische Querschnitt aller Drahtseile und anstelle von s_E der Durchmesser eines einzelnen Drahtes zu setzen; für E_E werden 21 000 kp/mm² eingesetzt.
Vollbeanspruchte Gurte erfordern größere Trommeldurchmesser als Gurte, deren Zugbeanspruchung nicht voll ausgenutzt wird. Die Gurthersteller geben die in Tafel 12 genannten Richtwerte an.

1.2.1.2.   Antriebe

Bei Gurtförderern erfolgt die Kraftübertragung von der Antriebstrommel auf den Gurt durch Reibung. Der Antrieb selbst besteht aus Motor, Getriebe und Antriebstrommel. Bei Schrägförderung ist ferner eine Rücklaufsperre nötig, damit ein Rücklaufen des Gurtes verhindert wird. Die Kraftübertragung von der Antriebstrommel auf den Gurt ist abhängig
vom Trommeldurchmesser,
von der Größe des umspannenden Bogens auf der Trommel,
vom Reibungskoeffizienten zwischen Gurt und Trommel sowie
von der Gurtkraft im ablaufenden Trum.
Da der Trommeldurchmesser nicht beliebig groß gewählt werden kann, wird bei hohen Gurtzügen der Umschlingungswinkel α vergrößert und der Reibungswert μ durch Reibbeläge erhöht. Ferner muß eine geeignete Gurtspannanlage besonders beim Anfahren für die richtige Vorspannung sorgen.
Läßt sich trotz dieser Maßnahmen der vorhandene Gurtzug nicht übertragen, so verwendet man Antriebe mit mehreren Antriebstrommeln.
Somit ergibt sich die Unterteilung in Eintrommel-, Zweitrommel- und Mehrtrommelantriebe.
Für die Wahl zwischen Eintrommel- und Mehrtrommelantrieb ist entscheidend, ob die erreichte Umfangskraft vom Eintrommelantrieb übertragen werden kann und der gewählte Gummigurt noch wirtschaftlich ist. Bei Mehrtrommelantrieben, die meist etwas niedrigere Gurtzüge haben, genügen oft Gurte geringerer Konfektion, Antriebstrommeln mit kleineren Durchmessern und kleinere Getriebeeinheiten. Selbstverständlich ist auch dem Mehrtrommelantrieb durch die Biegebeanspruchungen des Förderbandes, die beim Lauf über die Trommel auftreten, eine Grenze gesetzt.
Bild 1.2.10 zeigt die gebräuchlichsten Arten der Gurtführung, die durch die jeweiligen örtlichen Gegebenheiten bestimmt werden.

a) Eintrommel-Antrieb
Ein Eintrommel-Bandantrieb besteht aus dem Antriebsgestell, der Antriebstrommel, den Antriebseinheiten, der Druckrolle und den Gurtreinigungseinrichtungen. Das Antriebsgestell ist eine Profil- oder Vollwandkonstruktion. Es nimmt die Antriebstrommel mit ihren Stehlagern, die Drucktrommel

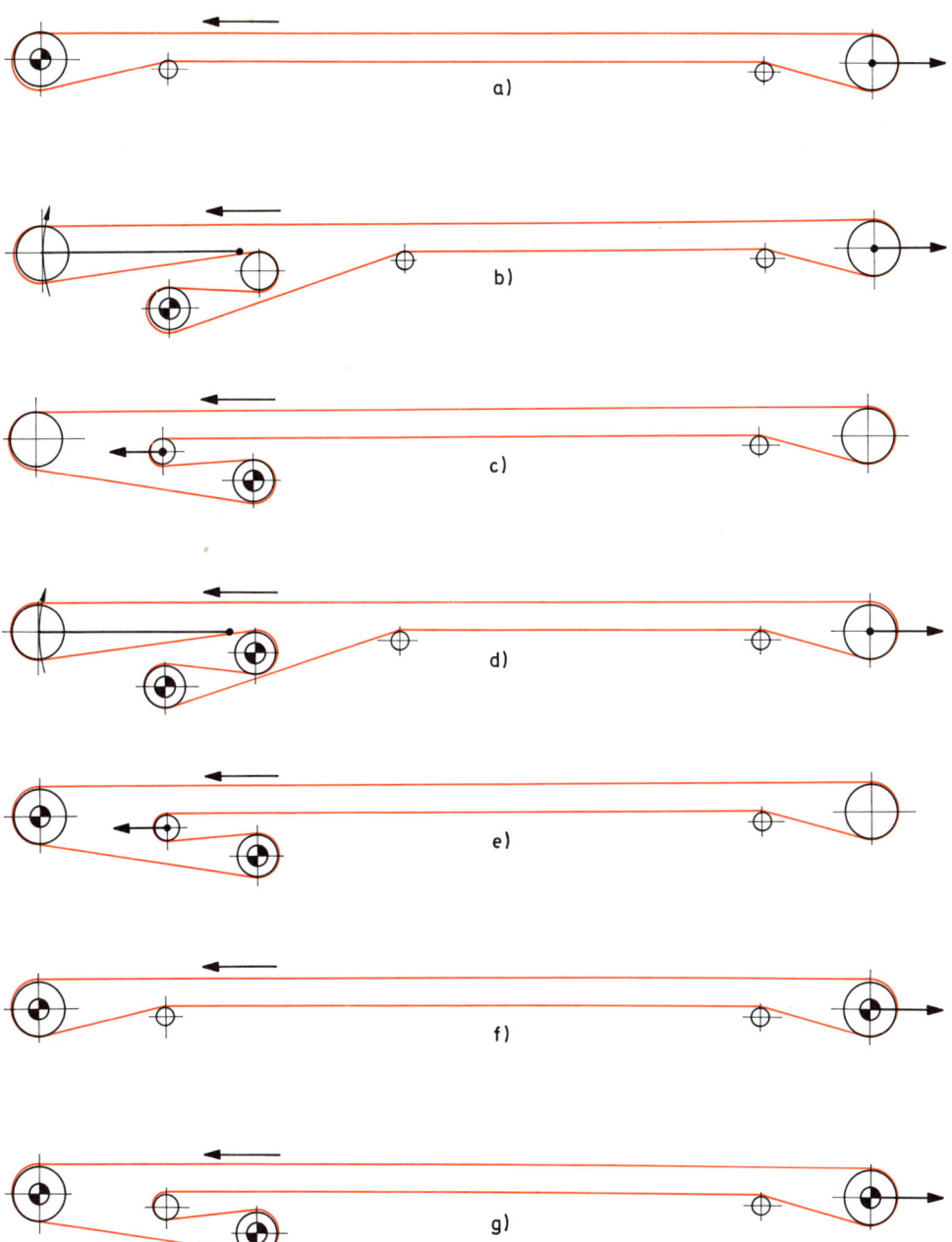

Bild 1.2.10. Möglichkeiten der Gurtführung a) Eintrommelantrieb mit direktem Abwurf, b) Eintrommelantrieb mit Schwenkarm und Abwurfausleger, c) Eintrommelantrieb mit Abwurfausleger, d) Zweitrommel-Kopfantrieb mit Schwenkarm und Abwurfausleger, e) Zweitrommel-Kopfantrieb mit direktem Abwurf, f) Eintrommel-Kopfantrieb mit Eintrommel-Umkehrantrieb, g) Zweitrommel-Kopfantrieb mit Eintrommel-Umkehrantrieb

und die Gurtreinigungseinrichtungen auf und ist zum Anschluß des Bandtragegerüstes bestimmt. Die Stehlager der Antriebstrommel halten den höchsten auftretenden Gurtzügen stand. Der Trommelmantel ist auswechselbar und kann zur Vergrößerung des Reibungswertes mit einem Reibbelag versehen werden.

Die Antriebseinheiten sind an einer Seite, in besonderen Fällen auch an beiden Seiten der Antriebstrommel angeordnet. Die Getriebe können mit einer elastischen Kupplung oder einer Flanschwellenkupplung mit der Trommelwelle verbunden werden. Eine weitere Lösung stellen Aufsteckgetriebe mit Hohlwellen dar. Für ansteigende und fallende Förderung und für Anlagen mit hoher Bandgeschwindigkeit wird eine automatisch wirkende Bremseinrichtung vorgesehen, die das Band gegen Rücklauf oder Nachlauf sichert. Sie wird meistens an der Kupplung zwischen Motor und Getriebe angeordnet. Wird nur ansteigend gefördert, so kann statt der Bremseinrichtung eine Rücklaufsperre an das Getriebe angebaut werden. Bei geringer Kraftübertragung ist die elastische Kupplung zwischen Getriebe und Motor nicht nötig. Der Motor wird dann direkt an das Getriebe angeflanscht. Liegt die Leistung eines Antriebes über 15 kW, so ist eine Anlaufkupplung zu empfehlen.

b) Zweitrommel-Antrieb

Für größere Leistungen wird durchweg das Prinzip des Zweitrommel-Einzelantriebes verwendet. Aus Zweckmäßigkeitsgründen werden meist beide Trommeln mit der gleichen Antriebseinheit ausgerüstet, wobei natürlich die Übertragungsfähigkeit der ersten Trommel nicht voll ausgenutzt ist, wenn beide Motoren annähernd die gleiche Leistung aufnehmen. Haben die Antriebseinheiten Flüssigkeitskupplungen, so kann die gleiche Leistungsaufnahme beider Motoren durch Ändern der Flüssigkeitsfüllungen erreicht werden. Ist die Anlage mit Schleifringläufer-Motoren ausgerüstet, so läßt sich die gleiche Leistungsaufnahme durch Einstellen des Schlupfwiderstandes erreichen. Genaue Messungen im praktischen Betrieb haben ergeben, daß auf diese Weise die Leistungsunterschiede beider Motoren nur einige Prozent betragen. Ein weiterer Vorteil dieses Mehrtrommel-Einzelantriebes besteht darin, daß die erste Trommel — falls nötig auch die zweite Trommel — mit einer zweiten gleichen Antriebseinheit ausgerüstet werden kann.

c) Reibbeläge für Antriebstrommeln

Bei Bandantrieben mit blanken Stahltrommeln sinkt der Reibwert durch Feuchtigkeit oder Verschmutzung so weit ab, daß mit der Vorspannkraft auch die maximale Gurtkraft auf etwa den doppelten Wert gegenüber dem trockenen Betrieb erhöht werden muß, um ein Durchrutschen der Antriebstrommel zu vermeiden. Um die dabei oft auftretende Überbeanspruchung des Gurtes zu verhindern, bekleidet man die Antriebstrommeln mit Reibbelägen, die auch bei schlechten Betriebsbedingungen einen guten Reibwert garantieren. Die Reibwerte für blanke, gummibelegte und keramikbelegte Trommeln sind aus Tafel 17 ersichtlich.

Gummireibbeläge

Die Beläge werden für Anlagen über Tage in normaler, für Anlagen unter Tage in flammwidriger bzw. flammwidrig-antistatischer Ausführung geliefert. Das kalte Vulkanisieren der Gummibeläge auf die Trommelmäntel kann auch auf Baustellen betriebssicher ausgeführt werden. Die im Gummi entstehende Walkarbeit verhindert ein Ankleben von Schmutz. Die pfeilförmig in Laufrichtung angeordneten Rillen führen die Feuchtigkeit schräg nach hinten zum Trommelrand ab. Bei rautenförmiger Rillenanordnung tritt das in beiden Drehrichtungen auf, sie können also universell verwendet werden.

Keramikbeläge

Die porige Oberfläche der Keramikbeläge schluckt die auftretende Feuchtigkeit und gibt somit dem Gurt einen guten Reibschluß. Die Keramikmasse wird je nach Trommeldurchmesser in Halb-, Drittel- oder Viertelschalen aufgeklebt, die am Rand mit dem Trommelmantel verschraubt werden. Um die Trennfuge zwischen den Schalen zu vermeiden und einen guten Rundlauf zu erzielen, klebt man die vorgeformten Keramikplatten auch direkt auf den Trommelmantel. Die Trennfugen werden verkittet.

1.2.1.3. Gurtspannanlagen

Die Gurtvorspannkraft ist notwendig, um den Reibschluß zwischen Antriebstrommel und Gurt herzustellen, der für den Anfahr- und Betriebszustand notwendig ist. Die Gurtspannanlage kann auch die Konstruktion des Bandantriebes und die Wahl der Gurtkonfektion mitbestimmen. Die Gurtbeanspruchung, die Lebensdauer und somit die Wirtschaftlichkeit der Anlage hängen von ihr ab. Die verschiedenen Ausführungen beeinflussen auch die Wartung der Bandanlage.

Nach Art und Wirkungsweise der Gurtspannvorrichtungen werden diese eingeteilt in:
starre Spannanlagen (mit Spannwinden, Zugapparaten oder Schrauben-Spindel-Spannvorrichtungen)
selbsttätige gewichtsbelastete Spannanlagen
selbsttätige oder von Hand regelbare Spannanlagen

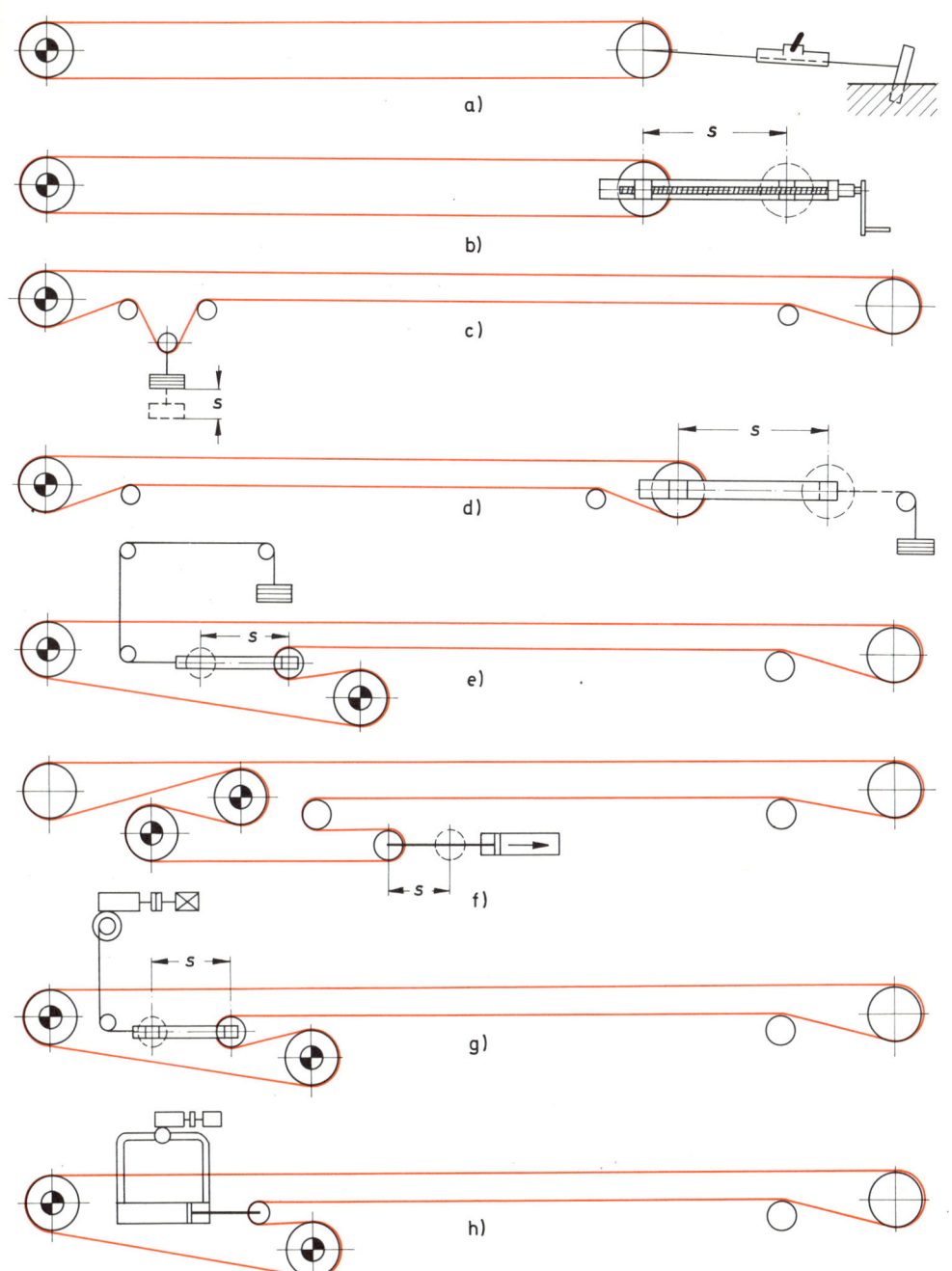

Bild 1.2.11. Gurtspannanlagen a) mit Zugapparat, b) mit Spannspindel, c) Umlenkrolle mit Spanngewicht, d) Umkehrtrommel in Spannwagen mit Spanngewicht, e) gewichtsbelastete Spannschleife, f) Spannschleife mit Preßluftzylinder, g) Spannschleife mit Elektroantrieb, h) Spannschleife elektrohydraulisch betätigt

a) pneumatisch
b) elektrisch
c) elektrohydraulisch
Bild 1.2.11 zeigt verschiedene Spannanlagen.

a) Starre Spannvorrichtungen
Starre Spanneinrichtungen werden vorwiegend bei kurzen Bandanlagen und bei Stahlseilgurten gewählt. Meist wird dabei die Umkehrtrommel mittels Spannspindel zur Herstellung der erforderlichen Gurtspannung ausgeführt. Die beiden Zugapparate oder Spannspindeln erfordern eine gleichmäßige Spannung, damit die Umkehrtrommel keine Schrägstellung einnimmt und dann einen Schieflauf des Gurtes bewirkt.
Die Größe der Vorspannkraft wird dabei nur empirisch bestimmt, d. h., man spannt so lange, bis die notwendige Kraftübertragung erreicht ist. Weil dabei auf einen Längenausgleich verzichtet wird, muß bereits im Leerlauf eine Längung des Gurtes erzeugt werden, welche dem Dehnungswert des Betriebszustandes unter Vollast entspricht.

b) Gewichtsbelastete Spannanlagen
Bei längeren Anlagen und bei Verwendung von Textilgurten sollte man auf eine automatisch wirkende Spannanlage nicht verzichten. Die einfache gewichtsbelastete Spannanlage hat sich sehr gut bewährt, weil die theoretisch bestimmte Vorspannkraft auch bei Dehnung des Bandes unter Vollast in der notwendigen Höhe erhalten bleibt. Der Spannweg muß so bemessen sein, daß neben der Anfahrdehnung auch die bleibende Gurtdehnung aufgenommen werden kann. Er beträgt bei Textilgurten etwa 1,2% bis 1,5% des Achsabstandes. Bei großen Spannwegen werden die Spannseile so geschert, daß der Hub der Gewichtspakete nur die Hälfte oder ein Viertel des Spannweges an der Spanntrommel beträgt. Die Gewichte sind dann doppelt bzw. viermal so schwer wie die Vorspannkraft.

c) Pneumatische Spannanlagen
Der Spannwagen ist über Druckluftzylinder mit einem Widerlager verbunden. Die Anzahl und Größe der Spannzylinder richtet sich nach der Gurtvorspannung. Der Spannweg ist nur für die elastische Längendehnung des Gurtes im Anfahrzustand zu bemessen. Die bleibende Dehnung wird meist durch ein Versetzen des Widerlagers aufgenommen. Beim Einschalten der Antriebsmotoren werden die Anfahrventile für vollen Druck geöffnet und die Druckzylinder beaufschlagt, die den Spannwagen so straff anziehen, daß sich kein Schlappgurt bilden kann und der erforderliche Reibschluß zwischen Gurt und Antriebstrommel erhalten bleibt. Durch ein Zeitrelais wird nach Ablauf des Anfahrvorganges die Druckluftzufuhr über ein Reduzierventil umgestellt, in dem ein niedriger Betriebsdruck eingestellt ist.

d) Elektrische Spannanlagen
Hierbei wird die Umkehre durch einen Flaschenzug von einer elektrisch angetriebenen Winde gespannt. Die Zugkraft kann selbsttätig oder von Hand geregelt werden. Bei der selbsttätigen Regelung wird der Istwert der Bandspannung von einer Druckmeßdose erfaßt und fortwährend an einen eingestellten Sollwert angeglichen. Während des Anlaufens liegt die Bandspannung über der des Betriebszustandes. Das Umschalten des Sollwertes erfolgt automatisch. Bei der Regelung von Hand wird der Istwert durch ein Meßgerät angezeigt und kann auf den gewünschten Wert eingestellt werden. Eine einfache Bedienung der Spannanlage muß sichergestellt sein, da besonders beim Rücken der Bandanlage der Gurt entspannt sein muß.

e) Elektrohydraulische Spannanlagen
Um bei langen Bändern sowohl beim Anlauf als auch im Betrieb die notwendigen Bandspannungen zu erreichen, wird die Spannkraft durch einen Spannzylinder aufgebracht und über Seile auf den Spannwagen übertragen. Der erforderliche Spannweg ist mit Hilfe eines relativ kurzen Zylinders durch einen Flaschenzug zu erzielen. Ist die Bandspannung auf etwa das 1,5fache des Betriebszustandes gestiegen, so läuft der Bandmotor an. Nach Erreichen der Nenngeschwindigkeit fällt der Druck auf den normalen Betriebsdruck ab. Bei Abweichen des Istwertes vom eingestellten Sollwert erfolgt während des Betriebes eine selbsttätige Regelung über ein Kontaktmanometer.

1.2.1.4. Tragrollen und Bandtraggerüst

a) Mulden- und Flachrollen
Die Wahl der Tragrollen wird von der Aufgabenstellung bestimmt. Die Rollenkonstruktion und der Rollendurchmesser sind abhängig von der Bandgeschwindigkeit, der Belastung, den Einsatzbedingungen und der Bandbreite.

An die Tragrollen werden Anforderungen, wie geringer Laufwiderstand, gute Abdichtung und schlagfreier Lauf, gestellt. Da ihre Abmessungen nach DIN festgelegt sind, können sie innerhalb genormter Traggerüste ausgetauscht werden. Für die Rollenmäntel werden fast ausschließlich nur geschweißte Präzisions-Stahlrohre verwendet. Die Lagergehäuse

werden meist in die Rollenmäntel warm eingeschrumpft (siehe Bild 12 auf Seite 20).
An den Aufgabestellen werden die Muldenrollen mit Gummipolsterringen versehen, um die Stoßbeanspruchung zu mildern und den Gummigurt beim Aufprall von schwerem oder scharfkantigem Fördergut zu schützen.
Im Banduntertrum werden Flachrollen eingesetzt. Bei Bandbreiten ab 1000 mm verwendet man die Muldung zwecks besserer Führung des Gurtuntertrums.
Der Abstand der Muldenrollensätze richtet sich nach dem Belastungsgrad, dem Schüttgewicht bzw. dem spezifischen Gewicht bei großen Einzelstücken, nach dem Ansteigen oder Abfallen der Anlage und nach der Qualität des Gurtes.
Der Tragrollenabstand spielt eine wichtige Rolle und muß besonders bei längeren und geneigten Anlagen berücksichtigt werden. Der Durchhang des Gurtes steigt mit zunehmendem Rollenabstand, desgleichen steigt somit die Walkarbeit und damit der Kraftbedarf. Erfahrungsgemäß soll der Durchhang maximal 1% des Rollenabstandes betragen. Danach ergibt sich

$$\frac{\text{Banddurchhang}}{\text{Rollenabstand}} = \frac{u}{a} \leq 0{,}01$$

oder (13)

$$\frac{u}{a} = \frac{a \cdot (G_B + G_G)}{8 \cdot F_T} \leq 0{,}01$$

u = Durchhang des Gurtes
a = Rollenabstand
G_B = Bandgewicht pro Meter
G_G = Gutgewicht pro Meter
F_T = Trumkraft

Die angegebene Beziehung in Gleichung 13 gilt für das Obertrum. Beim Untertrum entfällt das Glied G_G.
Für Anlagen, die öfter verlegt werden müssen, werden genormte Rollensatzabstände gewählt, wie 1 m, 1,25 m, und 1,5 m im Obertrum und ein Vielfaches dieser Abstände im Untertrum. Beim Übergang einer Steigung in eine Gerade muß besonders auf die Rollenabstände geachtet werden.

b) Bandtraggerüste

Das Bandtraggerüst besteht meist aus einem oder zwei Längsholmen auf beiden Seiten, den daran angeschlossenen Stützen sowie Querstreben, die zur Verbindung der Längsholme dienen. Bei stationären Anlagen werden vorwiegend Baustahlprofile für die Tragkonstruktionen verwendet. Bandförderer für ortsveränderlichen Einsatz werden aus leichten Traggerüsten (Rohrprofilen usw.) gefertigt.
Die Bandtraggerüste werden nach dem Standort und nach dem Verwendungszweck in folgende Hauptgruppen eingeteilt:
a) ständig festliegend
b) für kurze Zeit festliegend, leicht verlegbar
c) während des Betriebes in Querrichtung rückbar
d) in Längs- oder Querrichtung fahrbar
In diesen Gruppen gibt es wiederum verschiedene Ausführungen.

1.2.1.5. Auf- und Abgabestellen

a) Aufgabestellen

Die Auf- und Übergabestellen einer Bandanlage gehören zu den konstruktiv und betrieblich schwierigen Stellen, weil die Fallenergie des Fördergutes laufend umgewandelt und der Förderstrom laufend beschleunigt werden muß, bis die Turbulenz an der Aufgabestelle überwunden ist. Deshalb ist dieser Betriebspunkt in den meisten Fällen Ausgangspunkt für Schäden, weil hier der Gurt und die Rollen am stärksten beansprucht werden, obwohl die Stoßkraft des Fördergutes durch Polsterrollen vermindert und die Fallhöhen so niedrig wie möglich gehalten werden.
Im Auftreffpunkt hat das Fördergut bei direkter Übergabe eine bestimmte Richtung, die sich aus der Fallparabel berechnen. Die Auftreffgeschwindigkeit v_1 besteht aus den Komponenten v_v und v_h (Bild 1.2.13). Die durch den freien Fall entstehende kinetische Energie wird im Augenblick des Auftreffens restlos umgewandelt, wobei Turbulenz im Fördergut entsteht. Außerdem wird das Fördergut durch die Geschwindigkeit des Bandes beschleunigt, wenn diese höher als v_h ist. Dieser Vorgang bewirkt eine kurzzeitige Relativbewegung zwischen Gut und Gurt in der Zeit, in der sich das Fördergut innerhalb eines bestimmten Weges auf dem abfördernden Band wieder beruhigt hat, wodurch an der Deckplatte des Gummigurtes eine langsam wirkende Abnutzung entsteht.

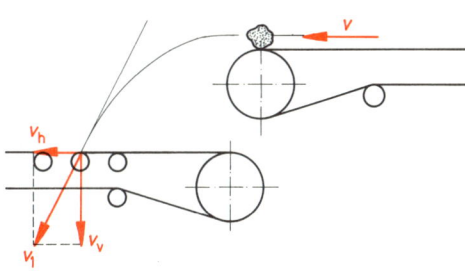

Bild 1.2.13. Die Wirkung der Fallenergie

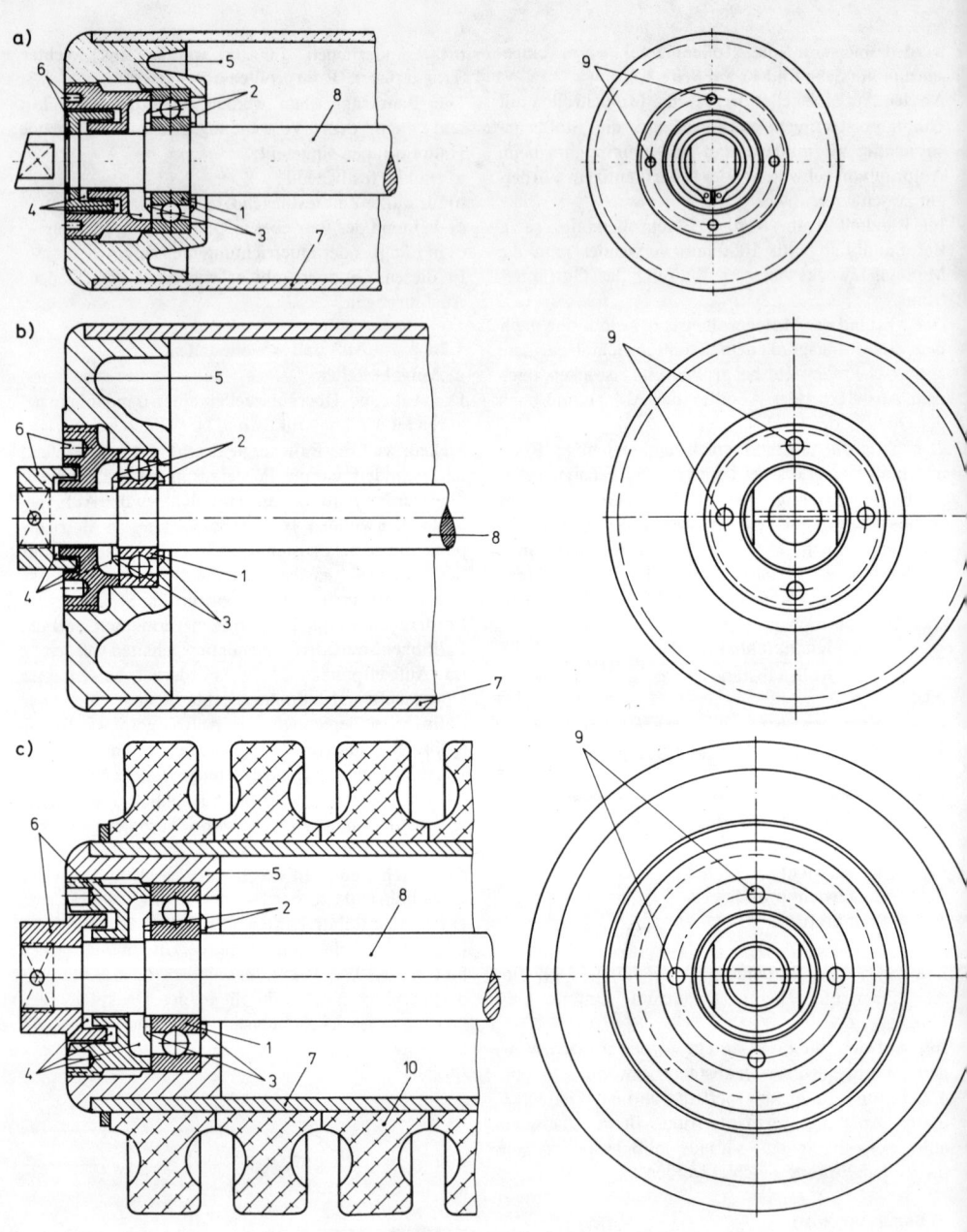

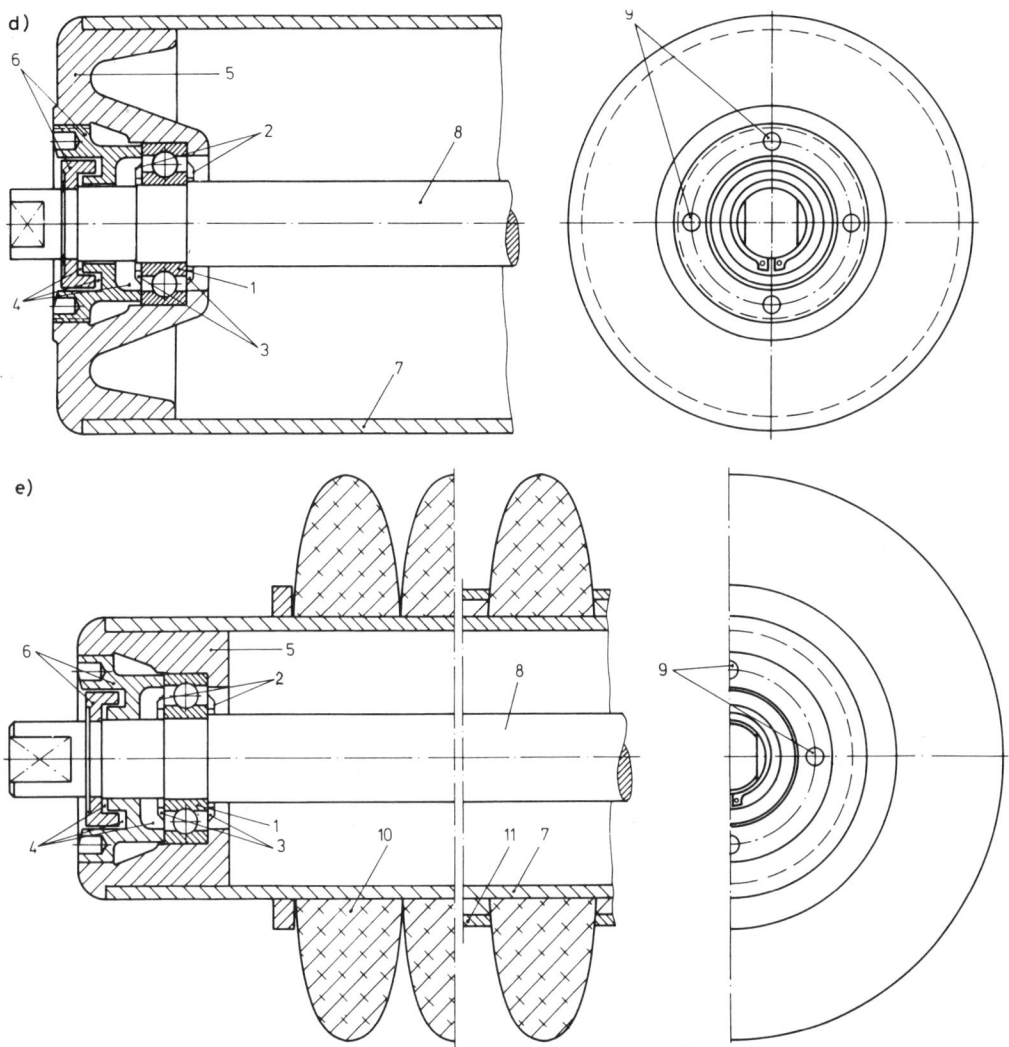

Bild 1.2.12. Verschiedene Rollen für Gurtbandförderer a) kleine Tragrolle, b) große Tragrolle, c) Polsterrolle, d) Unterbandrolle, e) Unterbandrolle mit Schützringen 1 Kugellager, 2 Nilosringe, 3 Fettkammer (Kugellagerfett), 4 Fettkammer (wasserabweisendes Lagerfett), 5 Lagergehäuse, 6 Lagerdeckel, 7 Mantel (kalt gezogenes Rohr), 8 Achse, 9 Sacklöcher zum Öffnen des Lagerdeckels, 10 Gummipolsterringe, 11 Zwischenhülse

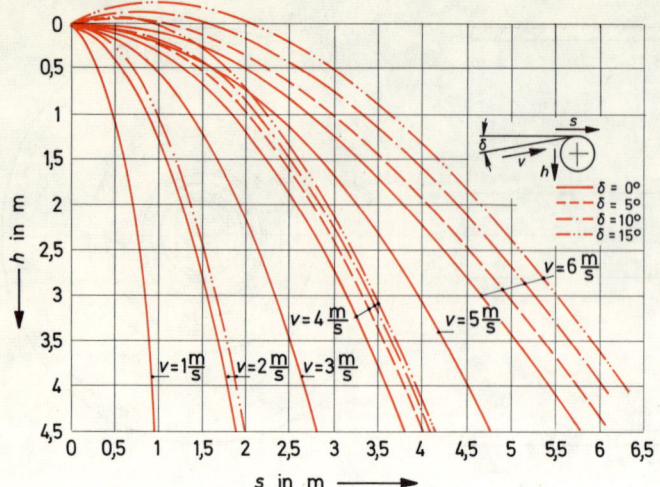

Bild 1.2.14. Fallparabeln an der Abwurftrommel

Der Abnutzungsgrad ändert sich unter folgenden Gegebenheiten:

1. Der Verschleiß wird um so größer, je mehr die Beschleunigung steigt, die dem Fördergut erteilt wird.
2. Der Verschleiß steigt mit der Fallhöhe und der mit dieser steigenden Turbulenz.
3. Der Verschleiß steigt mit dem Schüttgewicht, der Korngröße und der Schärfe der Einzelstückkanten.

Aus diesen Festellungen lassen sich folgende Forderungen für Aufgabestellen ableiten:

a) Ein Richtungswechsel des Fördergutes muß vor Aufschlag auf das nächste Band durch Prallbleche, Schurren oder Aufgabebänder eingeleitet werden.
b) Die Fallenergie muß vernichtet, die Fallhöhe auf ein Mindestmaß reduziert werden. Der Förderstrom muß sich in einem tief gemuldeten Gurt oder in Führungsleisten beruhigen können.
c) Bei stoßweisen Aufgaben (z. B. von Baggern) muß die Turbulenz in Trichtern aufgefangen und das Fördergut in regelmäßigem Strom auf das abfördernde Band geleitet werden.
d) Der Aufprall des Förderstromes muß durch elastische Gurtführungsrollen mit Gummipolsterringen oder in einem elastischen Rollenverband aufgefangen werden.

b) **Abgabestellen**

Die Fördergutabgabe erfolgt meistens durch Abwurf über die Endtrommel oder auf der Förderstrecke durch pflugförmige Abstreifer bzw. durch Abwurfwagen.
Erfolgt der Abwurf über die Endtrommel, so liegen die Gesetzmäßigkeiten der Fallparabel zugrunde.

Der Zusammenhang der jeweiligen Einflußgrößen ist in Bild 1.2.14 dargestellt.
Finden Abstreifer Verwendung, so werden diese durch Handhebel ein- und ausgeschaltet. Die Unterkanten der Abstreifer sind mit Gummistreifen versehen, die in Betriebsstellung auf dem Gurt aufliegen. Man unterscheidet zwischen einseitigen, zweiseitigen, ortsfesten und ortsveränderlichen Abstreifern. Während zweiseitige Abstreifer nur an waagerechten Förderstrecken verwendet werden, setzt man einseitige Abstreifer bis zu 10° Neigung ein.
Für ein einwandfreies Arbeiten des Abstreifers ist die richtige Wahl des Einstellwinkels α notwendig (Bild 1.2.15).

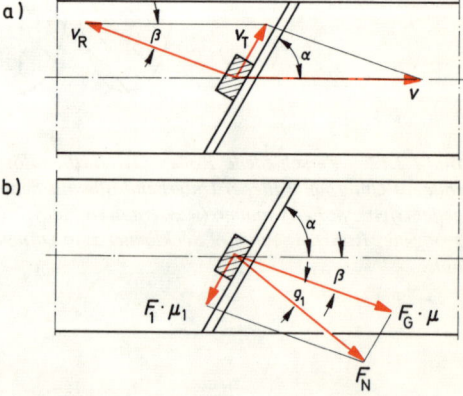

Bild 1.2.15. Kraftwirkungen auf ein Gutteilchen am Abstreifer

Bewegt sich das Teilchen am Gurt mit der Geschwindigkeit v und trifft dann auf den Abstreifer, so gleitet es ab mit der Geschwindigkeit v_T. Diese Abgleitgeschwindigkeit ist die Resultierende aus der Bandgeschwindigkeit v und einer Relativgeschwindigkeit v_R. Dieser Relativbewegung wirkt eine Kraft entgegen ($F_G \cdot \mu$), nämlich die Reibung zwischen Gut und Gurt. Diese Kraft wird wiederum durch F_N und $F_N \cdot \mu_1$ im Gleichgewicht gehalten, wobei F_N die Normalkraft auf den Abstreifer und $F_N \cdot \mu_1$ die Kraft entgegen v_T darstellt.

Da die Normalkraft senkrecht auf ihrer Ebene steht, gilt der Zusammenhang

$$\alpha + \beta + \rho_1 = 90°$$

Hieraus folgt

$$\alpha + \rho_1 < 90°$$

Je kleiner der Winkel α ist, um so kleiner wird die auf den Gurt wirkende Seitenkraft. Normalerweise wählt man α im Bereich von 30 bis 45°.

1.2.1.6. Gurt- und Trommelreinigung

Die Gummibänder müssen während des Betriebes laufend gereinigt werden, weil das an der Tragseite anhaftende Fördergut auf die unteren Tragrollen, Druck- und Umlenktrommeln und teilweise auch auf die Antriebstrommeln übertragen wird und weil dieser Schmutz verkrusten kann. Jedes Fördergut hat andere Eigenschaften und erfordert dementsprechende Maßnahmen.

Neben der Verschmutzung durch herabfallende Fördergutreste unter der Bandanlage geben einseitig verkurstete Unterbandrollen Anlaß zum seitlichen Auswandern des Gurtes, der dann auch an der Umkehre einseitig ein- und ausläuft. Damit wird eine außermittige Aufgabe eingeleitet, wenn nicht sogar schwere Schäden an Gurt und Rollen entstehen. Einseitig verkrustete Rollen im Untertrum (Bild 1.2.16) erzeugen Relativbewegungen gegenüber dem Band und führen zum Abrieb der Deckplatten. Bei verschmutzten Umlenktrommeln entstehen zusätzliche Dehnungen der Bandkanten, die unter Umständen die Zugfestigkeit des Gewebes überschreiten und zu Gurtrissen führen.

Zur Reinigung werden feststehende Abstreifer, rotierende Abstreifer, Pflugabstreifer oder Stahlabstreifer verwendet.

1.2.1.7. Berechnung

a) Förderstrom

Der volumensmäßige Förderstrom berechnet sich analog der Kontinuitätsgleichung.

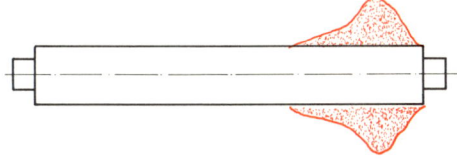

Bild 1.2.16. Verkrustete Flachrolle

(14)
$$I_v = 3600 \cdot v \cdot A \cdot k$$

I_v = volumenmäßiger Förderstrom in m³/h
v = Fördergeschwindigkeit in m/s
A = Querschnitt des Gutstromes in m²
k = Minderungsfaktor bei schräger Förderung (Bild 1.2.17)

(15)
$$I_G = I_v \cdot \gamma_s$$

I_G = gewichtsmäßiger Förderstrom in Mp/h
γ_s = Schüttgewicht in Mp/m³

Die Gleichungen 14 und 15 gelten selbstverständlich nur für Schüttgüter. Für Stückgüter gelten folgende Zusammenhänge:

(16)
$$Q_{St} = \frac{3600 \cdot v}{l_t}$$

Q_{St} = stückmäßiger Förderstrom in Stück/h
l_t = Teilung der Stückgüter in m

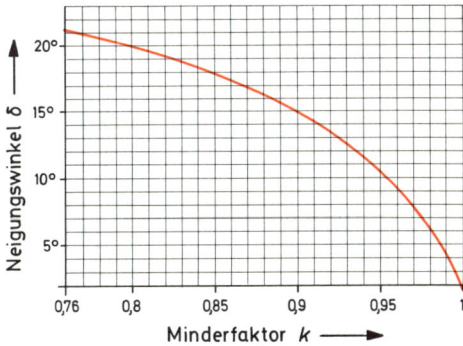

Bild 1.2.17. Minderungsfaktor bei geneigter Förderung

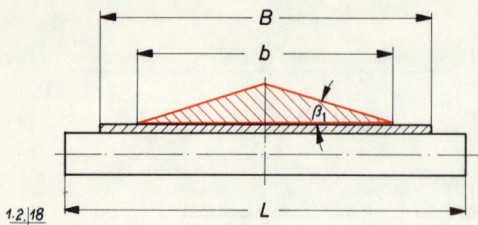

Bild 1.2.18. Flaches Band

$$I_G = \frac{Q_{St} \cdot G_{St}}{1000} \quad (17)$$

I_G = gewichtsmäßiger Förderstrom in Mp/h
G_{St} = Stückgewicht in kp
Der Querschnitt A des Gutstromes kann folgendermaßen berechnet werden:
flaches Band (Bild 1.2.18)

$$A = \frac{1}{2} \cdot b \cdot \frac{b}{2} \cdot \tan \beta_1 \quad (18)$$

$$A = \left(\frac{b}{2}\right)^2 \cdot \tan \beta_1$$

$\beta_1 \approx \frac{1}{3} \cdot \beta; \; \beta_1 \approx 15°$

$b = 0,9\,B - 0,05$ in m (nach DIN)

Legt man mittlere Guteigenschaften und eine gleichmäßige Beschickung zugrunde, so ergibt sich nach DIN 22101 folgender Zusammenhang:

$$I_v \approx 240 \cdot v \cdot (0,9 \cdot B - 0,05)^2 \quad (19)$$

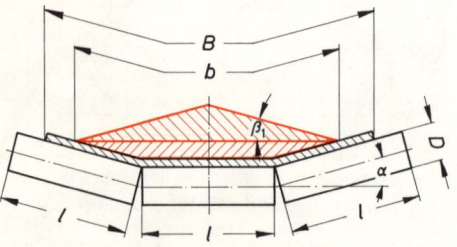

Bild 1.2.19. Gemuldetes Band

I_v in m³/h; v in m/s; B in m
gemuldetes Band (Bild 1.2.19)

$$A \approx \left(\frac{b}{2}\right)^2 \cdot \tan \beta_1 + \frac{1}{2}\left(b + \frac{b}{2}\right) \cdot \frac{b}{4} \cdot \tan \alpha \quad (20)$$

$$A \approx \left(\frac{b}{2}\right)^2 \left(\tan \beta_1 + \frac{3}{4} \tan \alpha\right)$$

Näherungsweise gilt nach DIN 22101 für den Förderstrom:

$$\text{bei } \alpha = 20°: I_v \approx 465 \cdot v \cdot (0,9 \cdot B - 0,05)^2 \quad (21)$$

$$\text{bei } \alpha = 30°: I_v \approx 545 \cdot v \cdot (0,9 \cdot B - 0,05)^2 \quad (22)$$

I_v in m³/h; v in m/s; B in m

Für andere Querschnitte muß A aus den jeweiligen geometrischen Bedingungen ermittelt werden.

b) Antriebsleistung
Es gibt hier verschiedene Berechnungsverfahren. Am genauesten ist zweifellos die Erfassung der Einzelwiderstände in der gesamten Anlage. Dieses Verfahren ist jedoch wegen der vielen zu bestimmenden Werte sehr umständlich. Die gebräuchlichste und auch hinreichend genaue Rechnung basiert auf der Formel nach DIN 22101. Sie erfaßt die Umfangskraft F_u, die sich aus den Bewegungswiderständen im Band-Obertrum zuzüglich denen im Band-Untertrum zusammensetzt. Bei geneigten Anlagen ist der Hangabtrieb von Gut und Gurt besonders zu beachten.

$$F_u = f_{ges} \cdot L \cdot \left(G_m + \frac{I_G}{3,6 \cdot v}\right) \pm \frac{I_G \cdot H}{3,6 \cdot v} \quad (23)$$

F_u = Umfangskraft an der Antriebstrommel in kp
f_{ges} = Gesamtreibungsbeiwert
G_m = Metergewicht von Band und drehendem
  Rollenanteil (Ober- und Untertrum) in kp/m
I_G = gewichtsmäßiger Förderstrom in Mp/h
v = Fördergeschwindigkeit in m/s
L = Förderlänge (waagerechte Projektion) in m
H = Förderhöhe in m
„+" bei ansteigender Förderung
„−" bei fallender Förderung

$$f_{ges} = f \cdot C \tag{24}$$

f = Reibungszahl; berücksichtigt die Hauptwiderstände, bestehend aus dem Walkwiderstand der Fördergüter und der Tragrollenreibung (Tafel 14).

C = Beiwert, dessen Größe von der Förderlänge abhängig ist. Er berücksichtigt Nebenwiderstände, wie Umlenkwiderstand des Gurtes an den Trommeln, Trommellagerreibung, Reibungswiderstand an den Aufgabestellen usw. (Bild 1.2.20).

$$G_m = 2 \cdot G_B + G_{Ro} + G_{Ru} \tag{25}$$

G_B = Gewicht des Gurtes je Meter in kp/m
G_{Ro} = umlaufendes Rollengewicht im Obertrum in kp/m
G_{Ru} = umlaufendes Rollengewicht im Untertrum in kp/m

$$P_v = \frac{F_u \cdot v}{102 \cdot \eta_{ges}} \tag{26}$$

P_v = Vollastbeharrungsleistung in kW
F_u = Umfangskraft in kp
v = Fördergeschwindigkeit in m/s
η_{ges} = Gesamtwirkungsgrad

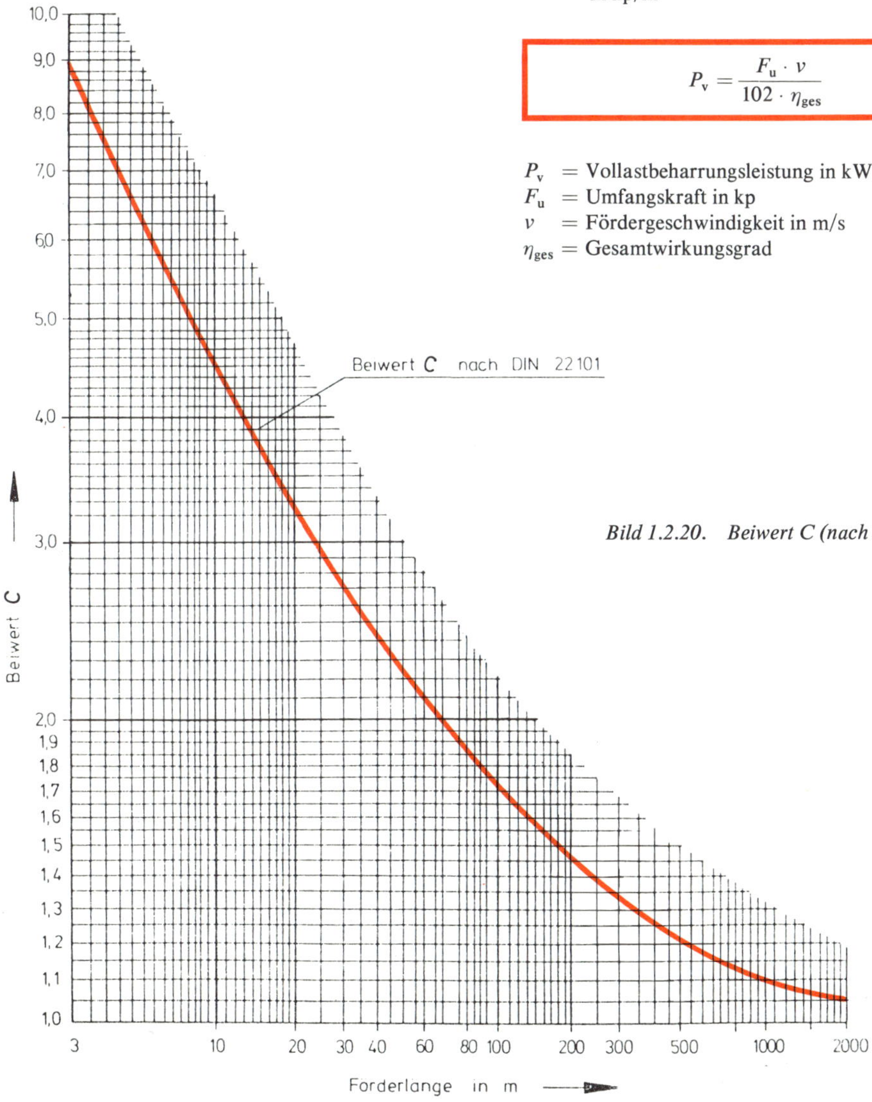

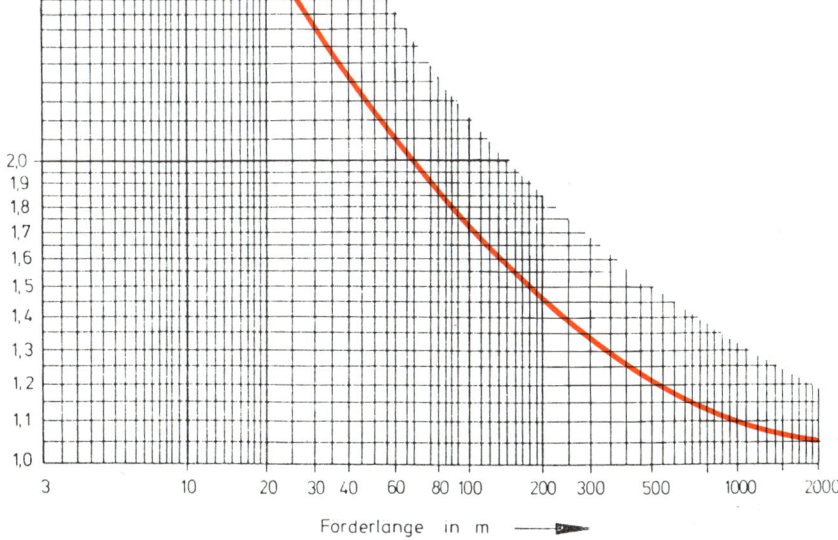

Bild 1.2.20. Beiwert C (nach DIN 22101)

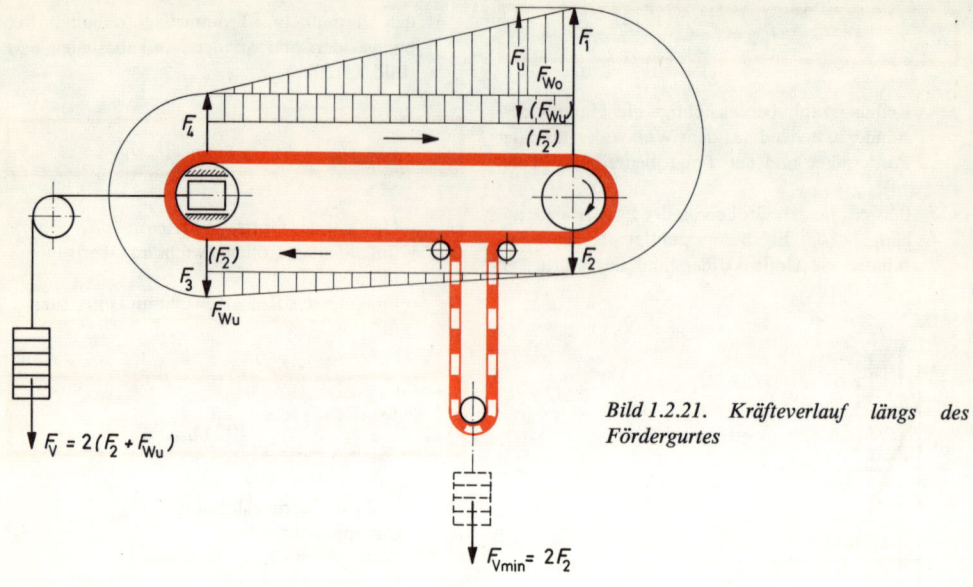

Bild 1.2.21. *Kräfteverlauf längs des Fördergurtes*

(27)
$$P_{Anl} = P_v + P_B \cdot (1{,}1 \cdots 1{,}2)$$

P_{Anl} = Anlaufleistung
P_v = Vollastbeharrungsleistung
P_B = Beschleunigungsleistung
(geradlinige Beschleunigung)

(28)
$$P_B = \frac{L \cdot \left(G_m + \dfrac{I_G}{3{,}6 \cdot v}\right) \cdot v^2}{1000 \cdot t_A \cdot \eta_{ges}}$$

P_B in kW; G_m in kp/m; I_G in Mp/h; v in m/s; L in m (wirkliche Länge); t_A = Anlaufzeit in s

Da jeder Motor kurzzeitig überlastet werden kann, gilt

(29)
$$P_{mot} = \frac{P_{Anl}}{1{,}2 \cdots 1{,}5} \geqq P_v$$

Normalerweise wird nur die Vollastbeharrungsleistung berechnet, da für die Antriebsleistung der Beschleunigungsanteil meist nicht maßgebend ist und somit vernachlässigt werden kann.

c) Bestimmung der Gurtzüge

Im allgemeinen sind nur die maximale Gurtkraft F_1 und die minimale Gurtkraft F_2 von Interesse (Bild 1.2.21). Zur exakteren Ermittlung der Vorspannkraft bestimmt man oft auch noch F_3 bzw. F_4. Den Zusammenhang zwischen F_1 und F_2 beschreibt die Eytelweinsche Gleichung.

(30)
$$\frac{F_1}{F_2} = e^{\mu\alpha}$$

Ferner gilt hier folgende Beziehung:

(31)
$$F_1 = F_u + F_2$$

Aus den Gleichungen 30 und 31 läßt sich die Gleichung

(32)
$$F_2 = F_u \cdot \frac{1}{e^{\mu\alpha} - 1}$$

ableiten, was besagt, daß ein gegebener Reibungswert und Umschlingungswinkel eine bestimmte Vor-

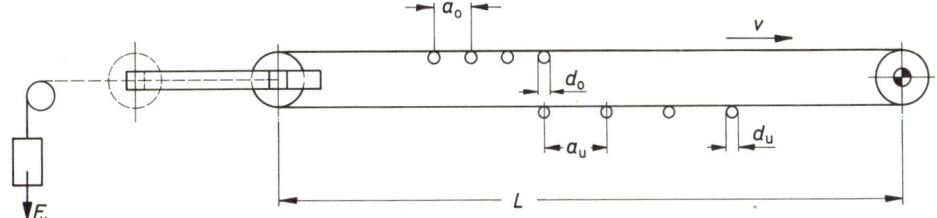

Bild 1.2.22. *Bandanlage mit Eintrommel-Kopfantrieb*

spannkraft erfordert, die proportional zur Umfangskraft F_u ist. Je größer F_2 ist, desto höher kann F_u sein, oder je kleiner die Umfangskraft ist, desto niedriger kann die Vorspannkraft sein. Desgleichen kann die Vorspannkraft kleiner werden, je größer der Umschlingungswinkel α und der Reibungskoeffizient μ sind.

Da es sich bei Gleichung 30 um eine Grenzbedingung handelt, muß

$$\frac{F_1}{F_2} \leq e^{\mu\alpha}$$

sein, damit der Gurt am Trommelmantel nicht durchrutscht. Wird die maximale Gurtkraft gesucht, so bestimmt man sie bei bekannter Umfangskraft mit Hilfe folgender Beziehung:

(33)
$$F_1 = F_u \left(1 + \frac{1}{e^{\mu\alpha} - 1}\right)$$

Für die Bestimmung der Trumkräfte F_3 und F_4 nach Bild 1.2.21 gelten folgende Zusammenhänge:

$$F_3 = F_4$$

(34)
$$F_3 = F_2 + F_{Wu}$$

F_3 = Gurtzugkraft an der Umlenktrommel
F_2 = Minimale Gurtkraft an der Antriebstrommel
F_{Wu} = Bewegungswiderstand im Untertrum

(35)
$$F_{Wu} = f_{ges} \cdot L \cdot (G_B + G_{Ru})$$

Wie aus Bild 1.2.21 deutlich zu ersehen ist, setzt sich die Umfangkraft F_u aus den Bewegungswiderständen in Ober- und Untertrum zusammen.

(36)
$$F_u = F_{Wu} + F_{Wo}$$

Im allgemeinen gilt zwischen den Bewegungswiderständen das Verhältnis

$$F_{Wo} : F_{Wu} = 4 \cdots 7$$

Beispiel 1:
Zur Berechnung einer Bandanlage (Bild 1.2.22) mit einem Eintrommel-Kopfantrieb sind folgende Ausgangsdaten gegeben:

Fördergut: Kalkstein gebrochen ($a = 30$ bis 50 mm)
Achsabstand $L = 300$ m
Fördermenge $I_v = 500$ m³/h
Schüttgewicht $\gamma_s = 1,6$ Mp/m³
Reibungskoeffizient zwischen Trommel und Gurt $\mu = 0,25$
Fördergeschwindigkeit $v = 1,5$ m/s
Reibungszahl $f = 0,022$
Rollenabstand im Obertrum $a_o = 1$ m
Rollenabstand im Untertrum $a_u = 3$ m
Muldenrollendurchmesser (Obertrum) $d_o = 133$ mm
30°-Muldung
„V"-Rollendurchmesser (Untertrum) $d_u = 89$ mm
Gummigurt $4 \times Z\ 90$; Decke 5 mm + 2 mm
($k_z = 100$ kp/cm je Einl.)
Wirkungsgrad $\eta_{ges} = 0,85$
Sicherheit $v_z = 10$

Zu bestimmen sind:
a) umlaufendes Rollengewicht in Ober- und Untertrum in kp/m
b) Gurtgewicht G_B je Meter
c) Antriebsleistung P_v im Beharrungszustand in kW
d) Vorspannkraft an der Spannstation in kp

Lösungen:
a) $I_v = 500$ m³/h bei $v = 1,5$ m/s
$I_v = 333$ m³/h bei $v = 1,0$ m/s
Nach Tafel 13 ist somit bei einer 30°-Muldung eine Bandbreite $B = 1$ m erforderlich.

Das Umlaufgewicht der Rollen nach Tafel 18 beträgt
im Obertrum 24,6 kp je Rollenstation und
im Untertrum 11,8 kp je Rollenstation.
Hieraus folgt:

$$G_{Ro} = \frac{24{,}6 \text{ kp}}{a_o} = \frac{24{,}6 \text{ kp}}{1 \text{ m}} = \mathbf{24{,}6 \text{ kp}}$$

$$G_{Ru} = \frac{11{,}8 \text{ kp}}{a_u} = \frac{11{,}8 \text{ kp}}{3 \text{ m}} \approx \mathbf{4 \text{ kp/m}}$$

b) Nach Tafel 5 gilt:

$G_B = 6{,}3 \text{ (kp/m)} + 7 \cdot 1{,}2 \text{ (kp/m)} = \mathbf{14{,}7 \text{ kp/m}}$

c) $G_m = 2\,G_B + G_{Ro} + G_{Ru}$

$G_m = 29{,}4 \text{ (kp/m)} + 24{,}6 \text{ (kp/m)} + 4 \text{ (kp/m)}$

$G_m = 58 \text{ kp/m}$

$I_G = I_v \cdot \gamma_s = 500 \text{ (m}^3\text{/h)} \cdot 1{,}6 \text{ (Mp/m}^3\text{)}$

$I_G = 800 \text{ Mp/h}$

$f_{ges} = f \cdot C = 0{,}022 \cdot 1{,}34 = 0{,}0295$
$(C = 1{,}34$ nach Bild 1.2.20)

$F_u = f_{ges} \cdot L \cdot \left(G_m + \dfrac{I_G}{3{,}6 \cdot v}\right) \pm \dfrac{I_G \cdot H}{3{,}6 \cdot v}$
mit $H = 0$

$F_u = 0{,}0295 \cdot 300 \cdot \left(58 + \dfrac{800}{3{,}6 \cdot 1{,}5}\right) \text{ kp}$

$F_u = 2{,}95 \cdot 3\,(58 + 148) \text{ kp}$

$F_u = 1825 \text{ kp}$

$P_v = \dfrac{F_u \cdot v}{102 \cdot \eta_{ges}} = \dfrac{1825 \cdot 1{,}5}{102 \cdot 0{,}85} \text{ kW} = \mathbf{31{,}6 \text{ kW}}$

d) $F_v = 2 \cdot F_3 = 2 \cdot (F_2 + F_{Wu})$

$F_2 = F_u \dfrac{1}{e^{\mu a} - 1} = 1825 \text{ kp} \cdot 0{,}84 = 1533 \text{ kp}$

$F_{Wu} = f_{ges} \cdot L \cdot (G_B + G_{Ru})$

$F_{Wu} = 0{,}0295 \cdot 300 \cdot (14{,}7 + 4) \text{ kp} = 165 \text{ kp}$

$F_v = 2 \cdot (1533 \text{ kp} + 165 \text{ kp}) \approx \mathbf{3400 \text{ kp}}$

Kontrolle, ob der maximale Gurtzug noch zulässig ist:

$F_1 = F_u + F_2 = 1825 \text{ kp} + 1533 \text{ kp} = 3358 \text{ kp}$

aus Gleichung 4 folgt

$$F_{zul} = \frac{z \cdot B \cdot k_z}{v_z} = \frac{4 \cdot 100 \cdot 100}{10} \text{ kp} = 4000 \text{ kp}$$

$F_{zul} > F_1 \longrightarrow$ **reicht aus**

Beispiel 2:

Ein Bandförderer für Kisten (Bild 1.2.23) hat folgende Ausgangsdaten:
Fördergut: Kisten 450 mm × 450 mm; Stückgewicht $G_{St} = 10$ kp
Fördergeschwindigkeit $v = 0{,}5$ m/s
$l_1 = l_2 = 2 \cdot l_3 = 40$ m
$H_1 = 2 \cdot H_2 = 10$ m
Metergewicht von Gurt und Rollen $G_m = 20$ kp/m
Reibungszahl zwischen Gurt und Trommel
$\mu_{Gurt/Trommel} = 0{,}25$
Reibungszahl zwischen Gurt und Kiste $\mu_{Gurt\,Kiste} = 0{,}3$
Reibungszahl $f = 0{,}03$
Übertragungsbeiwert $p = 2500$ kp/m²
Sicherheit $v_z = 10$
Einlagen aus B 50
$B = 500$ mm
Gesamtwirkungsgrad $\eta_{ges} = 0{,}8$

Die rotierenden Massen im Anlauf werden durch Zuschlag von 20% zur geradlinigen Beschleunigung berücksichtigt (Anlaufzeit $t_A = 5$ s).

a) Wie groß ist der stückmäßige Fördergutstrom $Q_{St\,max}$?
b) Wie groß ist der gewichtsmäßige Fördergutstrom $I_{G\,max}$?
c) Rutschen die Kisten beim Anstieg zurück?
d) Welche Einlagenzahl ist erforderlich (stationärer Betrieb)?

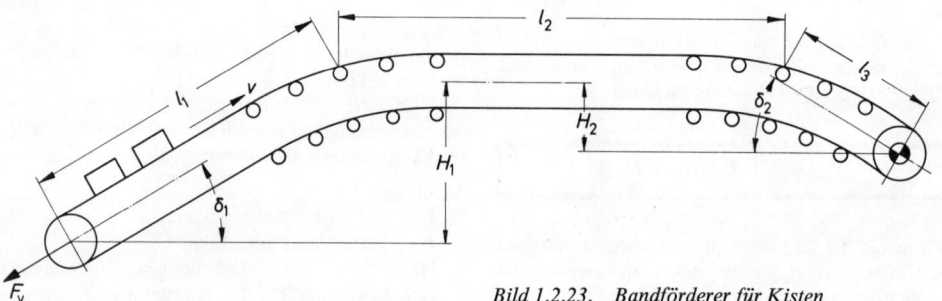

Bild 1.2.23. *Bandförderer für Kisten*

e) Wie groß ist der erforderliche Antriebstrommeldurchmesser?
f) Welche Anlaufleistung muß der Motor aufbringen?
g) Welche Motorleistung ist bei $(P_{Anl} : P_{mot})_{max} = 1{,}4$ erforderlich?
h) Die Reibungsverhältnisse am Antrieb sind zu kontrollieren.
i) Wie groß ist die Mindestvorspannkraft?

Lösungen:

a) $Q_{St\,max} = \dfrac{3600 \cdot v}{l_{t\,min}} = \dfrac{3600 \cdot 0{,}5}{0{,}45} \dfrac{\text{Stück}}{\text{h}}$

$Q_{St\,max} = \mathbf{4000\ Stück/h}$

b) $I_{G\,max} = \dfrac{Q_{St\,max} \cdot G_{St}}{1000} = \dfrac{4000 \cdot 10}{1000} \dfrac{\text{Mp}}{\text{h}}$

$I_{G\,max} = \mathbf{40\ Mp/h}$

c) Damit kein Zurückrutschen erfolgt, muß gelten
$G_{St} \cdot \cos \delta \cdot \mu > G_{St} \cdot \sin \delta \rightarrow \mu > \tan \delta$
$\sin \delta = \dfrac{H_1}{l_1} = \dfrac{10}{40} = 0{,}25 \rightarrow \delta = 14{,}5°$
$\tan \delta = 0{,}258$
$\mu_{Gurt/Kiste} = 0{,}3 > 0{,}258 \longrightarrow$ **Kisten rutschen nicht**

d) $L = l_1 \cdot \cos \delta + l_2 + l_3 \cdot \cos \delta_1$
$L = 40\,\text{m} \cdot 0{,}968 + 40\,\text{m} + 20\,\text{m} \cdot 0{,}968$
$L = 38{,}7\,\text{m} + 40\,\text{m} + 19{,}4\,\text{m} = 98{,}1\,\text{m}$

Bemerkung: Hier könnte durchaus auch mit $L \approx l_1 + l_2 + l_3$ gerechnet werden. Die entstehende Abweichung ist zulässig.

$f_{ges} = f \cdot C = 0{,}03 \cdot 1{,}8 = 0{,}054$

$F_u = f_{ges} \cdot L \cdot \left(G_m + \dfrac{I_G}{3{,}6 \cdot v} \right) +$
$\quad + \dfrac{I_G \cdot H_1}{3{,}6 \cdot v} - \dfrac{I_G \cdot H_2}{3{,}6 \cdot v}$ in kp

$F_u = f_{ges} \cdot L \cdot \left(G_m + \dfrac{I_G}{3{,}6 \cdot v} \right) +$
$\quad + \dfrac{I_G}{3{,}6 \cdot v} (H_1 - H_2)$ in kp

$F_u = 0{,}054 \cdot 98{,}1 \cdot \left(20 + \dfrac{40}{3{,}6 \cdot 0{,}5} \right)$ kp $+$
$\quad + \dfrac{40}{3{,}6 \cdot 0{,}5} \cdot 5$ kp

$F_u = 5{,}3 \cdot 42{,}2\,\text{kp} + 111\,\text{kp} = \mathbf{335\ kp}$

$F_1 = \left(\dfrac{1}{e^{\mu\alpha} - 1} + 1 \right) \cdot F_u = F_u \cdot 1{,}84$
$F_1 = 335\,\text{kp} \cdot 1{,}84 = 616\,\text{kp}$
$z = \dfrac{F_1 \cdot \nu_z}{B \cdot k_z} = \dfrac{616 \cdot 10}{50 \cdot 50} = 2{,}47$
$z = \mathbf{3\ Einlagen}$

e) $D = \dfrac{360 \cdot F_u}{p \cdot \pi \cdot \alpha \cdot B} = \dfrac{360 \cdot 335}{2500 \cdot \pi \cdot 180 \cdot 0{,}5}$ cm
$D = 17\,\text{cm}$
$D_{min} = x \cdot z$ in m ($x = 0{,}09$ für B 50)
$D_{min} = 0{,}09 \cdot 3 = 0{,}27\,\text{m} = 270\,\text{mm}$
nächster genormter Durchmesser: $D = \mathbf{320\ mm}$

f) $P_{Anl} = P_v + 1{,}2 \cdot P_B$
$P_v = \dfrac{F_u \cdot v}{102 \cdot \eta_{ges}} = \dfrac{335 \cdot 0{,}5}{102 \cdot 0{,}8}$ kW $= 2{,}05\,\text{kW}$

$P_B = \dfrac{L \left(G_m + \dfrac{I_G}{3{,}6 \cdot v} \right) v^2}{1000 \cdot t_A \cdot \eta_{ges}}$

$P_B = \dfrac{100 \cdot 42{,}2 \cdot 0{,}25}{1000 \cdot 5 \cdot 0{,}8}$ kW $= 0{,}26\,\text{kW}$

$P_{Anl} = 2{,}05\,\text{kW} + 1{,}2 \cdot 0{,}26\,\text{kW} = \mathbf{2{,}37\,kW}$

g) $P_{mot} = \dfrac{P_{Anl}}{1{,}4} = \dfrac{2{,}37\,\text{kW}}{1{,}4} = 1{,}7\,\text{kW}$

Hierbei ist jedoch die Bedingung $P_{mot} \geqq P_v$ nicht erfüllt.

gewählt: $P_{mot} = \mathbf{3\,kW}$

h) Die Reibungsverhältnisse sind in Ordnung, wenn F_1 nach Gleichung 32 und F_1 nach Gleichung 33 bestimmt werden. Durch eine geeignete Spannanlage muß dafür gesorgt werden, daß F_2 auch wirklich eingehalten wird.

i) $F_{v\,min} = 2 \cdot F_2$
$F_2 = F_1 - F_u = 616\,\text{kp} - 335\,\text{kp} = 281\,\text{kp}$
$F_{v\,min} = \mathbf{562\ kp}$

Die Vorspannung müßte in diesem Fall unmittelbar am Punkt 1 erfolgen. Soll F_v für die dargestellte Spannstelle bestimmt werden, so müssen die auftretenden Kräfte von Punkt 1 bis Punkt 4 Berücksichtigung finden. In diesem Beispiel müßten ferner die Komponenten des Gurteigengewichtes mit berücksichtigt werden, d. h., die Gurtkraft ist in 3 größer als in Punkt 4.

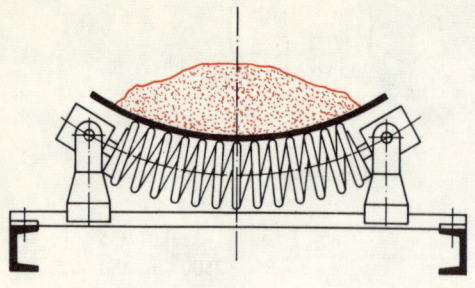

Bild 1.2.24. Federtragrolle

1.2.2. Stahlbandförderer

Sind Gummigurte wegen des Fördergutcharakters ungeeignet, so finden oftmals Förderer mit gewalztem Stahlband Verwendung. Der Aufbau und die Wirkungsweise sind dem Gummibandförderer durchaus ähnlich. Lediglich in konstruktiver Hinsicht sind einige Unterscheidungsmerkmale zu verzeichnen. Im allgemeinen werden Stahlbänder bis zu 1 m Breite und 0,6 bis 1,5 mm Dicke verwendet. Die Skala der Werkstoffe reicht, je nach Verwendungszweck, von Kohlenstoffstählen bis zu rostfreien Stählen. Diese Förderer werden eingesetzt bei hohen Temperaturen sowie bei stark schleißenden oder klebrigen Stoffen.

Die Neigungswinkel sind bei gleichem Fördergut um ca. 5° kleiner als bei Gummigurten.
Mit Rücksicht auf die Steifigkeit des Bandes müssen die Trommeldurchmesser größer gewählt werden. Je nach der Geschwindigkeit gilt:

$$D = (0{,}8 \cdots 1{,}2) \cdot s$$
D = Trommeldurchmesser in m
s = Banddicke in mm

Das Stahlband wird bei flachen Bändern durch Tragrollensätze und bei gemuldeten Bändern durch Federtragrollen (Bild 1.2.24) gestützt. Zur Erhöhung der Förderleistung erhalten Stahlbandförderer manchmal Seitenwände, die starr oder beweglich am Bandtraggerüst angebracht werden.
Die Bandgeschwindigkeit überschreitet bei derartigen Anlagen nur selten 1 m/s.

1.2.3. Drahtbandförderer

Hier finden anstelle der gewalzten Stahlbänder Drahtbänder in verschiedenen Ausführungen Verwendung. Der Vorteil liegt in der geringeren Dehnung sowie in der gleichmäßigen Zugfestigkeit — auch an den Stoßstellen — begründet. Auch können kleinere Trommeldurchmesser verwendet werden. Diese Förderer werden für Stückgüter und grobstückige Schüttgüter, wie z. B. bei Durchlaufhärteöfen, Backmaschinen usw., eingesetzt.

1.3. Gliederförderer

Bei den Gliederförderern sind gleichartige Förderelemente an einem endlosen Zugmittel befestigt.

1.3.1. Gliederbandförderer

DIN-Erläuterung: Gliederbandförderer sind Schütt- und Stückgutförderer für vorwiegend waagerechte oder geneigte Förderung mit stumpfgestoßenen oder sich überdeckenden, gelenkig verbundenen Platten, Trögen oder Kästen als Tragorgan und endlosen Ketten als Zugorgan. Je nach Ausbildung der Tragorgane als Platte, Trog (mit Seitenwänden) oder Kasten (mit Seiten- und Querwänden) werden Platten-, Trog- und Kastenbandförderer unterschieden.

Gliederbandförderer finden ihren Einsatz vorwiegend bei schweren, grobstückigen, scharfkantigen, stark schleißenden und heißen Gütern, also dort, wo die Gurtförderer den anstehenden Bedingungen nicht mehr gewachsen sind. Die Linienführungen entsprechen im wesentlichen auch denen der Gurtförderer, allerdings lassen sich größere Neigungswinkel (bis 35°; bei Verwendung von Querstegen bis 50°) erreichen. Heute erreicht man Förderleistungen bis 1000 Mp/h und Förderlängen bis zu 500 m. Ein weiterer Vorteil ist die Möglichkeit einer selbständigen Fördergutaufnahme aus Bunkern, während hierfür bei Bandförderern spezielle Bunkerabzugseinrichtungen notwendig sind. Die Vorteile müssen im wahrsten Sinne erkauft werden, denn die kompliziertere Herstellung bedingt höhere Anschaffungskosten. Nachteilig wirkt sich auch noch das größere Eigengewicht des Bandbelages und der Zugketten sowie der erschwerte Betrieb infolge der großen Anzahl von Gelenkverbindungen aus, denn dadurch wird eine höhere Antriebsleistung notwendig.

1.3.1.1. Das Gliederband

Als Zugmittel werden normalerweise zerlegbare Stahlbolzenketten (mit ein- oder zweiseitigen Befestigungslappen) mit gekröpften Laschen oder für schweren Betrieb auch Stahllaschenketten mit gera-

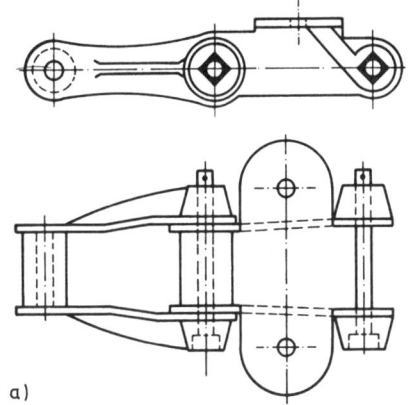
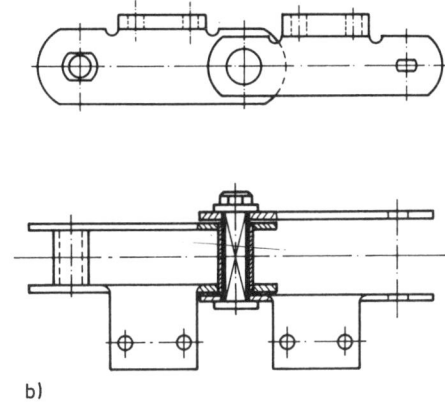

a) b)

Bild 1.3.1. Ketten für Gliederbandförderer, a) Stahlbolzenkette, b) Laschenkette

den Laschen verwendet (Bild 1.3.1). Rundgliederketten finden hauptsächlich bei Trogbändern ihre Anwendung. Die Anordnung kann zwei- oder einsträngig erfolgen, wobei das Letztgenannte bei kurvengängigen Gliederbändern erforderlich ist. Die Abstützung des Gliederbandes erfolgt meist durch Laufrollen (Bild 1.3.2) auf Führungsschienen, jedoch findet man auch Anlagen, wo die Abstützung durch Stützrollen (Bild 1.3.3) oder durch Schleifen der Kette auf einer Führungsbahn erfolgt. Bei kurvengängigen Gliederbändern sind zusätzlich noch Führungsrollen mit senkrechter Achse notwendig.

Die konstruktive Ausbildung der Gliederbänder ist vom jeweiligen Fördergut abhängig. Man unterscheidet folgende Hauptarten:
flach, mit ebenen Platten — für Stückgut
flach, mit überlappten Platten — für Schüttgut
trogförmig, mit überlappten Platten — für Schüttgut
becherförmig — für Schüttgut

Bild 1.3.4 zeigt ein flaches Band mit ebenen Platten. Diese Platten bestehen meist aus Holz, Stahlblech oder Kunststoff. Werden zylindrische Stückgüter gefördert, so befestigt man auf den Platten besondere Aufnahmevorrichtungen, die ein Wegrollen verhindern. Um ein Abgleiten des Gutes auszuschließen, werden oftmals feststehende Seitenleisten angebracht. Die Tragplatten selbst sind mit den Winkellaschen der Kette verschraubt, vernietet oder verschweißt.

In Bild 1.3.5 ist ein trogförmiges Gliederband mit überlappten Platten dargestellt. Es wird eingesetzt bei Schüttgut, wobei aber stets die eingezeichnete Förderrichtung eingehalten werden muß, da sonst Fördergut zwischen die einzelnen Platten gelangen und zu einer Beschädigung führen würde.

Die Gliederbänder werden bis zu Breiten von 1600 mm hergestellt.

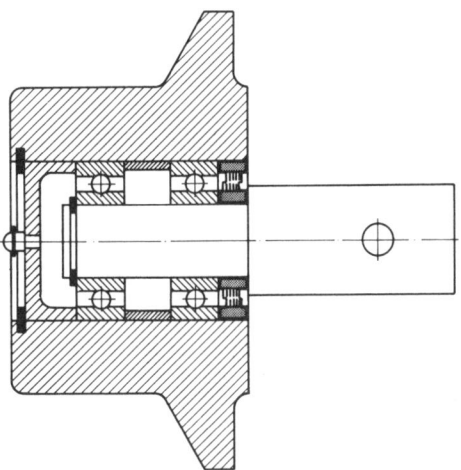

Bild 1.3.2. Laufrolle für Trogbandförderer

Bild 1.3.3. Laschenkette mit Stützrollen

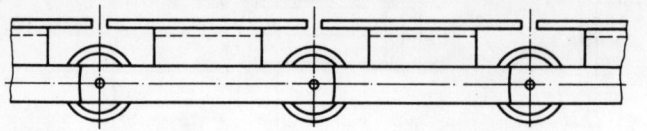

Bild 1.3.4. Flaches Band mit ebenen Platten

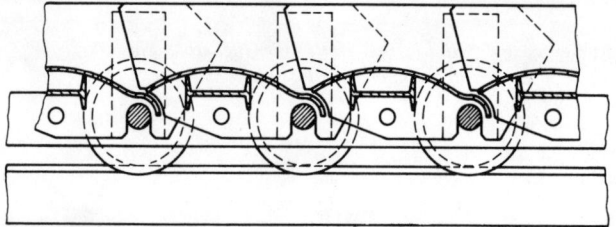

Bild 1.3.5. Trogförmige Gliederbänder

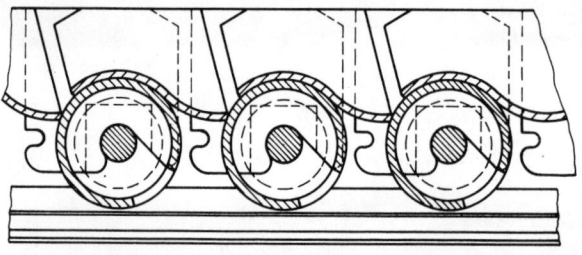

1.3.1.2. Antrieb

Der Antrieb erfolgt durch einen Elektromotor über ein Vorgelege auf die Antriebswelle. Zwischen Getriebe und Welle ist eine elastische Kupplung angebracht. Manchmal findet man an dieser Stelle auch stufenlos regelbare Getriebe, die eine regelbare Fördergeschwindigkeit ermöglichen. Auf der Antriebswelle sind ein oder zwei Antriebssterne befestigt, die das Antriebsmoment auf das Gliederband übertragen. Die Kettenradsterne haben meist 5 bis 8 Zähne. Bild 1.3.6 zeigt einen solchen Stern mit sechs Zähnen. Bei der Montage muß besonders darauf geachtet werden, daß die Zähne genau fluchten, da sonst die Ketten ungleichmäßig belastet werden.

Da sich die Ketten im Laufe der Zeit infolge der Belastung etwas dehnen, muß am Umlenkstern eine

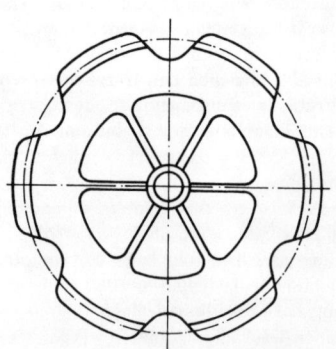

Bild 1.3.6. Kettenradstern mit sechs Zähnen

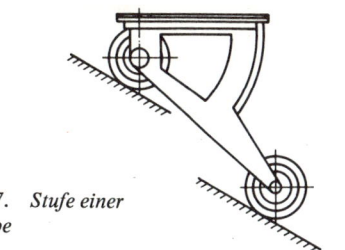

Bild 1.3.7. Stufe einer Rolltreppe

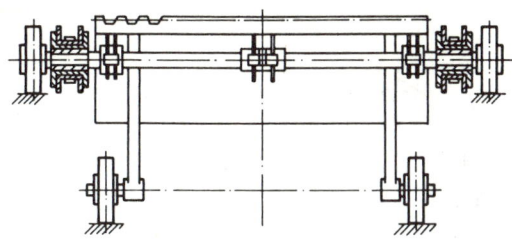

Spannvorrichtung angebracht werden. (Der kleinste Kettenzug soll 100 bis 300 kp betragen.) Sind zwei Kettenstränge vorhanden, so wird ein Umlenkstern auf der Spannwelle festgekeilt, der andere lose aufgesetzt, damit dieser sich entsprechend der jeweiligen Lage der Kettengelenke einstellen kann. Wenn die Umlenksterne genau wie die Antriebssterne fest mit der Welle verbunden wären, müßten die beiden Achsen parallel zueinander verlaufen. Das allerdings geht nicht, da sich die Ketten nicht gleichmäßig dehnen und demzufolge sich die Umlenkwelle beim Nachspannen etwas schräg stellt.

Bei Gliederbandförderern für schräge Förderung müssen aus Sicherheitsgründen Gesperre oder elektromagnetisch gesteuerte Bremsen eingebaut werden, um bei einem eventuell auftretenden Motorausfall, Kupplungsdefekt oder sonstigen Schaden eine Bandbewegung zu verhindern.

Sonderkonstruktion Rolltreppe: Die Rolltreppe ist vom Prinzip her ein schräger Gliederbandförderer. Die Fördergeschwindigkeit beträgt etwa 0,7 m/s und die maximale Auslastung bis ca. 10 000 Personen pro Stunde. Bild 1.3.7 zeigt eine Stufe. Die Hauptrollen sitzen auf der gleichen Achse, an der auch die Kette angreift. Die Stützrollen, die eine andere Spurweite haben, laufen auf einem zweiten Schienenstrang, der so ausgebildet ist, daß die Plattform im Bereich des Lasttrums immer waagerecht verläuft.

Für Rolltreppen gelten besondere Sicherheitsvorschriften, da mit ihr Personen befördert werden. So muß z. B. bei einem Kettenbruch ein sofortiger Stillstand gesichert sein. Um die Laufgeräusche minimal zu halten, verwendet man Laufrollen mit Gummi- oder Kunststoffbereifung. Der Antrieb sitzt am Kopfende, während sich am Fußende die Spannvorrichtung befindet. Die mitlaufenden Handleisten sind im Prinzip mit den Gurtförderern zu vergleichen.

1.3.1.3. Berechnung

a) **Förderstrom**
Platten- und Trogbänder
Hier finden die Gleichungen 14 bis 17 Anwendung. Die k-Werte, also die Minderungsfaktoren bei schräger Förderung, sind etwas höher als bei den Gurtförderern (Tafel 19).
Die Ermittlung des Förderquerschnittes A erfolgt so:
beim flachen Plattenband (Bild 1.3.8):
A wird nach Gleichung 18 bestimmt, wobei $b = 0{,}85 \cdot B$ angenommen werden kann. Sind feste

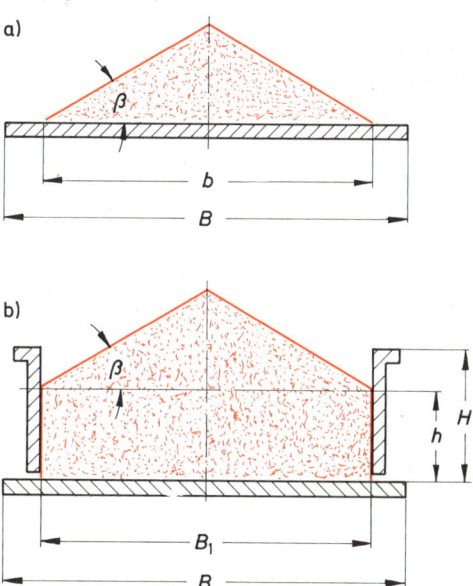

Bild 1.3.8. Flaches Plattenband, a) ohne Seitenwände, b) mit Seitenwänden

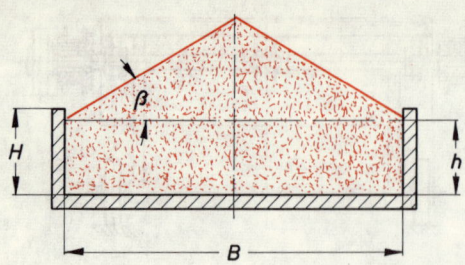

Bild 1.3.9. Trogband

Seitenwände vorhanden, so erfolgt die Berechnung analog der beim Trogband.
beim Trogband (Bild 1.3.9):

$$A = B \cdot h + \frac{1}{2} \cdot B \cdot \frac{B}{2} \cdot \tan \beta_1$$

(37)
$$A = B \cdot (h + \frac{1}{4} \cdot B \cdot \tan \beta_1)$$

$h \approx (0{,}65 \cdots 0{,}75) \cdot H$
$\beta_1 \approx 0{,}4 \cdot \beta$

Wird grobstückiges Fördergut in der ganzen Trogbreite auf einmal aufgegeben, so ergibt sich als Füllungsquerschnitt ein Rechteck. Für A ergibt sich nun:

(38)
$$A = B \cdot H \cdot \varphi$$

φ = Füllungsgrad $\approx$ 0,8 bis 0,85

Kastenbänder (Bild 1.3.10):

(39)
$$I_v = 3600 \cdot v \cdot \frac{V_K}{l_K}$$

I_v = volumenmäßiger Förderstrom in m³/h
v = Fördergeschwindigkeit in m/s
V_K = Volumen des Gutes im Kasten in m³
l_K = Kastenlänge in m

$$V_K = B \cdot l_K \cdot h - \frac{1}{2} \cdot B \cdot l_K \cdot l_K \cdot \tan(\delta - \beta_1)$$

(40)
$$V_K = B \cdot l_K \cdot \left[h - \frac{1}{2} \cdot l_K \cdot \tan(\delta - \beta_1)\right]$$

$\delta \geq \beta_1 \approx 0{,}4\,\beta$

Die Bandbreiten der Gliederförderer werden unter Berücksichtigung der Stückigkeit des Fördergutes folgendermaßen überprüft:
bei unsortiertem Schüttgut
$\quad B \geq 1{,}7 \cdot a_k + 200 \quad$ in mm
bei sortiertem Schüttgut
$\quad B \geq 2{,}7 \cdot a_k + 200 \quad$ in mm

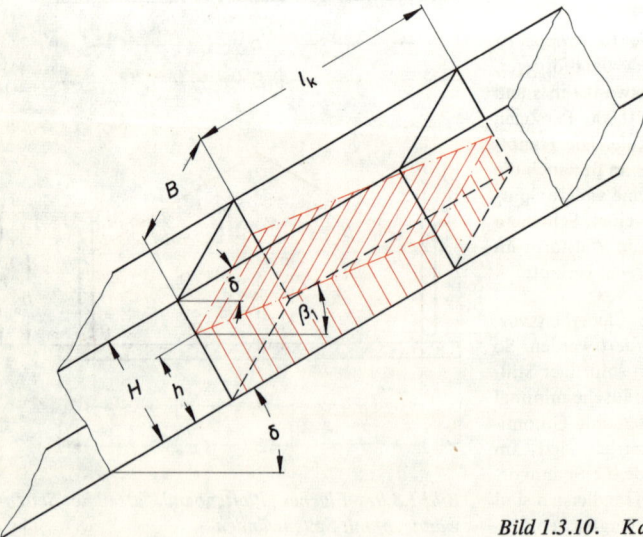

Bild 1.3.10. Kastenband

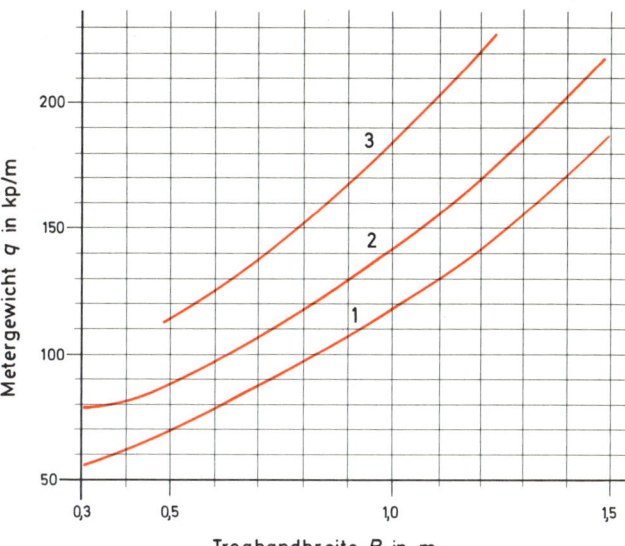

Bild 1.3.11. Erfahrungswerte für q von Stahltrogbändern, 1 leichte, 2 normale, 3 schwere Bandausführung

Die gängigen Größen für die Breiten sind 300, 400, 540, 640, 800, 1000, 1200, 1400 und 1600 mm.

b) **Antriebsleistung**

Die Leistung wird bei bekannter Umfangskraft wieder nach Gleichung 26 bestimmt.
Genügt eine überschlägige Berechnung, so kann F_u nach Gleichung 23 ermittelt werden. Der Gesamtreibungsbeiwert ist dabei der Tafel 20 zu entnehmen. Die Motorleistung wird man 15% bis 20% höher als die errechnete Leistung wählen.
Das Metergewicht des Gliederbandes (Ober- und Untertrum) G_m ist folgendermaßen zu bestimmen:

(41)
$$G_m = 2 \cdot q$$

q = Gewicht von 1 m Gliederband einschließlich der Zugketten. Es wird dem Katalog des Herstellerwerkes entnommen. Überschlägig können die Werte in Bild 1.3.11 abgelesen werden.
Soll die Berechnung nach Einzelverlusten erfolgen, so müssen nachstehende Widerstände beachtet werden:

Widerstandszahl für Stützrollen f_R
Widerstand am Umlenkstern f_{US}
Widerstand einer Umlenkung f_U

Die einzelnen Widerstände können wie folgt bestimmt werden:

(42)
$$f_R = \frac{k_S}{D/2} \cdot (\mu \cdot \frac{d}{2} + f)$$

k_S = Beiwert für die Spurkranzreibung ≈ 1,1···1,2
μ = Lagerreibungsziffer
   für Wälzlager: günstig 0,01; normal 0,025; ungünstig 0,045
   für Gleitlager: bei Ölschmierung 0,1 bis 0,2
                  bei Fettschmierung 0,15 bis 0,25
d = Lagerzapfendurchmesser
D = Rollendurchmesser
f = Hebelarm der Rollreibung
   günstig: 0,06 cm; normal: 0,08 cm; ungünstig: 0,1 cm

Für f_R sind die Werte der Tafel 21 üblich.
Der Widerstandsfaktor f_{US} am Umlenkstern kann mit 1,05···1,1 angenommen werden.
Den Widerstandsfaktor an Umlenkungen (Bogen) f_U erhält man aus der Beziehung

(43)
$$f_U = e^{f_R \cdot \alpha}$$

f_R = Widerstandszahl für die Stützrollen
α = Umlenkwinkel im Bogenmaß

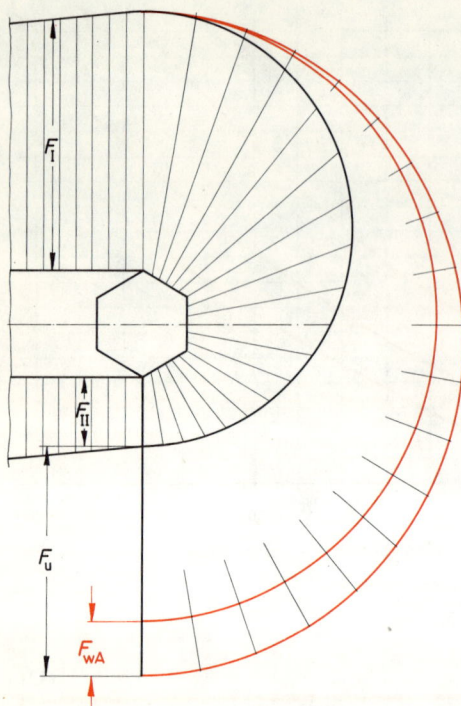

Zur besseren Übersicht sind die einzelnen Schritte dieses Berechnungsverfahrens in einem allgemeinen Beispiel dargestellt (Bild 1.3.13).

Die kleinste Kettenzugkraft kann in dem Beispiel entweder im Punkt 1 oder im Punkt 3 auftreten.

Sie ist in 1, wenn der Widerstand von 1 bis 3 größer als die Gewichtskomponente $q \cdot H$, und in 3, wenn er kleiner ist als $q \cdot H$.

Geht man davon aus, daß in 3 die kleinste Kettenkraft auftritt, so lassen sich folgende Kettenzüge ermitteln:

$$F_{K3} = F_{K\min}$$
$$F_{K4} = F_{K3} + f_R \cdot l_1 \cdot q$$
$$F_{K5} = f_{US} \cdot F_{K4}$$
$$F_{K6} = F_{K5} + f_R \cdot l_1 \cdot (q + G_G)$$
$$F_{K7} = f_U \cdot F_{K6} = e^{f_R \cdot \alpha} \cdot F_{K6}$$
$$F_{K8} = F_{K7} + (q + G_G) \cdot l_2 \cdot f_R + (q + G_G) \cdot H$$
$$F_{K2} = F_{K3} \cdot \frac{1}{f_U}$$
$$F_{K1} = F_{K2} + q \cdot H - q \cdot l_2 \cdot f_R$$
$$F_{WA} = 0{,}03 \cdots 0{,}05 \cdot (F_{K1} + F_{K8})$$
$$F_u = F_{K8} - F_{K1} + F_{WA}$$

Somit wären also alle Kettenzüge an den markanten Punkten der Anlage und damit auch F_u bestimmt. Dieses Verfahren ist natürlich wesentlich genauer als die Näherungslösung über f_{ges}, der zeitliche Aufwand ist jedoch erheblich größer.

c) **Berechnung der Ketten**

Wegen der kleinen Zähnezahlen der Kettensterne muß bei Zugketten mit Geschwindigkeiten über 0,2 m/s der Einfluß der dynamischen Beanspruchung berücksichtigt werden. Diese Beeinflussung kommt beim Übertragen der Zugkraft vom Antriebsstern auf die Kette hinzu. Sie wird dadurch verursacht, daß sich die Kette am Stern nicht auf einen Kreisbogen mit gleichbleibendem Radius, sondern auf die Seiten eines Vieleckes legt. Die Dauer eines Spiels der ungleichförmigen Kettenbewegung ist gleich der Zeit, in der sich der Stern

Oftmals wird beim Einzelverlustverfahren auch noch der Verlust am Antriebsstern berücksichtigt. Er kann mit (3···5)% der Summe der Kettenzüge im auf- und ablaufenden Trum angenommen werden.

(44)
$$F_{WA} = (0{,}03 \cdots 0{,}05) \cdot (F_I + F_{II})$$

Handelt es sich um ein flaches Plattenband mit festen Seitenwänden, so muß der auftretende Reibungsverlust zwischen Fördergut und Seitenwand ebenfalls berücksichtigt werden. Die Seitendruckkraft wird dabei nach den Gesetzen der Hydrostatik bestimmt.

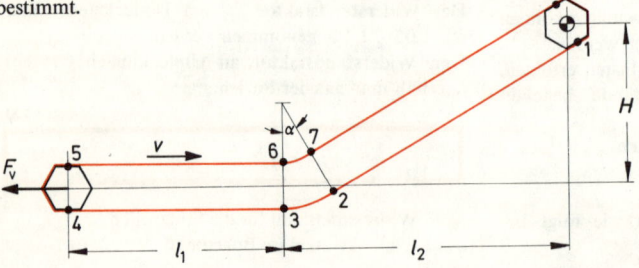

Bild 1.3.13. Skizze zum allgemeinen Beispiel

Bild 1.3.14. Kastenband für Koksbeschickung

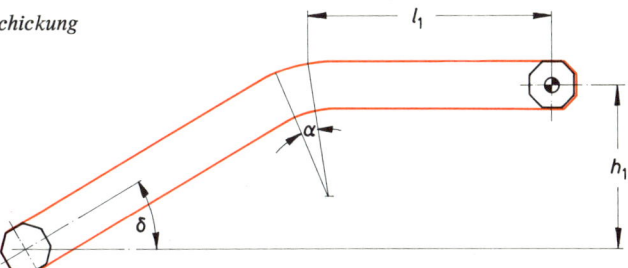

um den einem Zahnabstand entsprechenden Mittelpunktswinkel dreht.
Die größte dynamische Beanspruchung entsteht in dem Zeitpunkt, in dem der Zahn des Kettenrades oder die Kettensternkante in das nachfolgende Kettengelenk eingreift. Für das Gebiet der Kettenförderer hat sich Formel 45 als zweckmäßig erwiesen. Bei kurzen Förderern führt sie zu praktisch richtigen Ergebnissen. Bei längeren Förderern und großen Kettenzügen kann das Ergebnis größer oder kleiner sein als die wirkliche dynamische Belastung, und zwar infolge auftretender Resonanzerscheinungen. Den Resonanzeinfluß vermindert man am günstigsten durch eine Änderung der Arbeitsgeschwindigkeit.

(45)

$$F_{\text{max th}} = F_{\text{max stat}} + 6 \cdot \frac{v^2 \cdot L}{z^2 \cdot l_K} \cdot (G_G + C \cdot q)$$

$F_{\text{max th}}$ = rechnerische Maximalkraft (nach ihr ist die Kette zu dimensionieren) in kp
$F_{\text{max stat}}$ = ermittelte Maximalkraft aus den statischen Kräften in kp
v = Fördergeschwindigkeit in m/s
L = Förderlänge in m
z = Zähnezahl des Kettenrades oder Kantenzahl des Kettensterns
t_K = Kettenteilung in m
 gebräuchliche Werte: 100, 125, 160, 200, 250, 320, 400, 500, 630 mm
G_G = Metergewicht des Fördergutes $\left(\dfrac{I_G}{3{,}6 \cdot v}\right)$ in kp/m
q = Metergewicht des Gliederbandes in kp/m
C = Längenbeiwert
 $L < 25$ m $\rightarrow C = 2{,}0$
 $L = (25 \cdots 60)$ m $\rightarrow C = 1{,}5$
 $L > 60$ m $\rightarrow C = 1{,}0$

Werden als Zugmittel zwei Ketten verwendet, so gilt bei Berücksichtigung der ungleichmäßigen Verteilung des Kettenzuges folgende Formel:

$$F'_{\text{max th}} = 1{,}15 \cdot \frac{F_{\text{max th}}}{2}$$

$F'_{\text{max th}}$ = rechnerische Maximalkraft pro Strang

Beispiel 3:
Bild 1.3.14 zeigt ein Kastenband für Koksbeschickung mit folgenden Ausgangsdaten:

Fördergut: Koks (30 bis 100 mm), davon ca. 20 Gewichtsprozent größer als 80 mm
Förderstrom $I_G = 100$ Mp/h
Fördergeschwindigkeit $v = 0{,}5$ m/s
normaler Betrieb
Kastenhöhe $H = 200$ mm; $h \approx 180$ mm;
$B : l_K \approx 2$
Abmessungen der Anlage: $l_1 = 20$ m, $h_1 = 15$ m, $\alpha = 15°, \delta = 30°$
2 Kettenstränge auf Stützrollen (Wälzlager)
Kettenteilung $t_K = l_K$
Kettenstern $z = 8$, $f_{US} = 1{,}08$
Mindestkettenzug $F_{K\text{min}} = 150$ kp
Gesamtwirkungsgrad $\eta_{\text{ges}} = 0{,}82$

Es sind zu bestimmen:
a) die erforderliche Band- bzw. Kastenbreite
b) die Antriebsleistung in kW
c) die rechnerische Maximalkraft pro Strang

Lösungen:
a) nach Tafel 3 wird $\gamma_s = 0{,}55$ Mp/m³ gewählt

$$I_v = \frac{I_G}{\gamma_s} = \frac{100 \text{ Mp/h}}{0{,}55 \text{ Mp/m}^3} = 182 \text{ m}^3/\text{h}$$

$\beta_1 \approx 0{,}4 \cdot \beta$ mit $\beta = 50°$ (nach Tafel 4) wird
$\beta_1 \approx 20°$

$$I_v = 3600 \cdot v \cdot \frac{V_K}{l_K}$$

$$I_v = 3600 \cdot v \cdot B \cdot [h - \tfrac{1}{2} \cdot l_K \cdot \tan(\delta - \beta_1)]$$

Bild 1.3.15. Lösungsskizze

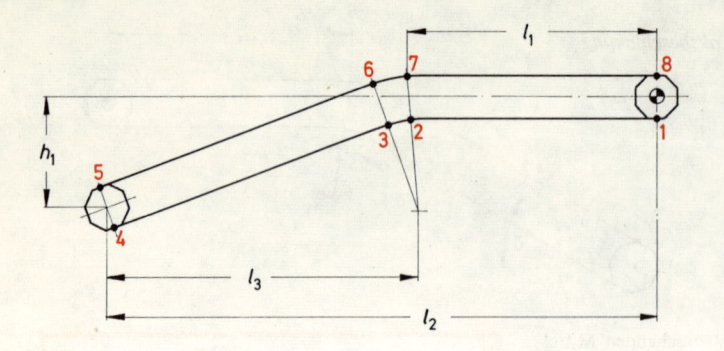

$$\frac{I_v}{3600 \cdot v} = B \cdot h - B \cdot \frac{1}{2} \cdot 0{,}5 \cdot B \times$$
$$\times \tan(30° - 20°)$$

$$\left.\begin{array}{l}\dfrac{I_v}{3600 \cdot v} = 0{,}18 \cdot B - 0{,}044 \cdot B^2 \\ 0{,}044\,B^2 - 0{,}18\,B + 0{,}101 = 0 \\ B^2 - 4{,}1\,B + 2{,}29 = 0\end{array}\right\} \quad B \text{ in m}$$

$B = 0{,}67$ m gewählt: $B = \mathbf{800\ mm}$
$$l_K = t_K = \mathbf{400\ mm}$$

Kontrolle von B:
Wegen $a_{max} : a_{min} = 100 : 30 > 2{,}5$ handelt es sich um unsortiertes Schüttgut.

Da mehr als 10 Gew.-% größer als $0{,}8 \cdot a_{max}$ sind, gilt:

$a_k = a_{max} = 100$ mm
$B \geq 1{,}7 \cdot a_k + 200$ in mm
$B \geq (1{,}7 \cdot 100 + 200)$ mm $= 370$ mm
$B \geq 370$ mm, somit also ausreichend.

b) Kontrolle, ob $F_{K\,min}$ in Punkt 1 oder 4 vorkommt (Bild 1.3.15):

$F_{K\,min}$ in 1, wenn $q \cdot h_1 < q \cdot l_2 \cdot f_R$
(Umlenkung von 2 nach 3 ist dabei vernachlässigt)
$h_1 < l_2 \cdot f_R$
$l_2 = l_1 + l_3 = l_1 + \dfrac{h_1}{\tan \delta}$
$l_2 = 20 \text{ m} + \dfrac{15 \text{ m}}{\tan 30°} = 20 \text{ m} + 26 \text{ m} = 46 \text{ m}$
$f_R = 0{,}03$ (nach Tafel 21)
$h_1 = 15$ m; $l_2 \cdot f_R = 46$ m $\cdot$ 0,03 $= 1{,}38$ m
$h_1 > l_2 \cdot f_R$, somit liegt $F_{K\,min}$ im Punkt 4
$F_{K\,4} = F_{K\,min} = 150$ kp

$F_{K\,5} = F_{K\,4} \cdot f_{US} = 150$ kp $\cdot$ 1,08 $= 162$ kp
$F_{K\,6} = F_{K\,5} + l_3 \cdot f_R \cdot (q + G_G) + h_1 \cdot (q + G_G)$
$q \approx 120$ kp/m (nach Bild 1.3.11)
$G_G = \dfrac{I_G}{3{,}6 \cdot v} = \dfrac{100 \text{ kp/m}}{3{,}6 \cdot 0{,}5} = 55{,}5$ kp/m
$F_{K\,6} = 162$ kp $+ 26$ m $\cdot$ 0,03 $\cdot$ 175 (kp/m) $+$
$\qquad\qquad + 15$ m $\cdot$ 175 (kp/m)
$F_{K\,6} = 162$ kp $+ 137$ kp $+ 2625$ kp $= 2924$ kp
$F_{K\,7} = F_{K\,6} \cdot e^{f_R \cdot \alpha}$
$F_{K\,7} = 2924$ kp $\cdot e^{0{,}03 \cdot 0{,}262} = 2924$ kp $\cdot 1{,}008$
$F_{K\,7} = 2947$ kp
$F_{K\,8} = F_{K\,7} + l_1 \cdot f_R \cdot (q + G_G)$
$F_{K\,8} = 2947$ kp $+ 20$ m $\cdot$ 0,03 $\cdot$ 175 (kp/m)
$F_{K\,8} = 2947$ kp $+ 105$ kp $= 3052$ kp
$F_{K\,3} = F_{K\,4} - q \cdot l_3 \cdot f_R + q \cdot h_1$
$F_{K\,3} = 150$ kp $- 94$ kp $+ 1800$ kp $= 1856$ kp
$F_{K\,2} = F_{K\,3} \cdot \dfrac{1}{f_U} = \dfrac{1856 \text{ kp}}{1{,}008} = 1841$ kp
$F_{K\,1} = F_{K\,2} - q \cdot l_1 \cdot f_R$
$F_{K\,1} = 1841$ kp $- 120$ (kp/m) $\cdot$ 20 m $\cdot$ 0,03
$F_{K\,1} = 1841$ kp $- 72$ kp $= 1769$ kp
$F_{WA} = 0{,}04 \cdot (F_{K\,1} + F_{K\,8})$
$F_{WA} = 0{,}04 \cdot (1769$ kp $+ 3052$ kp$) = 193$ kp
$F_u = F_{K\,8} - F_{K\,1} + F_{WA}$
$F_u = 3052$ kp $- 1769$ kp $+ 193$ kp $= 1476$ kp
$P_v = \dfrac{F_u \cdot v}{102 \cdot \eta_{ges}} = \dfrac{1476 \cdot 0{,}5}{102 \cdot 0{,}82}$ kW $= \mathbf{8{,}8\ kW}$

c) $F_{max\,th} = F_{max\,stat} + 6 \cdot \dfrac{v^2 \cdot L}{z^2 \cdot t_K} \cdot (G_G + C \cdot q)$

Für L kann angenähert l_2 eingesetzt werden.

$$F_{\text{max th}} = 3052 \text{ kp} + 6 \cdot \frac{0{,}25 \cdot 46}{64 \cdot 0{,}40} \times$$
$$\times (55{,}5 + 1{,}5 \cdot 120) \text{ kp}$$
$$F_{\text{max th}} = 3052 \text{ kp} + 2{,}7 \cdot 235{,}5 \text{ kp}$$
$$F_{\text{max th}} = 3688 \text{ kp} \approx 3700 \text{ kp}$$
$$F'_{\text{max th}} = 1{,}15 \cdot \frac{F_{\text{max th}}}{2} = 1{,}15 \cdot \frac{3700}{2} \text{ kp}$$
$$F'_{\text{max th}} = \mathbf{2130 \text{ kp}}$$

1.3.2. Kratzerförderer

DIN-Erläuterung: Kratzerförderer sind Schüttgutförderer für waagerechte oder geneigte Förderung durch Kratzer. Als Zugmittel dienen Ein- oder Zweistrangketten.

In Bild 1.3.16 ist ein Kratzerförderer im Prinzip dargestellt. Über den Antriebsstern (1) und den Umlenkstern (2) läuft die Gliederkette (3). Senkrecht zu dieser Kette sind Mitnehmer (4) angebracht, die das Fördergut in der Rinne (5) vor sich herschieben. Die Aufgabe (6) des Gutes kann an jeder beliebigen Stelle erfolgen, auch die Abgabe (7) kann an mehreren Stellen durch Schieber vorgenommen werden.

Kratzerförderer finden bei staubförmigen, körnigen und stückigen Schüttgütern Anwendung. Für empfindliche, feuchte, klebrige, haftende und backende Güter sind sie jedoch nicht geeignet. Besonders in Hüttenwerken und der chemischen Industrie werden die Kratzerförderer sehr häufig eingesetzt.

Die einfache Konstruktion, die einfache Herstellung und somit niedrige Anschaffungskosten, die Möglichkeit der Förderung in zwei Richtungen (auf dem oberen und dem unteren Trum) und die einfache Auf- und Abgabe des Fördergutes an jeder beliebigen Stelle der Förderstrecke sind die Vorteile, die den Einsatz von Kratzerförderern rechtfertigen.

Die Nachteile dieses Förderers sind der hohe Energiebedarf und die schnelle Abnutzung von Mitnehmer und Rinne bei stark schleißenden Gütern.

Bei einigen Schüttgütern tritt ferner noch ein unzulässiges Zerreiben oder Zerquetschen auf.
Die üblichen Förderlängen reichen bis zu 100 m. Im Kohlenbergbau findet man Längen bis zu 200 m. Der Förderstrom reicht bis zu 300 Mp/h. Die Fördergeschwindigkeiten bewegen sich unterhalb 1 m/s. Schräge Förderung ist sowohl aufwärts als auch abwärts möglich. Die Neigungswinkel reichen dabei bis 40°. Die Förderleistung nimmt jedoch mit steigendem Winkel ab. Die Linienführungen sind denen bei Gliederbandförderern gleich. Die Krümmungsradien an den Unlenkbogen betragen im allgemein 4 bis 10 m.

1.3.2.1. Zugmittel, Mitnehmer und Rinne

Die Kratzerförderer erhalten als Zugmittel meist Laschen- oder Rundgliederketten mit Stützrollen. Bei Kratzerbreiten bis 400 mm wird normalerweise nur eine Kette verwendet; bei größerer Breite zwei Ketten. Seile werden nur sehr selten als Zugmittel eingesetzt.

Verschiedene Mitnehmerformen sind in Bild 1.3.17 dargestellt. Man unterscheidet Mitnehmer für Förderer mit einem Arbeitstrum (a, b), Doppelmitnehmer für zwei Arbeitstrume (d) und scheibenförmige Mitnehmer (c) für Seilschlepper. Die eckigen Mitnehmer sind meist aus Stahlblech von 4 bis 6 mm Dicke, die scheibenförmigen Mitnehmer normalerweise aus Grau- oder Temperguß hergestellt. Die Mitnehmerbreiten b reichen von 200 bis 1200 mm. Für die Mitnehmerhöhe h_1 gilt die Beziehung

$$h_1 = (0{,}25 \cdots 0{,}4) \cdot b$$

Die Mitnehmer können an den Ketten symmetrisch oder unsymmetrisch befestigt werden. Bei Einkettenförderern ist die Kette in der Mitte befestigt (über oder unter den Mitnehmern). Bei Seilschleppern wird das Seil in der Mitte der Mitnehmerscheibe befestigt.

Die Rinne wird entsprechend der Mitnehmergeometrie mit rechteck-, trapez- oder halbkreisförmi-

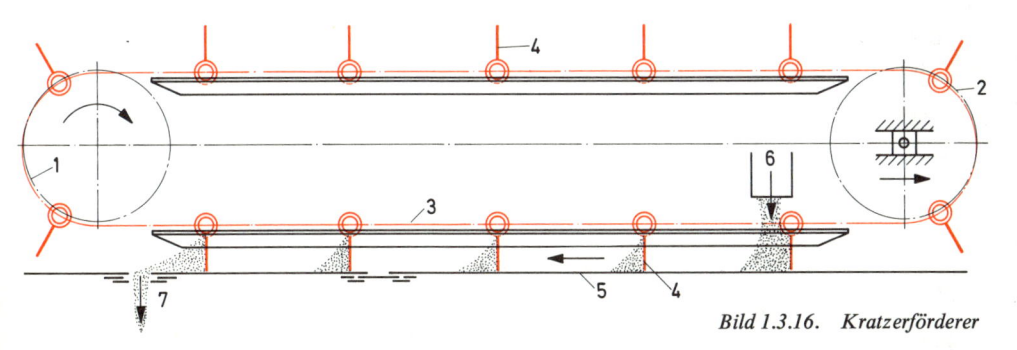

Bild 1.3.16. Kratzerförderer

Bild 1.3.17. Mitnehmerformen

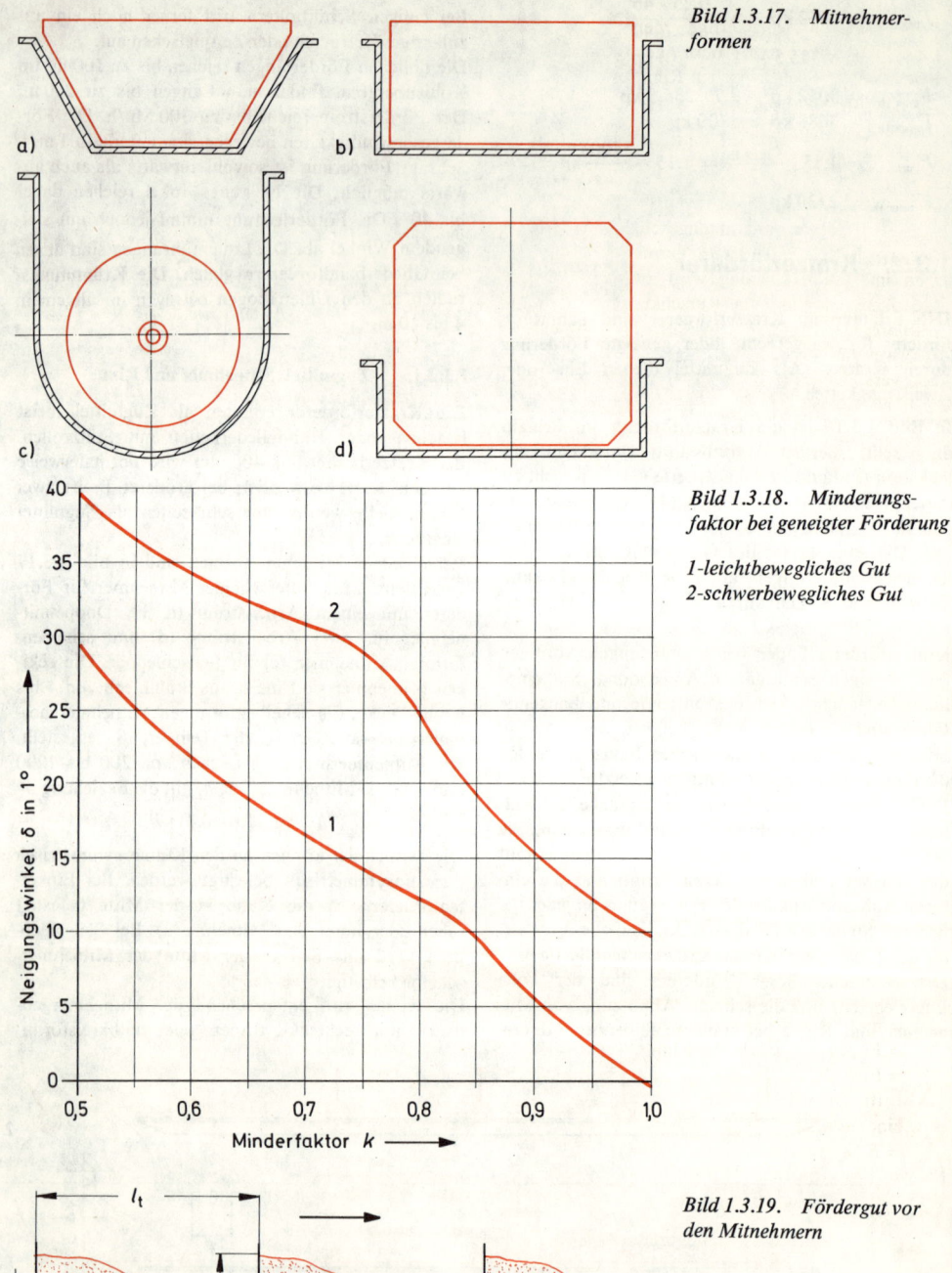

Bild 1.3.18. Minderungsfaktor bei geneigter Förderung

1-leichtbewegliches Gut
2-schwerbewegliches Gut

Bild 1.3.19. Fördergut vor den Mitnehmern

gem Querschnitt angefertigt. Meist wird sie aus Stahlblech (4···6 mm dick) gebogen oder geschweißt. Der Spalt zwischen Rinne und Mitnehmer beträgt 3 bis 6 mm.

1.3.2.2. Antrieb und Spanneinrichtung

Als Antrieb wird ein Stirnradgetriebemotor oder ein Elektromotor mit nachgeschaltetem Schneckengetriebe verwendet. Zur Vermeidung von Brüchen infolge Überlastung wird zwischen Getriebe und Antriebswelle eine Rutschkupplung mit einstellbarem Drehmoment eingebaut. Große Anlagen werden oftmals mit einer Flüssigkeitskupplung versehen.
Das Nachspannen der Kratzerketten wird meist durch Schraubspanneinrichtungen vorgenommen. Der Mindestspannweg sollte 1,6 bis 2 Kettenteilungen betragen. Die Ketten müssen immer leicht vorgespannt sein, um eine einwandfreie Stellung der Mitnehmer zu gewährleisten.

1.3.2.3. Berechnung

a) Förderstrom

Es gelten hier wieder die Grundgleichungen wie bei den Bandförderern (Gleichungen 14 und 15). Die k-Werte für die schräge Förderung sind aus Bild 1.3.18 zu entnehmen.
Ermittlung von A: Da man nicht davon ausgehen kann, daß die Querschnittsfläche (Bild 1.3.19) über dem Mitnehmerabstand konstant bleibt, muß die Berechnung nach einem Näherungsverfahren durchgeführt werden. Aus diesem Grunde wird der Füllungsgrad φ eingeführt. Dadurch kann man rechnerisch einen mittleren Querschnitt bestimmen.

(47)
$$A = A_R \cdot \varphi$$

A = mittlerer Gutstromquerschnitt
A_R = Förderquerschnitt der Rinne
φ = Füllungsgrad $\approx$ 0,5 bis 0,6
(für stückiges Fördergut $\varphi \approx$ 0,7 bis 0,8)
Für eine rechteckige Rinne gilt somit
$A = B \cdot h \cdot \varphi = m \cdot h^2 \cdot \varphi$
B = Rinnenbreite
h = Förderhöhe der Rinne
$m = \dfrac{B}{h}$ = Verhältnis Rinnenbreite/Rinnenhöhe
(m = 2,4···4)
Die Mitnehmerteilung l_t muß durch eine Kettenteilung t_K und bei Doppelgliedern durch $2 \cdot t_K$ ohne Rest teilbar sein. Allgemein gilt:

$l_t = (3 \cdots 6) \cdot h_1$
l_t = Mitnehmerteilung (Kratzerabstand)
h_1 = Kratzerhöhe
Die Rinnenbreite B muß mit folgender Gleichung noch in bezug auf die Eignung für die vorhandene Stückigkeit überprüft werden:
$B \geq f_k \cdot a_k$
a_k = Stückigkeit bzw. Körnung
f_k = Beiwert
Zweikettenförderer
gesiebtes Gut 3···4 ungesiebtes Gut 2···2,25
Einkettenförderer:
gesiebtes Gut 5···7 ungesiebtes Gut 3···3,5

b) Antriebsleistung

Die Leistung P_v wird in bekannter Weise (Gleichung 26) mit F_u bestimmt.
Die überschlägige Bestimmung von F_u kann wieder über Gleichung 23 erfolgen. Für f_{ges} sind dabei die Werte aus Tafel 22 zu entnehmen. Die größeren Werte gelten für kleinere Förderungen.
Das Metergewicht G_m von Ober- und Untertrum des Kratzerförderers wird nach Gleichung 41 bestimmt, wobei q folgendermaßen überschlägig ermittelt werden kann:

(48)
$$q = \psi \cdot G_G$$

G_G = Metergewicht des Fördergutes
ψ = Bauartbeiwert,
0,5···0,6 für Einkettenförderer
0,6···0,8 für Zweikettenförderer

Soll die Berechnung nach Einzelverlusten erfolgen, so geht man von einer kleinsten Kettenkraft $F_{K\,min}$ aus:
$F_{K\,min}$ = 300 bis 1000 kp
Folgende Einzelverluste müssen durch Faktoren berücksichtigt werden:
Reibung des Fördergutes am Boden und an den Wänden der Rinne (f_G)
Reibung der Kratzerketten (f)
Verlust am Umlenkstern (f_{US})
Verlust an einem Umlenkbogen (f_U)
Der Reibungsfaktor f_G ist nur mit dem Gutgewichtsanteil G_G zu multiplizieren. Die wichtigsten Werte sind für
grobe Stückkohle f_G = 0,6
Anthrazit f_G = 0,4
Kohlenstaub f_G = 0,6···0,7
Der Reibungsfaktor f wird nur mit dem Eigengewicht der Kratzerkette pro Strang q multipliziert.

Die Werte betragen bei
Stütz- bzw. Laufrollen $f = 0,1 \cdots 0,13$
Gleitketten ohne Rollen $f = 0,25$
Der Verlust am Umlenkstern wird durch einen Faktor f_{US} ($\approx 1,1$) berücksichtigt.
Der Verlustfaktor f_U am Umlenkbogen wird analog Gleichung 43 bestimmt. Für f_R ist dabei der Wert 0,3 einzusetzen.
Der Kraftverlust am Antriebsstern ist nach Gleichung 44 zu bestimmen.

c) Berechnung der Ketten

Bei Fördergeschwindigkeiten größer als 0,2 m/s werden die Kettenkräfte nach Gleichung 45 bestimmt.
Finden zwei Ketten als Zugmittel Verwendung, so ist die ungleichmäßige Verteilung des Kettenzuges durch folgende Formel zu berücksichtigen:

(49)
$$F'_{max\,th} = (0{,}6 \cdots 0{,}7) \cdot F_{max\,th}$$

$F'_{max\,th}$ = rechnerische Maximalkraft pro Strang
$F_{max\,th}$ = gesamte rechnerische Maximalkraft

Beispiel 4:
Ein Trogkettenförderer für Steinkohlebeschickung hat folgende Ausgangsdaten (Anlagenskizze nach Bild 1.3.14):
Fördergut: Steinkohle (40 bis 150 mm);
$a_k = 150$ mm; $\gamma_s = 1{,}4$ Mp/m³
Förderstrom $I_G = 100$ Mp/h
Fördergeschwindigkeit $v = 0{,}5$ m/s
Abmessungen der Anlage:
$l_1 = 20$ m; $h_1 = 15$ m; $\alpha = 15°$; $\delta = 30°$
2 Kettenstränge auf Stützrollen, Mindestspannkraft 400 kp
Kettenstern $z = 8$
Rinnenquerschnitt rechteckig, $m = 3$
Gesamttreibungsbeiwert $f_{ges} = 0{,}34$
Es sind zu bestimmen:
a) die Rinnenbreite, die Förderhöhe der Rinne und die Mitnehmerteilung,
b) die erforderliche Umfangskraft am Antriebsstern, wobei die Berechnung einmal über f_{ges} und einmal über die Einzelverluste erfolgen soll,
c) die rechnerische Maximalkraft pro Strang.
Lösungen:

a) $I_v = \dfrac{I_G}{\gamma_s} = \dfrac{100 \text{ Mp/h}}{1{,}4 \text{ Mp/m}^3} = 71{,}5$ m³/h

$k = 0{,}75$ (Bild 1.3.18)

$I_v = 3600 \cdot v \cdot A \cdot k$

$A = \dfrac{I_v}{3600 \cdot v \cdot k} = \dfrac{71{,}5}{3600 \cdot 0{,}5 \cdot 0{,}75}$ m²

$A = 0{,}0528$ m²

$A = m \cdot h^2 \cdot \varphi$

da stückiges Fördergut: gewählt $\varphi = 0{,}75$

$h = \sqrt{\dfrac{A}{m \cdot \varphi}} = \sqrt{\dfrac{528 \text{ cm}^3}{3 \cdot 0{,}75}} = \sqrt{235}$ cm

$h = 15{,}3$ cm

gewählt: $h = \mathbf{160\ mm}$
gewählt (da $m = 3$): $B = \mathbf{500\ mm}$

da $l_t = (3 \cdots 6) \cdot h_1$ und $h_1 \approx h$,
wird $l_t = 5 \cdot h$ gewählt:
$l_t = \mathbf{800\ mm}$ (durch 200-mm-Kettenteilung ohne Rest teilbar)
Kontrolle in bezug auf die Stückigkeit:
$B \geq f_k \cdot a_k = 2{,}25 \cdot 150$ mm $= 340$ mm
$B > 340$ mm $\longrightarrow$ reicht aus

b) $F_u = f_{ges} \cdot L \cdot \left(G_m + \dfrac{I_G}{3{,}6 \cdot v} \right) + \dfrac{I_G \cdot h_1}{3{,}6 \cdot v}$

$G_m = 2 \cdot q$

$q = \psi \cdot G_G = \psi \cdot \dfrac{I_G}{3{,}6 \cdot v}$

$q = 0{,}7 \cdot \dfrac{100}{3{,}6 \cdot 0{,}5} \dfrac{\text{kp}}{\text{m}} = 39 \dfrac{\text{kp}}{\text{m}}$

$q \approx 40$ kp/m $\qquad G_m = 80$ kp/m

$F_u = 0{,}34 \cdot 46 \cdot (80 + 55{,}5)$ kp $+ 55{,}5 \cdot 15$ kp

$F_u = 2120$ kp $+ 830$ kp

$F_u = \mathbf{2950\ kp}$

nach Beispiel 3 gilt

$F_{K\,min}$ in 1, wenn $h_1 < l_2 \cdot f$
$l_2 \cdot f = 46$ m $\cdot 0{,}11 = 5{,}1$ m
da $h_1 > l_2 \cdot f$, liegt $F_{K\,min}$ in Punkt 4
$F_{K\,4} = F_{K\,min} = 400$ kp
$F_{K\,5} = F_{K\,4} \cdot f_{US} = 400$ kp $\cdot 1{,}1 = 440$ kp
$F_{K\,6} = F_{K\,5} + l_3 \cdot (q \cdot f + G_G \cdot f_G) +$
$\qquad + h_1 \cdot (q + G_G)$
$F_{K\,6} = 440$ kp $+ 26$ m $\cdot [40$ (kp/m) $\cdot 0{,}11 +$
$\qquad + 55{,}5$ (kp/m) $\cdot 0{,}6] +$
$\qquad + 15$ m $\cdot [40$ kp/m $+ 55{,}5$ kp/m$]$
$F_{K\,6} = 440$ kp $+ 26$ m $\cdot 37{,}7$ kp/m $+$
$\qquad + 15$ m $\cdot 95{,}5$ kp/m
$F_{K\,6} = 440$ kp $+ 981$ kp $+ 1431$ kp $= 2852$ kp

Bild 1.3.20. Trogkettenförderer

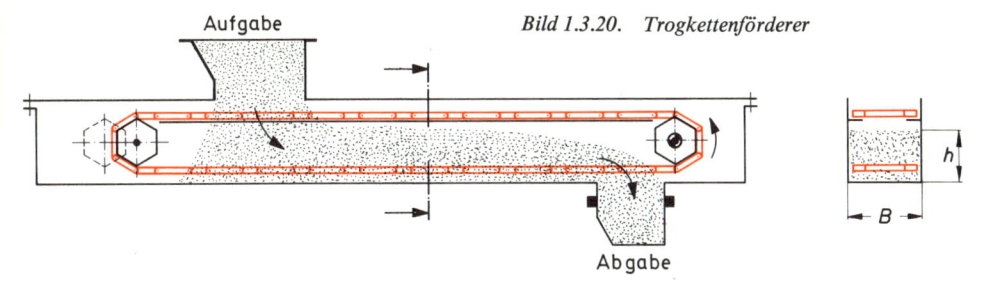

$F_{K7} = F_{K6} \cdot e^{0,3 \cdot a} = 2852 \text{ kp} \cdot e^{0,3 \cdot 0,262}$
$F_{K7} = 2852 \text{ kp} \cdot 1,082 = 3085 \text{ kp}$
$F_{K8} = F_{K7} + l_1 \cdot (q \cdot f + G_G \cdot f_G)$
$F_{K8} = 3085 \text{ kp} + 20 \text{ m} \cdot 37,7 \text{ kp/m}$
$F_{K8} = 3085 \text{ kp} + 754 \text{ kp} = 3839 \text{ kp}$
$F_{K3} = F_{K4} - q \cdot l_3 \cdot f + q \cdot h_1$
$F_{K3} = 400 \text{ kp} - 40 \text{ (kp/m)} \cdot 26 \text{ m} \cdot 0,11 +$
$\quad + 40 \text{ (kp/m)} \cdot 15 \text{ m}$
$F_{K3} = 400 \text{ kp} - 114 \text{ kp} + 600 \text{ kp} = 886 \text{ kp}$
$F_{K2} = F_{K3} \cdot \dfrac{1}{f_U} = \dfrac{886 \text{ kp}}{1,082} = 819 \text{ kp}$
$F_{K1} = F_{K2} - q \cdot l_1 \cdot f$
$F_{K1} = 819 \text{ kp} - 40 \text{ (kp/m)} \cdot 20 \text{ m} \cdot 0,11$
$F_{K1} = 819 \text{ kp} - 88 \text{ kp} = 731 \text{ kp}$
$F_{WA} = 0,04 \cdot (F_{K1} + F_{K8})$
$F_{WA} = 0,04 \cdot (731 \text{ kp} + 3839 \text{ kp}) = 183 \text{ kp}$
$F_u = F_{K8} - F_{K1} + F_{WA}$
$F_u = 3839 \text{ kp} - 731 \text{ kp} + 183 \text{ kp} = \textbf{3291 kp}$

c) $F_{\text{max th}} = F_{\text{max stat}} + 6 \dfrac{v^2 \cdot L}{z^2 \cdot t_K} (G_G + C \cdot q)$

$F_{\text{max th}} = 3839 \text{ kp} + 6 \dfrac{0,25 \cdot 0,46}{8 \cdot 0,2} \times$
$\quad \times (55,5 + 1,5 \cdot 40) \text{ kp}$
$F_{\text{max th}} = 3839 \text{ kp} + 0,43 \cdot 115,5 \text{ kp}$
$F_{\text{max th}} = 3839 \text{ kp} + 50 \text{ kp} \approx 3900 \text{ kp}$
$F'_{\text{max th}} = 0,65 \cdot F_{\text{max th}} = 0,65 \cdot 3900 \text{ kp}$
$F'_{\text{max th}} = \textbf{2540 kp}$

1.3.3. Trogkettenförderer

DIN-Erläuterung: Trogkettenförderer sind Schüttgutförderer für vorwiegend waagerechte oder geneigte, auch senkrechte Förderung mit im Fördergut laufender Kette im geschlossenen Trog.

Ein wesentlicher Unterschied gegenüber den Kratzerförderern ist der geschlossene Trog für Förder- und Leertrum. Das Fördergut füllt den Querschnitt ganz oder zu einem großen Teil aus. Das Fördergut wird von den Mitnehmern nicht in Teilmengen, sondern als durchgehende Schicht bewegt.
Die geschlossene Fördergutbewegung läßt sich folgendermaßen erklären: Der Widerstand an den waagerechten bzw. senkrechten Stegen der Kettenglieder ist größer als der Reibungswiderstand des Fördergutes an den glatten Trogwänden.
Trogkettenförderer (Bild 1.3.20) finden ihren Einsatz bei der Förderung von leichtbeweglichen körnigen, staubförmigen und kleinstückigen Schüttgütern (z. B. Mehl, Zucker, Zement, Feinkohle, Soda, Getreide, Chemikalien usw.). Ebenso wie die Kratzerförderer sind auch die Trogkettenförderer nicht für den Transport klebriger und backender Fördergüter geeignet.
Die Möglichkeiten der Linienführungen sind sehr zahlreich. Einige Beispiele sind in Bild 1.3.21 dargestellt. Heute erreicht man Förderleistungen bis 80 m³/h und Förderlängen bis etwa 60 m. Die Fördergeschwindigkeit liegt im allgemeinen zwischen 0,1 und 0,3 m/s.
Die Vorteile des Trogkettenförderers sind der geschlossene Trog (dadurch wird Staubbildung vermieden), der geringe Platzbedarf, die Möglichkeit der Gutaufgabe und -abnahme an beliebigen Stellen, die Selbstregelung der Fördergutaufgabe ohne besondere Aufgabevorrichtungen und die Möglichkeit einer durchgehenden Förderung ohne Umladen. Nachteilig wirkt sich ein starker Ketten- und Trogverschleiß aus.

1.3.3.1. Die Trogketten

Die Trogkettenförderer werden hauptsächlich nach der Art ihrer Ketten und Mitnehmer eingeteilt. Man unterscheidet flache Ketten mit niedrigen Querstegen (Bild 1.3.22) und Einstrangketten mit Formquerstegen (Bild 1.3.23). Die Abmessungen und die Form der Ketten sind nach DIN 15263 festgelegt. Die

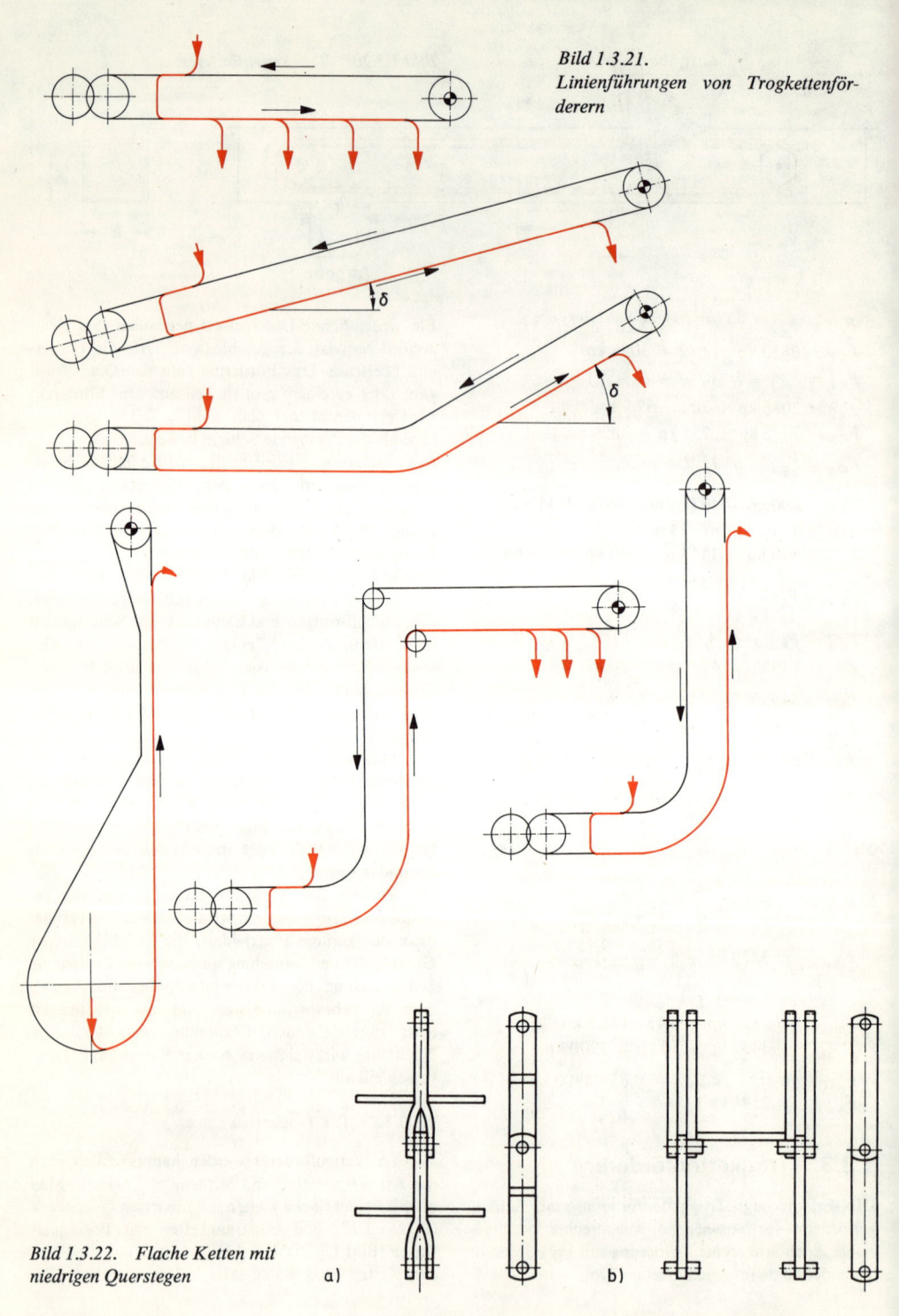

Bild 1.3.21.
Linienführungen von Trogkettenförderern

Bild 1.3.22. Flache Ketten mit niedrigen Querstegen a) b)

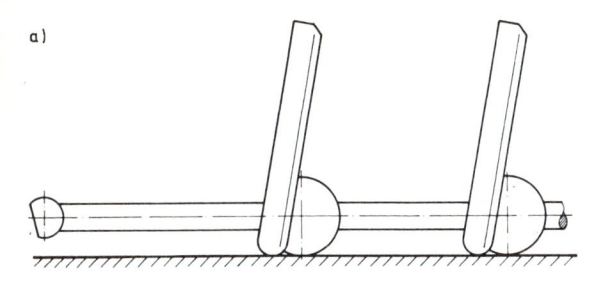

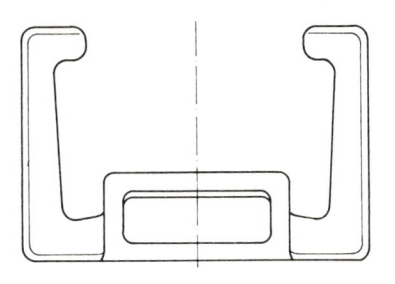

Bild 1.3.23. Formquerstege

Ketten mit flachen Querstegen werden für waagerechte und geneigte Förderung bis ca. 12°, die Ketten mit Formstegen auch für senkrechte Förderung verwendet.

1.3.3.2. Antrieb und Spanneinrichtung

Hier haben die gleichen Kriterien wie in 1.3.2/B ihre Geltung.

1.3.3.3. Berechnung

a) **Förderstrom**

$$I_v = 3600 \cdot v \cdot c \cdot (A - \frac{q}{\gamma_K}) \tag{50}$$

I_v = volumenmäßiger Förderstrom in m³/h
v = Fördergeschwindigkeit in m/s
c = Minderungsfaktor für das Zurückbleiben des Gutes gegenüber der Kette gemäß Tafel:

	waagerecht und leicht geneigt	senkrecht und steil
kleinstückig	0,9	0,8
körnig	0,8···0,9	0,6···0,8
staubförmig	0,6···0,8	0,4···0,6

A = Förderquerschnitt in m²
q = Metergewicht der Trogkette in kp/m
γ_K = spezifisches Gewicht der Kette in Mp/m³

Der Querschnittsverlust infolge des Kettenvolumens wird oft vernachlässigt oder durch einen Faktor $c_K \approx 0{,}95$ berücksichtigt:

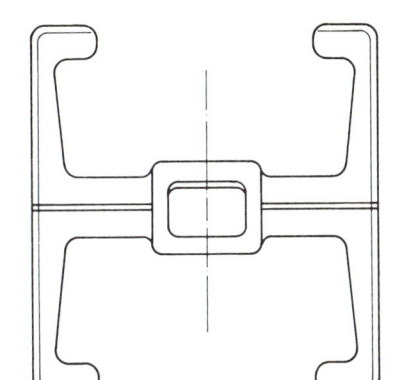

$$I_v = 3600 \cdot v \cdot c \cdot c_K \cdot A \tag{51}$$

Bei der Bestimmung des gewichtsmäßigen Gutstromes wird die Verdichtung des Fördergutes im Trog durch einen Faktor $c_V \approx 1{,}05$ berücksichtigt:

$$I_G = I_v \cdot \gamma_s \cdot c_V \tag{52}$$

b) **Antriebsleistung**

Der Leistungsbedarf an der Antriebswelle wird nach Gleichung 26 mit überschlägig bestimmter Umfangskraft F_u (Gleichung 23) bestimmt.
Der Gesamtverlustbeiwert f_{ges} hat dabei folgende Werte:
$f_{ges} = 0{,}3 \cdots 0{,}6$ bei nicht schleifenden Mitnehmern
$f_{ges} = 0{,}5 \cdots 0{,}9$ bei schleifenden Mitnehmern

c) **Berechnung der Ketten**

Die maximale Kettenkraft wird wie folgt bestimmt:

Bild 1.3.24. Trogkettenförderer

Beispiel 5:
Gegeben ist ein Trogkettenförderer für ein Chemiewerk (Bild 1.3.24) mit folgenden Ausgangsdaten:
Fördergut: Mangansulfat; $\gamma_s = 1,1$ Mp/m³
Abmessungen der Anlage:
$l_1 = 5$ m; $l_2 = 40$ m; $l_3 = 20$ m; $h = 20$ m
Trogabmessung: $B \times H = 350$ mm $\times$ 75 mm
Minderungsfaktor für waagerechte Förderung
$c_{waager} = 0,7$
Minderungsfaktor für senkrechte Förderung
$c_{senkr} = 0,5$
Die Senkrechtstrecke ist mit Gut vollgefüllt.
Fördergeschwindigkeit $v = 0,3$ m/s
Gesamtverlustbeiwert $f_{ges} = 0,5$

Metergewicht für beide Trums $G_m = 40$ kp/m
Vorspannkraft eines Kettenstrangs
$F_{v\,Str} = 50$ kp (2 Ketten)
Gesamtwirkungsgrad $\eta_{ges} = 0,8$
Es sind zu bestimmen:
a) der volumen- und gewichtsmäßige Förderstrom
b) die Höhe des Gutquerschnittes im waagerechten Teil
c) die Antriebsleistung bei Abgabe in I und II
d) die Motorleistung
e) die Mindestspannkraft $F_{v\,min}$
f) die maximale Kettenkraft mit und ohne Sicherheit

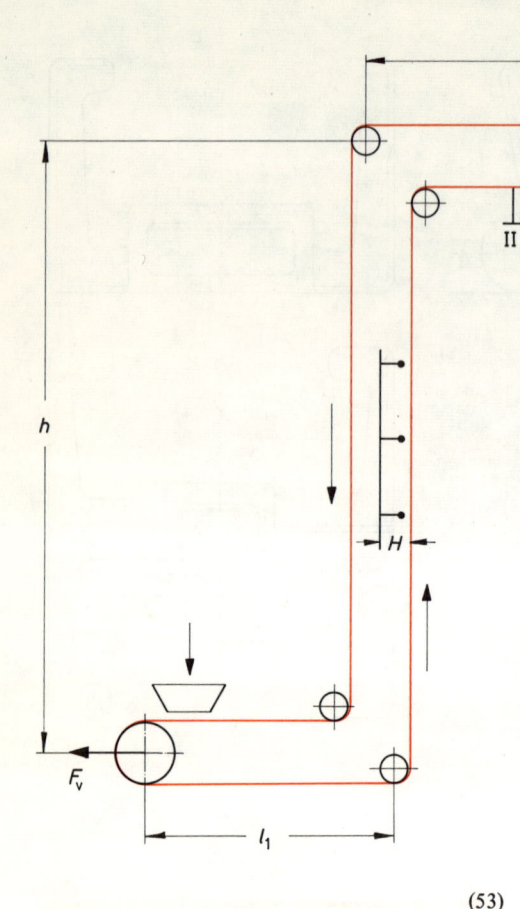

Lösungen:
a) $I_v = 3600 \cdot v \cdot c_{senkr} \cdot c_K \cdot A$
$I_v = 3600 \cdot 0,3 \cdot 0,5 \cdot 0,95 \cdot 0,35 \cdot 0,075$ m³/h
$I_v = $ **13,5 m³/h**
$I_G = I_v \cdot \gamma_s \cdot c_V = 13,5 \cdot 1,1 \cdot 1,05$ Mp/h
$I_G = $ **15,6 Mp/h**

b) $I_{v\,waager} = I_{v\,senkr} = I_v$
$3600 \cdot v \cdot c_{waager} \cdot c_K \cdot B \cdot h_w$
$= 3600 \cdot v \cdot c_{senkr} \cdot c_K \cdot B \cdot H$
$c_{waager} \cdot h_w = c_{senkr} \cdot H$
$h_w = \dfrac{c_{senkr}}{c_{waager}} \cdot H = \dfrac{0,5}{0,7} \cdot 75$ mm $=$ **53,5 mm**

(53)
$$F_{K\,max} = F_{u\,Str} + F_{v\,Str}$$

$F_{K\,max}$ = maximaler Kettenzug
$F_{u\,Str}$ = Umfangskraft je Strang
$F_{v\,Str}$ = Vorspannkraft in einem Strang
$\approx (40 \cdots 100)$ kp

Da F_u nur überschlägig ermittelt wurde und auch die dynamischen Kräfte keine Berücksichtigung fanden, wird $F_{K\,max}$ mit einem „Sicherheitsfaktor" ν multipliziert.

(53a)
$$F'_{K\,max} = F_{K\,max} \cdot \nu$$

$F'_{K\,max}$ = maximaler Kettenzug (mit Sicherheit)
$F_{K\,max}$ = maximaler Kettenzug (ohne Sicherheit)
ν = Sicherheitsfaktor
  $\nu = 1,15$ für $v < 0,2$ m/s
  $\nu = 1,25$ für $v > 0,2$ m/s

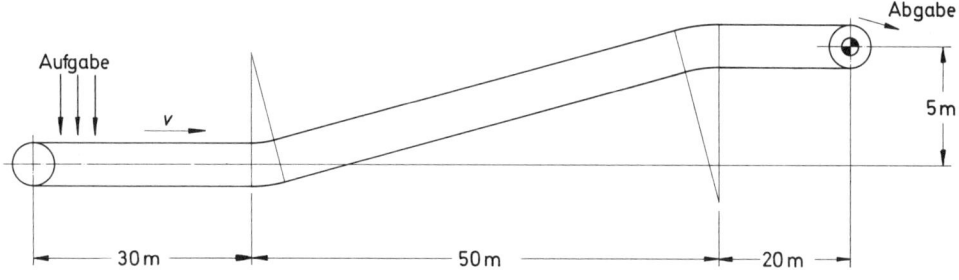

Bild 1.3.25. Trogbandförderer für Gußstücke

c) $G_G = \dfrac{I_G}{3{,}6 \cdot v} = \dfrac{15{,}6}{3{,}6 \cdot 0{,}3} \dfrac{\text{kp}}{\text{m}} = 14{,}5 \text{ kp/m}$

$L = l_1 + l_2 = 5 \text{ m} + 40 \text{ m} = 45 \text{ m} = L_I$

$L_{II} = l_1 + l_2 - l_3 = 45 \text{ m} - 20 \text{ m} = 25 \text{ m}$

$F_{uI} = f_{ges} \cdot L \cdot (G_m + G_G) + G_G \cdot h$

$F_{uI} = 0{,}5 \cdot 45 \cdot (40 + 14{,}5) \text{ kp} + 14{,}5 \cdot 20 \text{ kp}$

$F_{uI} = 1230 \text{ kp} + 290 \text{ kp} = 1520 \text{ kp}$

Bei der Bestimmung der erforderlichen Umfangskraft für die Entnahme an Stelle II kann die projizierte Anlagenlänge L nicht mehr vor die Klammer gezogen werden, da das Gut nur noch über einen Teil des Weges transportiert wird ($L \neq L_{II}$).

$F_{uII} = f_{ges} \cdot (L \cdot G_m + L_{II} \cdot G_G) + G_G \cdot h$

$F_{uII} = 0{,}5 \cdot (45 \cdot 40 + 25 \cdot 14{,}5) \text{ kp} + 290 \text{ kp}$

$F_{uII} = 1082 \text{ kp} + 290 \text{ kp} = 1372 \text{ kp}$

$P_{vI} = \dfrac{F_{uI} \cdot v}{102 \cdot \eta_{ges}} = \dfrac{1520 \cdot 0{,}3}{102 \cdot 0{,}8} \text{ kW} = \mathbf{5{,}6 \text{ kW}}$

$P_{vII} = P_{vI} \cdot \dfrac{F_{uII}}{F_{uI}} = 5{,}6 \text{ kW} \cdot \dfrac{1372 \text{ kp}}{1520 \text{ kp}}$

$P_{vII} = \mathbf{5{,}05 \text{ kW}}$

d) Als Motorleistung wird nach Motorenkatalog der nächstgrößere Wert nach P_{vI} gewählt:
$P_{mot} = \mathbf{6 \text{ kW}}$

e) $F_{v\,min} = 4 \cdot F_{v\,Str} = 4 \cdot 50 = \mathbf{200 \text{ kp}}$
(zwei Ketten)

f) $F_{K\,max} = F_{u\,Str} + F_{v\,Str} = \dfrac{F_{uI}}{2} + F_{v\,Str}$

$F_{K\,max} = \dfrac{1520 \text{ kp}}{2} + 50 \text{ kp} = \mathbf{810 \text{ kp}}$

$F'_{K\,max} = F_{K\,max} \cdot v = 810 \text{ kp} \cdot 1{,}25 \approx \mathbf{1000 \text{ kp}}$

Beispiel 6:
Der Trogbandförderer für Gußstücke (Bild 1.3.25) hat folgende Ausgangsdaten:
Fördergut: Gußstücke 500 mm × 600 mm;

$G_{St} = 200 \text{ kp}$
Trogbandbreite $B = 800$ mm
schwere Bandausführung und ungünstiger Betrieb
Zugmittel: 2 Laschenketten mit Stützrollen auf Wälzlagern
Mindestkettenzug $F_{K\,min} = 200$ kp
Fördergeschwindigkeit $v = 0{,}7$ m/s
Gesamtwirkungsgrad $\eta_{ges} = 0{,}83$
Zu bestimmen sind:
a) maximaler stückmäßiger und gewichtsmäßiger Förderstrom
b) erforderliche Motorleistung
c) Gesamtverlustbeiwert f_{ges} dieser Anlage

Lösungen:

a) $Q_{St\,max} = \dfrac{3600 \cdot v}{l_{t\,min}} = 3600 \cdot \dfrac{0{,}7}{0{,}5} \dfrac{\text{Stück}}{\text{h}}$

$Q_{St\,max} = \mathbf{5040 \text{ Stück/h}}$

$I_{G\,max} = \dfrac{Q_{St} \cdot G_{St}}{1000} = \dfrac{5040 \cdot 200}{1000} \dfrac{\text{Mp}}{\text{h}}$

$I_{G\,max} = \mathbf{1008 \text{ Mp/h}}$

b) $q \approx 155$ kp/m (n. Bild 1.3.11)

$G_G = \dfrac{I_G}{3{,}6 \cdot v} = \dfrac{1008}{3{,}6 \cdot 0{,}7} \dfrac{\text{kp}}{\text{m}} = 400 \text{ kp/m}$

Da die Umlenkungswinkel sehr gering sind, wird f_U vernachlässigt.

Kontrolle, ob $F_{K\,min}$ in 1 oder 3:

$F_{K\,min}$ in 1, wenn 5 m < 70 m $\cdot f_R$;
$f_R = 0{,}045$ (n. Tafel 21)

70 m $\cdot$ 0,045 = 3,15 m < 5 m $\longrightarrow F_{K\,min}$ in 3

$F_{K3} = F_{K\,min} = 200$ kp

$F_{K4} = F_{K3} + q \cdot f_R \cdot 30 \text{ m}$

$F_{K4} = 200 \text{ kp} + 155 \text{ (kp/m)} \cdot 0{,}045 \cdot 30 \text{ m}$

$F_{K4} = 200 \text{ kp} + 7 \text{ (kp/m)} \cdot 30 \text{ m}$

$F_{K4} = 200 \text{ kp} + 210 \text{ kp} = 410 \text{ kp}$

$F_{K5} = F_{K4} \cdot f_{US} = 410 \text{ kp} \cdot 1{,}1 = 450 \text{ kp}$

$F_{K6} = F_{K5} + (q + G_G) \cdot f_R \cdot 30 \text{ m}$

$F_{K6} = 450 \text{ kp} + 555 \text{ (kp/m)} \cdot 0{,}045 \cdot 30 \text{ m}$

$F_{K6} = 450 \text{ kp} + 25 \text{ (kp/m)} \cdot 30 \text{ m}$

$F_{K6} = 450 \text{ kp} + 750 \text{ kp} = 1200 \text{ kp}$

$F_{K7} = F_{K6} + (q + G_G) \cdot f_R \cdot 50 \text{ m} +$
$\qquad + (q + G_G) \cdot 5 \text{ m}$

$F_{K7} = 1200 \text{ kp} + 1250 \text{ kp} + 2775 \text{ kp}$

$F_{K7} = 5225 \text{ kp}$

$F_{K8} = F_{K7} + (q + G_G) \cdot f_R \cdot 20 \text{ m}$

$F_{K8} = 5225 \text{ kp} + 500 \text{ kp} = 5725 \text{ kp}$

$F_{K2} = F_{K3} + q \cdot 5 \text{ m} - q \cdot f_R \cdot 50 \text{ m}$

$F_{K2} = 200 \text{ kp} + 775 \text{ kp} - 350 \text{ kp} = 625 \text{ kp}$

$F_{K1} = F_{K2} - q \cdot f_R \cdot 20 \text{ m}$

$F_{K1} = 625 \text{ kp} - 140 \text{ kp} = 485 \text{ kp}$

$F_{WA} = 0{,}05 \cdot (F_{K1} + F_{K8})$

$F_{WA} = 0{,}05 \cdot (485 \text{ kp} + 5725 \text{ kp}) = 310 \text{ kp}$

$F_u = F_{K8} - F_{K1} + F_{WA}$

$F_u = 5725 \text{ kp} - 485 \text{ kp} + 310 \text{ kp} = 5550 \text{ kp}$

$P_v = \dfrac{F_u \cdot v}{102 \cdot \eta_{ges}} = \dfrac{5550 \cdot 0{,}7}{102 \cdot 0{,}83} \text{ kW} = 46 \text{ kW}$

gewählt: $P_{mot} = \mathbf{50 \text{ kW}}$

c) $F_u = f_{ges} \cdot (G_m + G_G) \cdot L + G_G \cdot H$

$f_{ges} = \dfrac{F_u - G_G \cdot H}{L \cdot (G_m + G_G)} = \dfrac{5550 - 400 \cdot 5}{100 \cdot (310 + 400)}$

$f_{ges} = \dfrac{35{,}5}{710} = \mathbf{0{,}05}$

1.4. Kreisförderer

DIN-Erläuterung: Kreisförderer sind raumbewegliche Förderer, vorzugsweise für Stückgut, bei denen das Fördergut von Gehängen getragen wird. Die Gehänge werden von Rollen getragen, die in Führungen laufen. Als Zugorgan dienen Ketten, Seile, Stahlbänder usw. Als Führungen werden Winkel-Stahl, U-Stahl, I-Stahl und Rohre verwendet.

Einschienen-Kreisförderer: an einer Schiene oben oder unten laufend.

Zweischienen-Kreisförderer: an zwei Schienen laufend; Zweischienen-Kreisförderer sind auch für senkrechte Förderung geeignet.

Kreisförderer dienen fast ausschließlich dem stetigen, nur selten dem aussetzenden Fördern von Stückgütern oder in Fördergefäßen untergebrachten Schüttgütern. Sie fördern zur Beschickung der Lager als fließendes Zwischenlager, für die Zusammenstellung von Aufträgen und als Bindeglied einzelner Arbeitsplätze die Fördergüter an die jeweils gewünschte Stelle (Zielsteuerung). Auch für den Einsatz unter extremen Betriebsbedingungen, wie z. B. zur Förderung durch Tauchbäder, Spritzkabinen, Tunnelöfen, Kühl- und Trockenräume, werden Kreisförderer mit entsprechenden konstruktiven Sonderausstattungen gebaut.

Die Vorteile der Kreisförderer sind räumliche Linienführung (beliebige Kurven in Horizontal- und Vertikalebene, Bild 1.4.1), Einsparung an Bodenfläche (meist an Decken befestigt), vielseitige Verwendungsmöglichkeiten und geringer Energieverbrauch.

Die Förderlängen betragen bei einmotorigen Anlagen bis 500 m, bei mehrmotorigen Anlagen bis 2000 m. Die Fördergeschwindigkeiten reichen normalerweise von 0,05 bis 0,3 m/s. Nur in Ausnahmefällen wird diese Geschwindigkeit überschritten.

1.4.1. Zugmittel, Lastaufnahmemittel und Laufwerk

Bei Linienführungen in einer Ebene können die üblichen Ketten oder Drahtseile als Zugmittel verwendet werden, während für räumliche Linienführungen auch raumbewegliche Zugmittel erforderlich sind (Bild 1.4.2). Bei größeren Krümmungsradien finden zerlegbare Ketten und Rundgliederketten Anwendung, während bei kleinen Krümmungsradien Gelenkketten eingesetzt werden.

Als Lastaufnahmemittel dienen die verschiedenartigsten Konstruktionen von Greifern, Haken und Schaukeln. Enthält die Anlage steile oder senkrechte Teilstrecken, so erfolgt die Aufhängung der Lastaufnahmemittel an besonderen Kragarmen. Um bei möglichst geringem Eigengewicht dennoch optimale Festigkeiten zu erreichen, sind die Lastaufnahmemittel meist als Leichtbaukonstruktionen ausgeführt. Einige Beispiele aus der Vielzahl der Möglichkeiten sind in Bild 1.4.3 dargestellt.

Bei den Laufwerken unterscheidet man zwischen den lasttragenden Laufwerken und den Leerlaufwerken. Die lasttragenden Laufwerke dienen zum

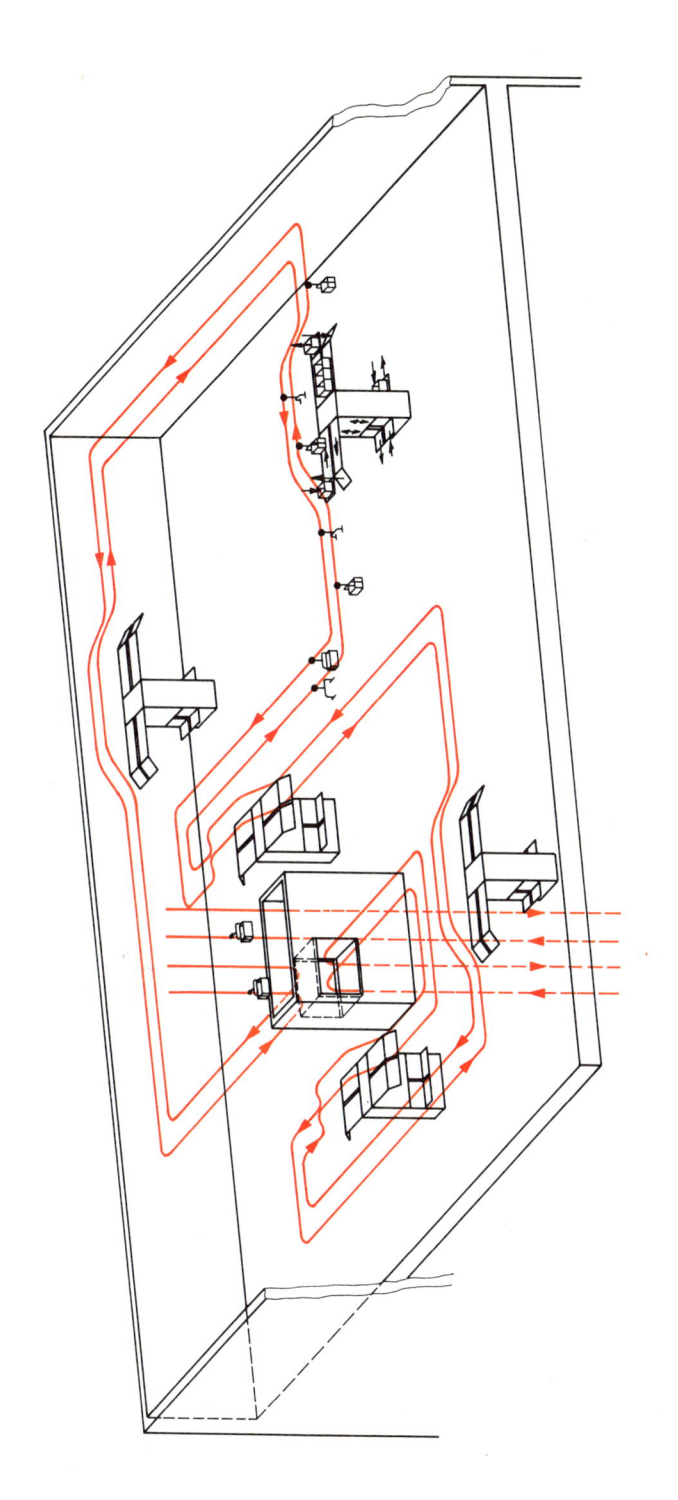

Bild 1.4.1. Doppelstrang-Kreisförderer

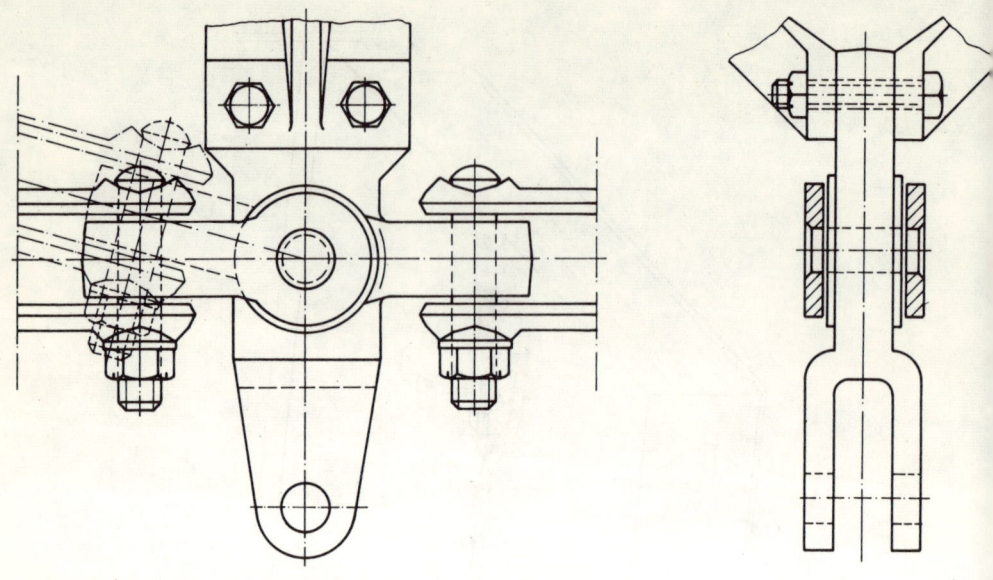

Bild 1.4.2. Kette mit gelenkiger Befestigung am Laufwerk

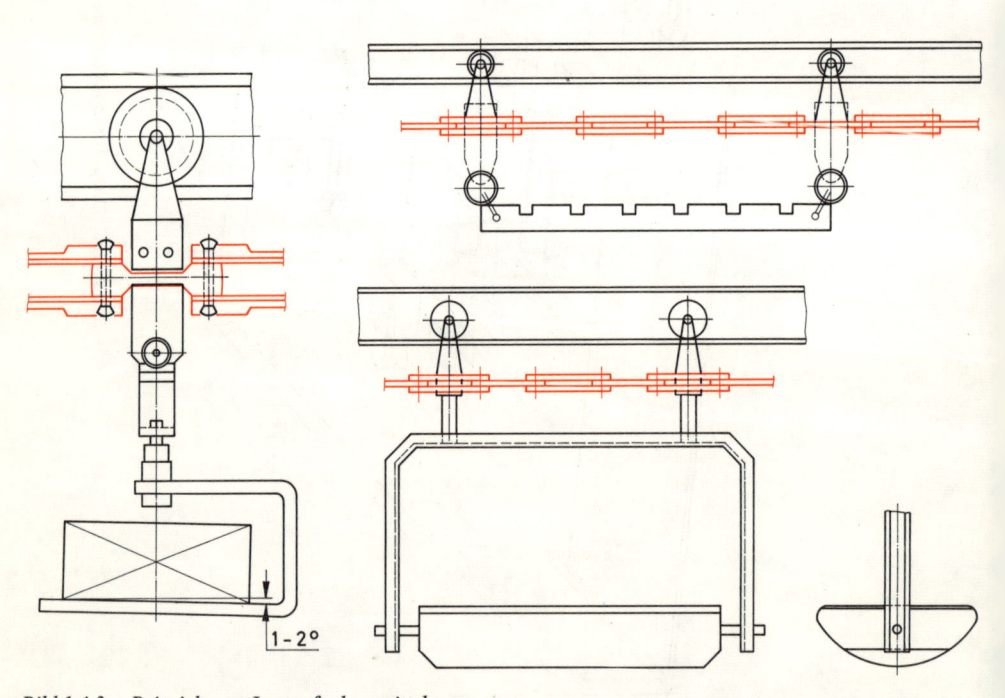

Bild 1.4.3. Beispiele von Lastaufnahmemitteln

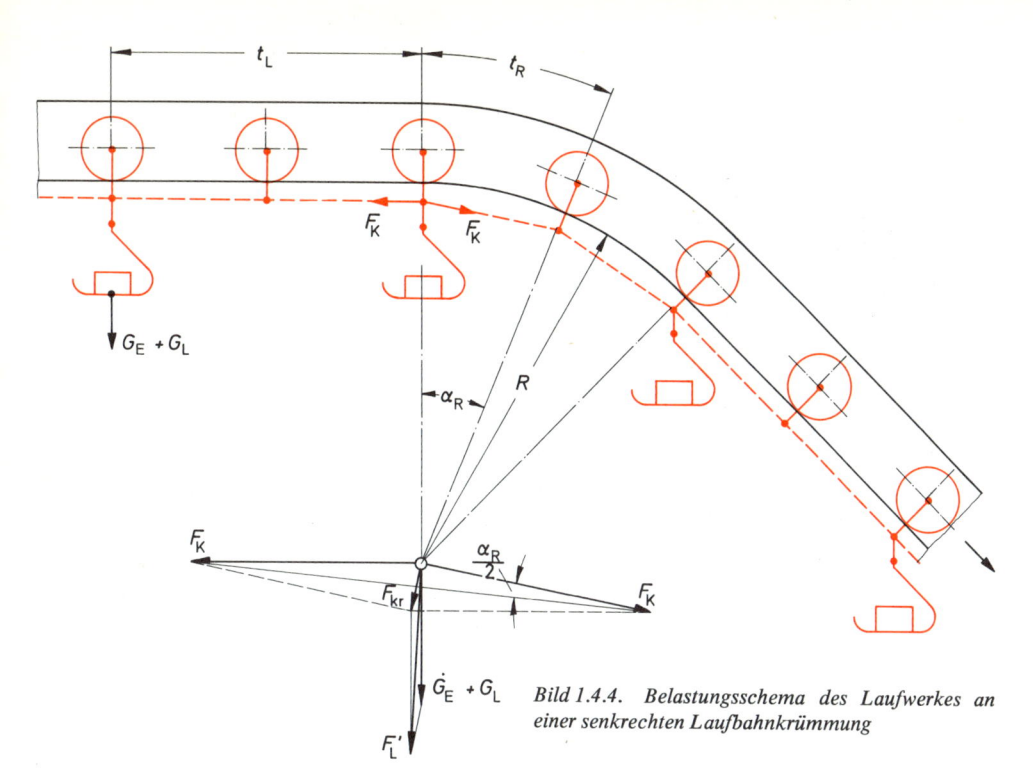

Bild 1.4.4. Belastungsschema des Laufwerkes an einer senkrechten Laufbahnkrümmung

Tragen und Fortbewegen der Lastaufnahmemittel, während die Leerlaufwerke zur Verminderung des Kettendurchhanges infolge des Eigengewichtes eingesetzt werden. Die Laufrollen werden je nach der Laufbahn kegelig oder zylindrisch angefertigt und sind zumeist aus Stahl, Stahlguß oder Grauguß hergestellt. Die Laufrollen sind durch Kragarme, die die erforderliche Steifigkeit aufweisen müssen, und eine besondere Verbindungslasche mit der Kette verbunden. Oftmals ist wegen der besseren Kurvengängigkeit noch ein zusätzliches Gelenk am Laufwerk befestigt.
Als Laufrollenlager werden Kugel-, Kegel- oder Zylinderrollenlager eingesetzt. Ihre Größe und die Bauart richten sich nach der Belastung des Laufwerkes.
Auf den geraden Strecken setzt sich die Laufwerksbelastung aus dem Lastgewicht G_L und dem Eigengewicht des Lastaufnahmemittels G_E zusammen. Bei Krümmungen kommt eine weitere Komponente F_{kr} aus der Kettenspannung hinzu (Bild 1.4.4). Die Einzelkräfte addieren sich geometrisch. Die Resultierende aus den Kettenkräften wird wie folgt bestimmt:

$$F_{kr} = 2 \cdot F_K \cdot \sin \frac{\alpha_R}{2} = F_K \cdot \frac{t_R}{R}$$

Die Laufwerksbelastung beim Durchlaufen des oberen Teils einer vertikalen Bahnkrümmung kann Formel 54 mit hinreichender Genauigkeit bestimmt werden:

(54)
$$F_L = G_E + G_L + F_K \cdot \frac{t_R}{R}$$

F_L = Laufwerksbelastung
G_E = Eigengewicht des Lastaufnahmemittels
G_L = Lastgewicht = $z_1 \cdot G_{St}$
F_K = Kettenzugkraft
t_R = Rollenteilung
R = Umlenkradius

Diese Formel gilt nur bei kleinen Umlenkwinkeln und bei großen Umlenkradien, wie sie bei zerlegbaren Ketten und Rundgliederketten vorkommen.

1.4.2. Laufbahn und Umlenkeinrichtungen

Die Laufbahnen von Kreisförderern können ein- oder zweischienig ausgebildet sein. Einschienenbahnen werden aus Flachprofil, I-Profil oder geschlitzten Kastenprofilen, Zweischienenbahnen aus Winkel- oder Flachprofilen hergestellt. Mit zwei getrennten Schienensträngen ist eine Power-Free-Anlage

Bild 1.4.5. Power-Free-Förderer

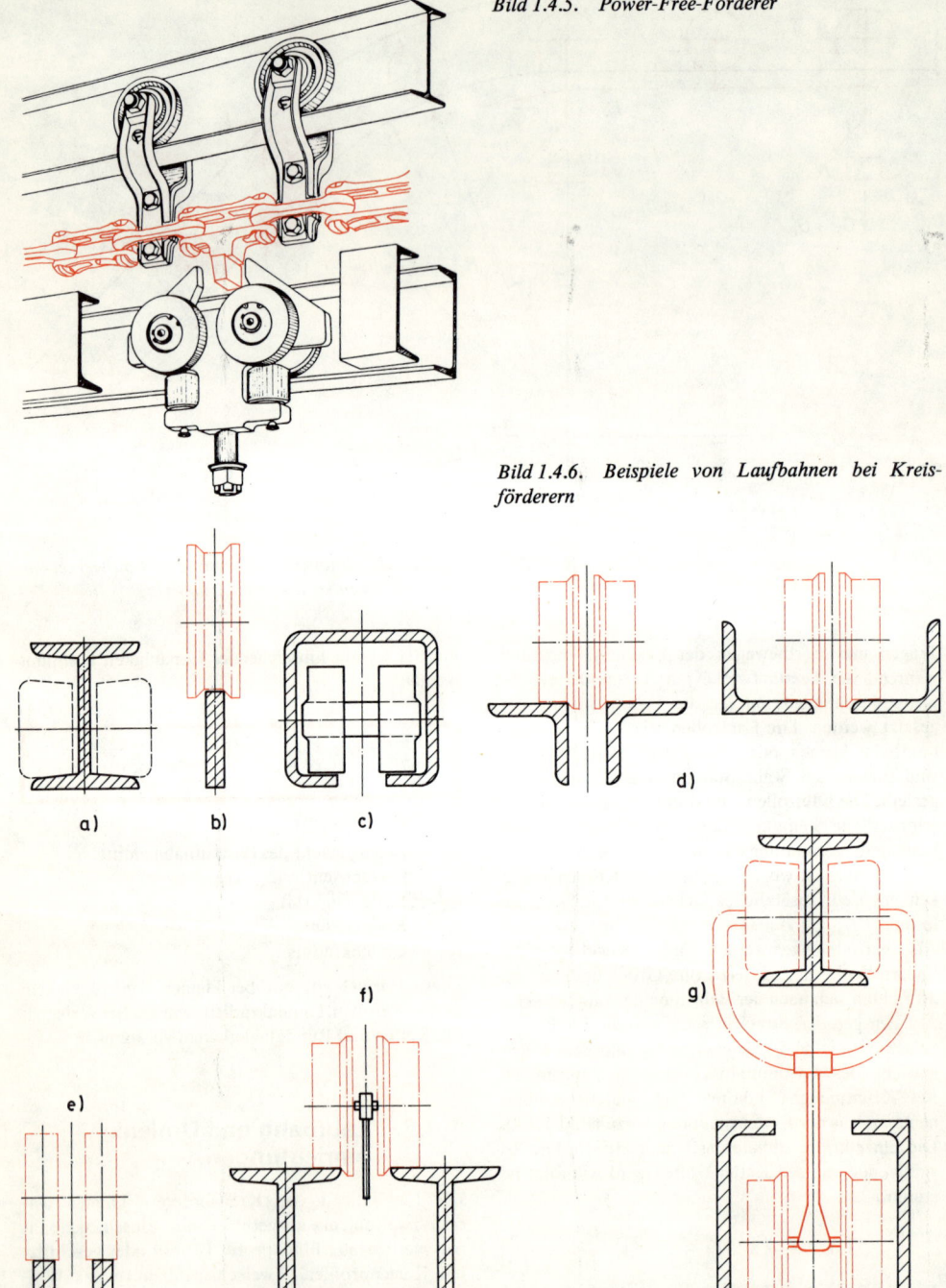

Bild 1.4.6. Beispiele von Laufbahnen bei Kreisförderern

a) b) c) d)

e) f) g)

Bild 1.4.7. Rohrkreisförderer

Bild 1.4.8. Kreisförderer mit Steckkette

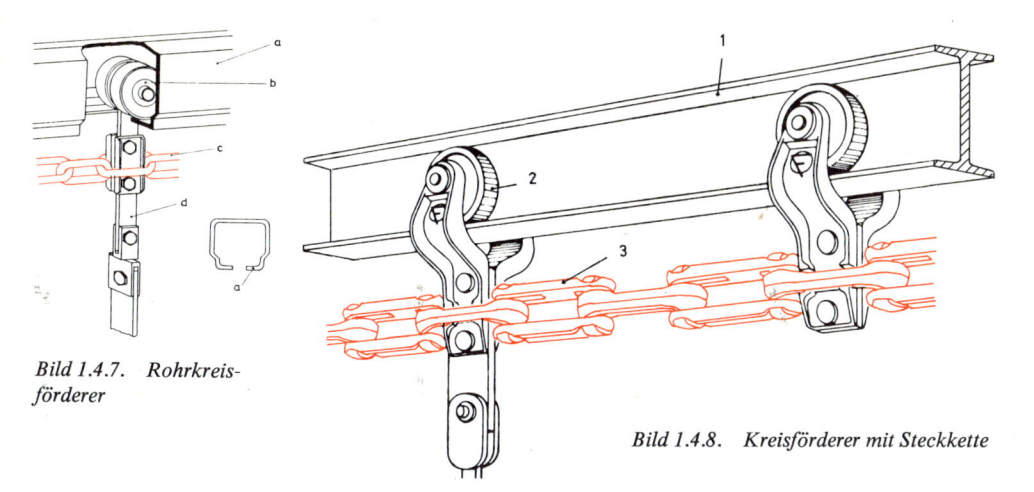

ausgerüstet (Bild 1.4.5). Sie besteht aus einem Power-Strang — auf ihm bewegt sich die Kette, an der Mitnehmer befestigt sind — und dem Free-Strang — auf ihm bewegt sich das Lastlaufwerk. Bei derartigen Anlagen kann man die „Lastwagen" an beliebigen Stellen durch geeignete Einrichtungen an- oder abkuppeln (z. B. zum Ausschleusen von Montageteilen in der Serienproduktion).
Eine schematische Darstellung von verschiedenen Laufbahnen zeigt Bild 1.4.6.
Bild 1.4.7 zeigt am Beispiel des Rohrkreisförderers den konstruktiven Aufbau. In einem Schlitzrohrprofil (a) laufen zwei Rollen (b). Als Zugmittel wird eine Rundgliederkette (c) verwendet. Am Gehänge (d) hängt dann das jeweilige Lastaufnahmemittel.
Anstelle des Schlitzrohrprofils wird in Bild 1.4.8 ein normaler Doppel-T-Träger (1) verwendet. Die geraden Rollen sind durch kegelige Laufrollen (2) ersetzt. Auch die Rundgliederkette als Zugmittel wurde mit einer Steckkette (3) vertauscht.

Eine andere Möglichkeit zeigt Bild 1.4.9. Auf den Führungsschienen (A) laufen die mit einem Spurkranz versehenen Laufrollen (B). Die Führungsschienen aus Winkelstählen werden von abgekanteten Flacheisen (C) gehalten. Auch hier wird eine Rundgliederkette (D) verwendet, allerdings werden die Kettenglieder unter den Laufrollen in diesem Beispiel als Lastträger (E) ausgebildet. Um ein Abheben der Rollen bei Umlenkungen nach oben zu verhindern, sind die Winkelprofile (F) eingeschweißt.

An den Stellen waagerechter Bahnkrümmung werden die Laufschienen mit dem entsprechenden Radius gebogen. Die Krümmung hängt von der Art und den Abmessungen des Zugmittels und der Lenkeinrichtung ab.
Die erforderlichen Radien für in der Vertikalebene liegende Bahnkrümmungen sind in Tafel 23 (für zerlegbare Ketten und Laschenketten) angegeben.
Bei Kreuzgelenkketten und Ketten mit gelenkiger

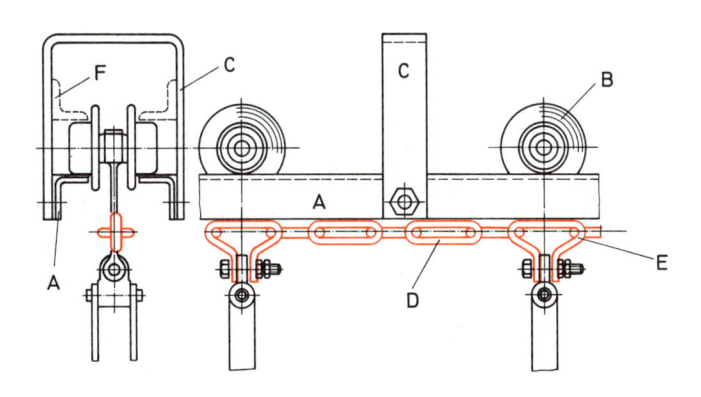

Bild 1.4.9. Kreisförderer mit Rundgliederkette

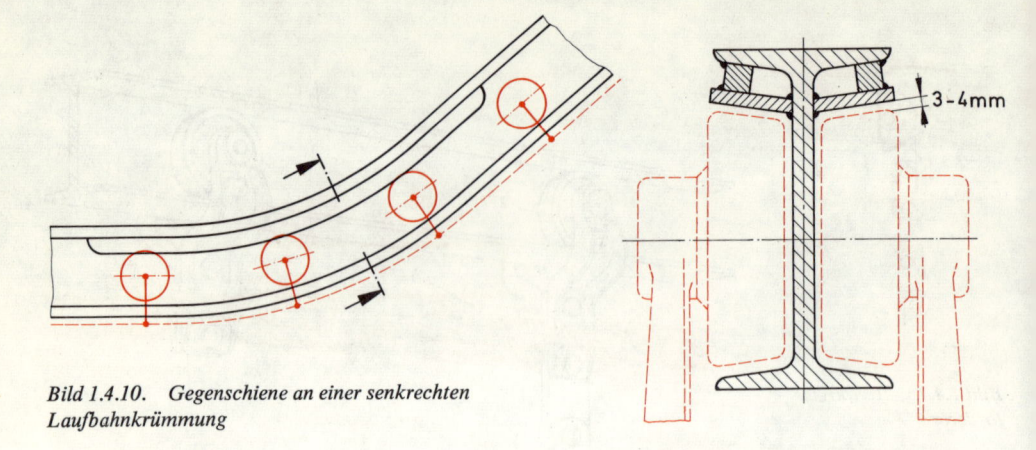

Bild 1.4.10. Gegenschiene an einer senkrechten Laufbahnkrümmung

Laufwerksbefestigung wählt man die Krümmungsradien zwischen 1 und 3,5 m.
Am unteren Umlenkbogen sind hier jedoch Gegenschienen notwendig, damit die Räder nicht abheben (Bild 1.4.10).
Zwischen zwei aufeinanderfolgenden Bahnkrümmungen ist ein gerades Teilstück erforderlich. Es soll die Mindestübergangslänge $l_ü$ haben:

$l_ü \geq t_R$, wenn beide Krümmungen in einer Ebene liegen,

$l_ü \geq 2\, t_R$, wenn die Krümmungen in verschiedenen Ebenen liegen.

In der Horizontalebene werden Kettenräder, Umlenkscheiben oder Rollenbatterien zur Umlenkung eingesetzt (Bild 1.4.11). Die geeignete Umlenkeinrichtung wird in Abhängigkeit vom Zugmittel, der Spannkraft und dem Krümmungsradius gewählt. Die Kettenräder werden bei zerlegbaren Ketten und Gelenkketten, die Scheiben für Stahlbolzen-, Laschen- und Rollenketten sowie mit entsprechenden Führungsrillen bei Gliederketten und Seilen verwendet. Die Scheiben- bzw. Kettenraddurchmesser liegen allgemein zwischen 600 und 1400 mm.
Die Rollenbatterien bestehen aus mehreren bogenförmig angeordneten Rollen, auf denen die Kettenglieder abrollen. Sie werden eingesetzt bei zerlegbaren Ketten, Laschen- und Stahlbolzenketten, und zwar für kleine Umlenkwinkel und Umlenkradien bis 2,5 m.

1.4.3. Antrieb, Spanneinrichtung und Schutzeinrichtungen

Für Kreisförderer werden meist Eckantriebe, jedoch manchmal auch Schleppkettenantriebe verwendet.
Beim Eckantrieb erfolgt die Kraftübertragung formschlüssig über ein Kettenrad oder kraftschlüssig über eine Treibscheibe. Der Schleppkettenantrieb befindet sich auf einem geraden Teilstück. Die Kraftübertragung erfolgt formschlüssig durch an der Treibkette angebrachte, in die Förderkette eingreifende Mitnehmer.
Damit der maximale Kettenzug nicht so hoch wird, nimmt man bei großen Anlagen eine Aufteilung des Gesamtantriebes in Teilantriebe vor. Ein derartiger Mehrmotorenantrieb ermöglicht Förderlängen bis ca. 2000 m.
Der Antrieb wird am besten hinter einer Steigung oder nach der Gutabgabe vorgesehen.
Als Spanneinrichtungen finden sowohl Gewichts- als auch Federspanneinrichtungen Verwendung. Bei Anlagen, wo die Zugmittel infolge Temperaturschwankungen (z. B. Kühl- oder Trockenanlagen) Längenänderungen unterworfen sind, ist der Einsatz von Gewichtsspannanlagen erforderlich.
Bei Kreisförderern sind verschiedene Sicherheitsbestimmungen zu beachten. So müssen z. B. an allen

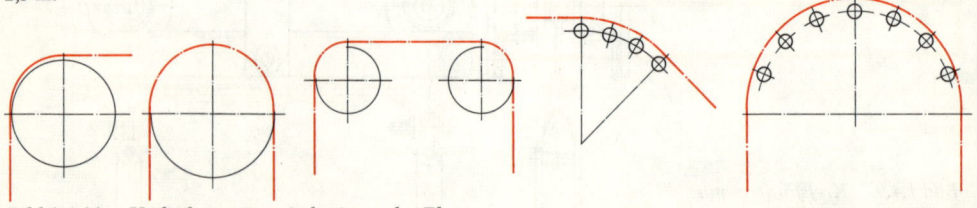

Bild 1.4.11. Umlenkungsarten in horizontaler Ebene

auf- und absteigenden Strecken sowie auf waagerechten Strecken, über Arbeitsplätzen, Durchgängen und Durchfahrten Schutzgitter angebracht werden. Diese Gitter haben die Aufgabe, Unfälle durch herabfallendes Fördergut zu verhindern. Sollte es zum Bruch einer Zugkette kommen, so muß an geneigten Stellen das Herabrollen des Förderers mit dem Fördergut verhindert werden. Bei geneigten Strecken mit mehr als 1 m Höhe werden daher besondere Fangvorrichtungen angebracht. Diese können entweder als Klinken-, Hebel- oder elektromechanische Vorrichtung ausgeführt sein.

1.4.4. Berechnung

a) **Förderstrom**

(55)
$$Q_{St} = 3600 \cdot \frac{v}{t_L} \cdot z_1$$

Q_{St} = stückmäßiger Förderstrom in Stück/h
v = Fördergeschwindigkeit in m/s
t_L = Lastschaukelabstand in m
z_1 = Anzahl der Stücke je Tragmittel
Der gewichtsmäßige Fördergutstrom I_G wird nach Gleichung 17 bestimmt.
Die Zeitfolge in Sekunden (Durchschnittszeit, die von der Ankunft des einen bis zu der eines weiteren Stückes verstreicht) beträgt

$$T = \frac{t_L}{z_1 \cdot v}$$

b) **Antriebsleistung**

P_v wird in bekannter Weise (Gleichung 26) über F_u bestimmt. Die Werte für η_{ges} bewegen sich dabei um 0,6. Die Nennleistung des Motors wählt man normalerweise wegen der höheren Widerstände beim Anfahren, nicht unter 1 kW.
F_u kann wiederum überschlägig oder nach Einzelverlusten berechnet werden.
Für die näherungsweise Bestimmung (auf ca. ± 15% genau) gilt in Anlehnung an Gleichung 23 folgende Formel:

(56)
$$F_u = f_{ges} \cdot (L \cdot q + L_{Last} \cdot G_G) + G_G \cdot (H_2 - H_1)$$

F_u = Umfangskraft am Antrieb in kp
f_{ges} = Gesamtverlustbeiwert (nach Gleichung 57)
L = Horizontalprojektion der gesamten Förderlänge in m
L_{Last} = Horizontalprojektion der Förderlänge mit Last in m

q = Metergewicht des Förderstranges ohne Nutzlast in kp/m (nach Gleichung 58)
G_G = Nutzgewicht pro Meter in kp/m (nach Gleichung 59)
H_1 = Höhenmarke der Beladestelle in m
H_2 = Höhenmarke der Entladestelle in m

(57)
$$f_{ges} \approx f \cdot (1 + f_F \cdot f_S^x \cdot f_{WK}^y \cdot f_{WR}^z)$$

f = Widerstandsfaktor für die geraden Strecken
f_F = Führungsbeiwert für seitliches Anreiben ($= 0{,}3 \cdots 0{,}5$)
f_S = Umlenkbeiwert für senkrechte Krümmungen
f_{WK} = Umlenkbeiwert für waagerechte Umlenkungen durch Kettenrad oder Scheibe
f_{WR} = Umlenkbeiwert für waagerechte Umlenkungen durch Rollenbatterien
x = Anzahl der senkrechten Fahrtrichtungswechsel
y = Anzahl der waagerechten Fahrtrichtungswechsel an Kettenrädern und Scheiben
z = Anzahl der waagerechten Fahrtrichtungswechsel an Rollenbatterien

(58)
$$q = q_K + \frac{G_{Lw}}{t_R} + \frac{G_T}{t_L}$$

in kp/m

q_K = Metergewicht der Kette in kp/m
G_{Lw} = Gewicht des Laufwerkes in kp
t_R = Laufwerksrollenabstand in m
G_T = Gewicht des Tragmittels in kp
t_L = Lastschaukelabstand in m

(59)
$$G_G = \frac{G_{St} \cdot z_1}{t_L}$$

in kp/m

G_{St} = Stückgewicht eines Teiles in kp
Die genauere Berechnung der Umfangskraft erfolgt über die Ermittlung der einzelnen Kettenzüge. Die minimale Kettenzugkraft liegt dabei im allgemeinen zwischen 50 und 100 kp. Hierbei gilt für gerade Strecken
mit Last: $F_{K\,n} = F_{K\,n-1} + f \cdot (q + G_G) \cdot L_i$
ohne Last: $F_{K\,n} = F_{K\,n-1} + f \cdot q \cdot L_i$
für senkrechte Umlenkungen:

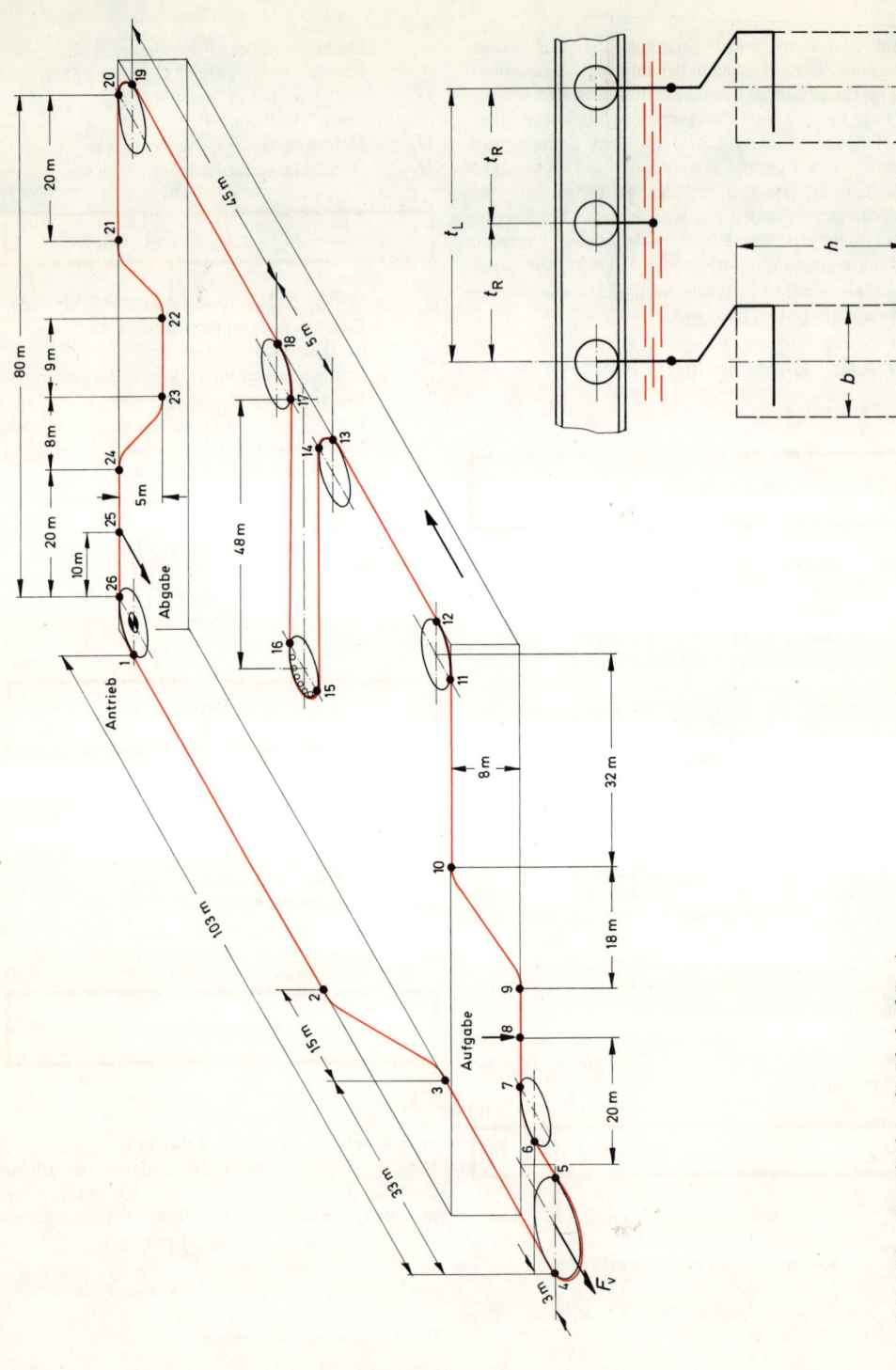

Bild 1.4.12. Kreisförderer für Blechgehäuse

$F_{K\,n} = F_{K\,n-1} \cdot f_S$

für waagerechte Umlenkungen durch Kettenrad oder Scheibe:

$F_{K\,n} = F_{K\,n-1} \cdot f_{WK}$

für waagerechte Umlenkungen durch Rollenbatterien:

$F_{K\,n} = F_{K\,n-1} \cdot f_{WR}$

Beispiel 7:
Ein Kreisförderer für Blechgehäuse (Bild 1.4.12) hat folgende Ausgangsdaten:
Fördergut: Blechgehäuse; $G_{St} = 40$ kp;
$b = 600$ mm; $h = 1000$ mm
Zugmittel: Laschenkette mit $t_K = 80$ mm oder zerlegbare Kette mit $t_K = 100$ mm
Fördergeschwindigkeit $v = 0{,}15$ m/s
normaler Betrieb; je Lastschaukel ein Gehäuse
Umlenkscheiben mit Wälzlagern
Gewicht des Laufwerkes 5 kp
Gewicht der Trageinrichtung 15 kp
Gesamtwirkungsgrad $\eta_{ges} = 0{,}65$
Metergewicht der Kette $q_K = 18$ kp/m

a) Wie groß muß der Lastschaukelabstand mindestens sein, damit in jeder Lage zwischen zwei aufeinanderfolgenden Gehäusen mindestens 200 mm Zwischenraum sind?
b) Welcher Lastschaukelabstand und welche Kettenteilung ergibt sich?
c) Wie groß ist die maximale Laufwerksbelastung?
d) Wie groß sind der stück- und gewichtsmäßige Förderstrom und die Zeitfolge?
e) Welche Antriebsleistung ist erforderlich (näherungsweise und exakte Bestimmung)?
f) Wie groß muß die Vorspannkraft F_v sein, wenn die Mindestkettenzugkraft $F_{K\,min} = 80$ kp betragen soll?

Lösungen:
a) Damit die vorgegebene Bedingung erfüllt wird, muß von der größten Steigung innerhalb der Anlage (Lastteil) ausgegangen werden. Diese befindet sich zwischen den Punkten 23 und 24 (Bild 1.4.12).

$\tan \delta_{max} = \dfrac{5\text{ m}}{8\text{ m}} \longrightarrow \delta_{max} = 32°$

nach Bild 1.4.13 folgt:

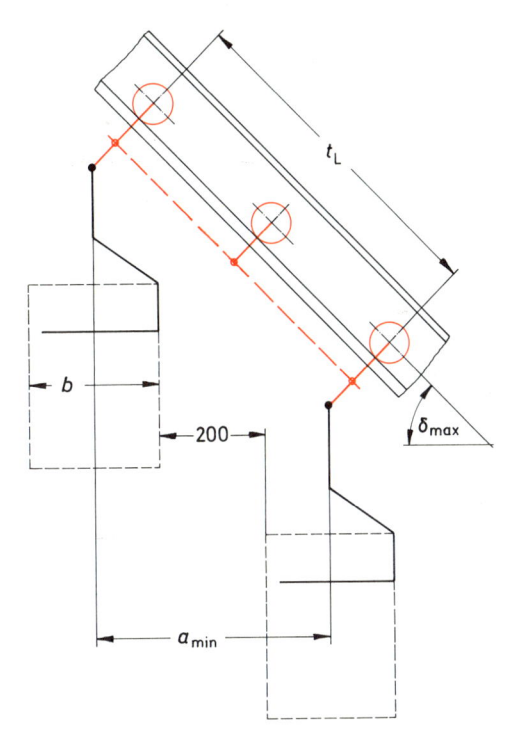

$t_{L\,min} = \dfrac{a_{min}}{\cos \delta_{max}} = \dfrac{b + 200\text{ mm}}{\cos 32°}$

$t_{L\,min} = \dfrac{600\text{ mm} + 200\text{ mm}}{0{,}848} = \dfrac{800\text{ mm}}{0{,}848}$

$t_{L\,min} = \mathbf{943\text{ mm}}$

Bild 1.4.13. *Bestimmung des Mindestabstandes*

b) Es gilt

$t_L = 2 \cdot t_R$ und $t_R = (2, 4, 6, \cdots) \cdot t_K$

Daraus folgt:

für $t_K = 100$ mm $\longrightarrow 6 \cdot t_K = t_R$
$t_R = 600$ mm $\longrightarrow t_L = 1200$ mm

für $t_K = 80$ mm $\longrightarrow 6 \cdot t_K = t_R$
$t_R = 480$ mm $\longrightarrow t_L = 960$ mm

$t_L = \mathbf{960\text{ mm}} \qquad t_K = \mathbf{80\text{ mm}} \qquad$ (gewählt)

c) Da zur Bestimmung der Laufwerksbelastung die Kettenzüge notwendig sind, lösen wir erst die Aufgaben d) und e).

d) $Q_{St} = 3600 \cdot \dfrac{v}{t_L} \cdot z_1 = 3600 \cdot \dfrac{0{,}15}{0{,}96} \cdot 1 \;\dfrac{\text{Stück}}{\text{h}}$

$Q_{St} = \mathbf{562\text{ Stück/h}}$

$I_G = \dfrac{Q_{St} \cdot G_{St}}{1000} = \dfrac{562 \cdot 40}{1000} \;\dfrac{\text{Mp}}{\text{h}} = \mathbf{22{,}5\text{ Mp/h}}$

$T = \dfrac{t_L}{z_1 \cdot v} = \dfrac{0{,}96}{1 \cdot 0{,}15}\text{ s} = \mathbf{6{,}4\text{ s}}$

e) $f_{ges} \approx f \cdot (1 + f_F \cdot f_S^x \cdot f_{WK}^y \cdot f_{WR}^z)$

Da die Mehrzahl der Steigungen im Bereich $25° < \delta < 35°$ liegen, wird für $f_S = 1{,}020$ gewählt.

$f_{ges} \approx 0{,}025 \cdot (1 + 0{,}4 \cdot 1{,}02^8 \cdot 1{,}025^7 \cdot 1{,}03^3)$

$f_{ges} \approx 0{,}025 \cdot (1 + 0{,}4 \cdot 1{,}172 \cdot 1{,}189 \cdot 1{,}093)$

$f_{ges} \approx 0{,}025 \cdot (1 + 0{,}61) \approx 0{,}04$

$q = q_K + \dfrac{G_{Lw}}{t_R} + \dfrac{G_T}{t_L}$ in kp/m

$q = \left[18 + \dfrac{5}{0{,}48} + \dfrac{15}{0{,}96}\right] \dfrac{kp}{m}$

$q = [18 + 10{,}4 + 15{,}6] \dfrac{kp}{m} = 44\ kp/m$

$G_G = \dfrac{G_{St} \cdot z_1}{t_L} = \dfrac{40 \cdot 1}{0{,}96} \dfrac{kp}{m} = 41{,}7\ kp/m$

$L = 2 \cdot 80\ m + 2 \cdot 100\ m + 2 \cdot 3\ m + 2 \cdot 48\ m$

$L = 160\ m + 200\ m + 6\ m + 96\ m = 462\ m$

$L_{Last} = L - (10\ m + 103\ m + 6\ m + 20\ m)$

$L_{Last} = 462\ m - 139\ m = 323\ m$

$F_u = f_{ges} \cdot (L \cdot q + L_{Last} \cdot G_G) + G_G \cdot (H_2 - H_1)$

$F_u = [0{,}04 \cdot (462 \cdot 44 + 323 \cdot 41{,}7) + 41{,}7 \cdot 8]\ kp$

$F_u = [0{,}04 \cdot (20300 + 13500) + 334]\ kp$

$F_u = (1350 + 334)\ kp \approx 1690\ kp$

$P_v = \dfrac{F_u \cdot v}{102 \cdot \eta_{ges}} = \dfrac{1690 \cdot 0{,}15}{102 \cdot 0{,}65}\ kW = \mathbf{3{,}82\ kW}$

Minimale Kettenzugkraft in 1 oder 3:

$f \cdot L_{1/3} = 0{,}025 \cdot 55\ m = 1{,}37\ m$
(ohne Umlenkverluste)

$H_{1/3} = 8\ m$

$f \cdot L_{1/3} < H_{1/3} \longrightarrow F_{K3} = F_{K\,min}$

$F_{K3} = F_{K\,min} = 80\ kp$

$F_{K4} = F_{K3} + q \cdot f \cdot L_{3/4}$

$F_{K4} = 80\ kp + 44\ (kp/m) \cdot 0{,}025 \cdot 33\ m$

$F_{K4} = 80\ kp + 36{,}4\ kp = 116{,}4\ kp$

$F_{K5} = F_{K4} \cdot f_{WK} = 116{,}4\ kp \cdot 1{,}03 = 120\ kp$

$F_{K6} = F_{K5} + q \cdot f \cdot L_{5/6}$

$F_{K6} = 120\ kp + 44\ (kp/m) \cdot 0{,}025 \cdot 3\ m$

$F_{K6} = 120\ kp + 3{,}3\ kp = 123{,}3\ kp$

$F_{K7} = F_{K6} \cdot f_{WK} = 123{,}3\ kp \cdot 1{,}025 = 126{,}5\ kp$

$F_{K8} = F_{K7} + q \cdot f \cdot L_{7/8}$

$F_{K8} = 126{,}5\ kp + 44\ (kp/m) \cdot 0{,}025 \cdot 20\ m$

$F_{K8} = 126{,}5\ kp + 22\ kp = 148{,}5\ kp$

$F_{K9} = F_{K8} + (q + G_G) \cdot f \cdot L_{8/9}$

$F_{K9} = 148{,}5\ kp + 85{,}7\ (kp/m) \cdot 0{,}025 \cdot 10\ m$

$F_{K9} = 148{,}5\ kp + 21{,}5\ kp = 170\ kp$

$F_{K10} = [F_{K9} \cdot f_S + (q + G_G) \cdot f \cdot L_{9/10} +$
$\qquad + (q + G_G) \cdot H_{9/10}] \cdot f_S$

$\delta_{9/10} = 24° \rightarrow f_s = 1{,}015$ (nach Tafel 24)

$F_{K10} = [170\ kp \cdot 1{,}015 + 85{,}7\ (kp/m) \cdot 0{,}025 \times$
$\qquad \times 18\ m + 85{,}7\ (kp/m) \cdot 8\ m] \cdot 1{,}015$

$F_{K10} = (172{,}5\ kp + 38{,}7\ kp + 686\ kp) \cdot 1{,}015$

$F_{K10} = 911\ kp$

$F_{K11} = F_{K10} + (q + G_G) \cdot f \cdot L_{10/11}$

$F_{K11} = 911\ kp + 85{,}7\ (kp/m) \cdot 0{,}025 \cdot 32\ m$

$F_{K11} = 911\ kp + 69\ kp = 980\ kp$

$F_{K12} = F_{K11} \cdot f_{WK} = 980\ kp \cdot 1{,}025 = 1005\ kp$

$F_{K13} = F_{K12} + (q + G_G) \cdot f \cdot L_{12/13}$

$F_{K13} = 1005\ kp + 85{,}7\ (kp/m) \cdot 0{,}025 \cdot 50\ m$

$F_{K13} = 1005\ kp + 107{,}5\ kp = 1112{,}5\ kp$

$F_{K14} = F_{K13} \cdot f_{WK} = 1112{,}5\ kp \cdot 1{,}025$

$F_{K14} = 1140\ kp$

$F_{K15} = F_{K14} + (q + G_G) \cdot f \cdot L_{14/15}$

$F_{K15} = 1140\ kp + 85{,}7\ (kp/m) \cdot 0{,}025 \cdot 48\ m$

$F_{K15} = 1140\ kp + 103\ kp = 1243\ kp$

$F_{K16} = F_{K15} \cdot f_{WR}^3 = 1243\ kp \cdot 1{,}03^3$

$F_{K16} = 1243\ kp \cdot 1{,}09 = 1355\ kp$

$F_{K17} = F_{K16} + (q + G_G) \cdot f \cdot L_{16/17}$

$F_{K17} = 1355\ kp + 103\ kp = 1458\ kp$

$F_{K18} = F_{K17} \cdot f_{WK} = 1458\ kp \cdot 1{,}025 = 1495\ kp$

$F_{K19} = F_{K18} + (q + G_G) \cdot f \cdot L_{18/19}$

$F_{K19} = 1495\ kp + 85{,}7\ (kp/m) \cdot 0{,}025 \cdot 45\ m$

$F_{K20} = F_{K19} \cdot f_{WK} = 1592\ kp \cdot 1{,}025 = 1632\ kp$

$F_{K21} = F_{K20} + (q + G_G) \cdot f \cdot L_{20/21}$

$F_{K21} = 1632\ kp + 85{,}7\ (kp/m) \cdot 0{,}025 \cdot 20\ m$

$F_{K21} = 1632\ kp + 43\ kp = 1675\ kp$

$F_{K22} = [F_{K21} \cdot f_S + (q + G_G) \cdot f \cdot L_{21/22}$
$\qquad - (q + G_G) \cdot H_{21/22}] \cdot f_S$

$\delta_{21/22} = 29° \rightarrow f_s = 1{,}020$ (nach Tafel 24)

$F_{K22} = [1675\ kp \cdot 1{,}02 + 85{,}7\ (kp/m) \cdot 0{,}025 \times$
$\qquad \times 9\ m - 85{,}7\ (kp/m) \cdot 5\ m] \cdot 1{,}02$

$F_{K22} = (1708\ kp + 19\ kp - 429\ kp) \cdot 1{,}02$

$F_{K22} = 1298\ kp \cdot 1{,}02 = 1324\ kp$

$F_{K23} = F_{K22} + (q + G_G) \cdot f \cdot L_{22/23}$

$F_{K23} = 1324\ kp + 85{,}7\ (kp/m) \cdot 0{,}025 \cdot 23\ m$

$F_{K23} = 1324\ kp + 49\ kp = 1373\ kp$

$F_{K24} = [F_{K23} \cdot f_S + (q + G_G) \cdot f \cdot L_{23/24} +$
$\qquad + (q + G_G) \cdot H_{23/24}] \cdot f_S$

$\delta_{23/24} = 32° \rightarrow f_s = 1{,}020$ (nach Tafel 24)

$F_{K24} = [1373 \text{ kp} \cdot 1{,}02 + 85{,}7 \text{ (kp/m)} \cdot 0{,}025 \times$
$\qquad \times 8 \text{ m} + 85{,}7 \text{ (kp/m)} \cdot 5 \text{ m}] \cdot 1{,}02$

$F_{K24} = (1401 \text{ kp} + 17 \text{ kp} + 429 \text{ kp}) \cdot 1{,}02$

$F_{K24} = 1847 \text{ kp} \cdot 1{,}02 = 1884 \text{ kp}$

$F_{K25} = F_{K24} + (q + G_G) \cdot f \cdot L_{24/25}$

$F_{K25} = 1884 \text{ kp} + 85{,}7 \text{ (kp/m)} \cdot 0{,}025 \cdot 10 \text{ m}$

$F_{K25} = 1884 \text{ kp} + 22 \text{ kp} = 1906 \text{ kp}$

$F_{K26} = F_{K25} + q \cdot f \cdot L_{25/26}$

$F_{K26} = 1906 \text{ kp} + 44 \text{ (kp/m)} \cdot 0{,}025 \cdot 10 \text{ m}$

$F_{K26} = 1906 \text{ kp} + 11 \text{ kp} = 1917 \text{ kp}$

$F_{K2} = \left(F_{K3} \cdot \dfrac{1}{f_S} - q \cdot f \cdot L_{2/3} + q \cdot H_{2/3} \right) \cdot \dfrac{1}{f_S}$

$\delta_{2/3} = 28° \rightarrow f_s = 1{,}020$ (nach Tafel 24)

$F_{K2} = \left[\dfrac{80 \text{ kp}}{1{,}02} - 44 \text{ (kp/m)} \cdot 0{,}025 \cdot 15 \text{ m} + \right.$
$\qquad \left. + 44 \text{ (kp/m)} \cdot 8 \text{ m} \right] \cdot \dfrac{1}{1{,}02}$

$F_{K2} = (79{,}5 \text{ kp} - 16{,}5 \text{ kp} + 352 \text{ kp}) \cdot \dfrac{1}{1{,}02}$

$F_{K2} = \dfrac{415 \text{ kp}}{1{,}02} = 407 \text{ kp}$

$F_{K1} = F_{K2} - q \cdot f \cdot L_{1/2}$
$F_{K1} = 407 \text{ kp} - 44 \text{ (kp/m)} \cdot 0{,}025 \cdot 55 \text{ m}$
$F_{K1} = 407 \text{ kp} - 61 \text{ kp} = 346 \text{ kp}$
$F_{AW} = 0{,}04 \cdot (F_{K1} + F_{K26})$
$F_{WA} = 0{,}04 \cdot (346 \text{ kp} + 1917 \text{ kp})$
$F_{WA} = 0{,}04 \cdot 2263 \text{ kp} = 90 \text{ kp}$
$F_u = F_{K26} - F_{K1} + F_{WA} = 1917 \text{ kp} -$
$\qquad - 346 \text{ kp} + 90 \text{ kp} = 1661 \text{ kp}$

$P_v = \dfrac{F_u \cdot v}{102 \cdot \eta_{ges}} = \dfrac{1661 \cdot 0{,}15}{102 \cdot 0{,}65} \text{ kW} = \mathbf{3{,}76 \text{ kW}}$

Die maximale Laufwerksbelastung (Aufgabe c) tritt beim Durchlaufen der oberen Umlenkung unter Last und dem für diese Stellen höchsten Kettenzug auf.
Im vorliegenden Beispiel ist das die obere Umlenkung von 23 nach 24. Da hier fast der maximale Kettenzug auftritt, wird die Belastung mit 100% des zulässigen Wertes angenommen. Somit ergibt sich nach Tafel 23 ein erforderlicher Krümmungsradius von $R = 5$ m.

$F_{L\,max} = G_E + G_L + F_{K24} \cdot \dfrac{t_R}{R}$

$F_{L\,max} = (5 \text{ kp} + 15 \text{ kp}) + 40 \text{ kp} +$
$\qquad + 1884 \text{ kp} \cdot \dfrac{0{,}48 \text{ m}}{5 \text{ m}} \approx \mathbf{250 \text{ kp}}$

f) $F_v = F_{K4} + F_{K5} = 116{,}4 \text{ kp} + 120 \text{ kp} \approx \mathbf{237 \text{ kp}}$

1.5. Becherwerke

DIN-Erläuterung: Becherwerke sind Schüttgutförderer mit Bechern als Tragorgan und Gurt, Ein- oder Zweistrangketten als Zugorgan. Antrieb und Umlenkung über Trommeln, Rollen oder Kettenräder.

1.5.1. Senkrecht- oder Schrägbecherwerke (Elevatoren)

Die Elevatoren dienen zur senkrechten oder schrägen Aufwärtsförderung (Anstiegswinkel > 60°) von Schüttgütern verschiedenster Art, wie Zement, Sand, Kies, Splitt, Kohle, Schlacke, Chemikalien, Getreide, Mehl usw. Mit ihnen lassen sich große Hubhöhen überwinden. Sie haben den Vorteil, nur eine kleine Grundfläche zu beanspruchen.
Die Bauhöhe der Becherwerke wird durch die Festigkeit des Zugorgans begrenzt.
Den konstruktiven Aufbau eines Becherwerkes zeigt Bild 1.5.1.
Becherwerke sind in der Baustoffindustrie, in der chemischen Industrie, in Gießereien, Kokereien, Mühlen und Getreidespeichern sowie in der Lebensmittelindustrie weit verbreitet.

1.5.1.1. Zugmittel und Becher

Als Zugmittel dienen Gurte mit Gewebeeinlagen ($v = 1 \cdots 3{,}5$ m/s) und Ketten ($v = 0{,}3 \cdots 1{,}2$ m/s). Die Befestigung der Becher am Gurt erfolgt durch Spezialschrauben oder durch Anvulkanisieren (Schwingmetall). Bei den unmittelbar am Gurt angeschraubten Bechern wird die Befestigungsstelle eingemuldet, um einen behinderungsfreien Gurtlauf zu ermöglichen (Bild 1.5.2).
Die erforderliche Gurtbreite bestimmt sich nach der Beziehung

$\qquad B = b_B + (30 \cdots 100)$ mm
$\qquad B$ = Gurtbreite
$\qquad b_B$ = Becherbreite

Die Berechnung der Gurte erfolgt in der gleichen Weise wie bei den Gurtförderern. Die Mindestlagenzahl soll jedoch 4 betragen ($z_{min} = 4$). Die

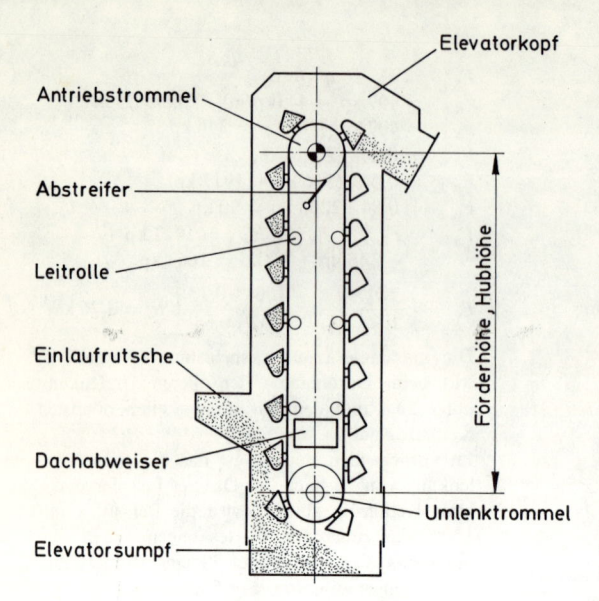

Bild 1.5.1. Konstruktiver Aufbau eines Gurtbecherwerkes

Bild 1.5.2. Befestigung der Becher am Gurt a) mit Tellerschraube, b) mit Schwingmetall, c) mit Segment

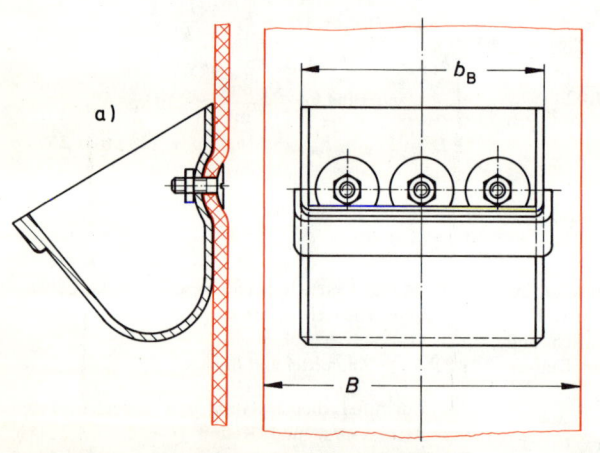

durch die Schraubenlöcher bedingte Gurtschwächung wird allgemein durch eine zusätzliche Einlage berücksichtigt. Gebräuchliche Gurtbreiten:
B = 150, 200, 250, 300, 400, 500, 650, 800, 1000, 1200 mm.

Die Befestigung der Becher an den Ketten erfolgt bei Einstrangketten durch Winkel (Bild 1.5.3) und bei Zweistrangketten durch Schrauben oder Niete. Im Normalfall finden Laschenketten mit Hülsen Anwendung.
Gebräuchliche Kettenteilungen:
t_K = 100, 125, 160, 200, 250, 320, 400, 500 mm.
Gebräuchliche Becherbreiten:
b_B = 80, 100, 125, 160, 200, 250, 315, 400, 500, 630, 800, 1000 mm.

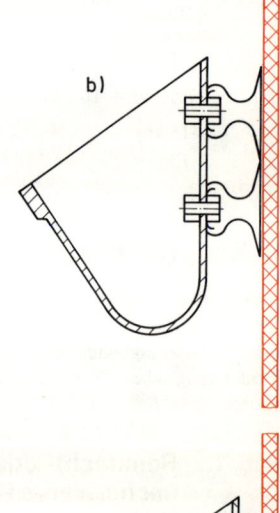

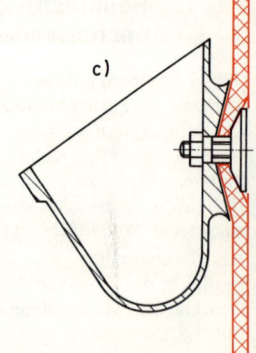

Maßgebend für die Auswahl des Zugmittels sind Fördermenge, Förderhöhe und Gutbeschaffenheit.
Es werden angewendet:
Gurte:
bei schnellaufenden Becherwerken, und zwar für kleine bis mittlere Förderleistungen (bis ca. 70 m³/h) und kleine bis mittlere Förderhöhen (bis ca. 30 m)
Ketten:
bei langsamlaufenden Becherwerken, und zwar für große Förderleistungen (bis ca. 150 m³/h) und große Förderhöhen (bis ca. 90 m)
Die Form (Bild 1.5.4) und das Material der Becher sind vom jeweiligen Fördergut abhängig.
Tiefe Becher werden für trockene und leichtfließende, flache Becher für feuchte und schwerfließende Schüttgüter verwendet. Die spitzen Becher mit Seitenleisten (Bild 1.5.3) finden fast ausschließlich nur bei dichter Anordnung Verwendung und sind für die Förderung schwerer, stückiger Güter vorgesehen. Als Materialien kommen Stahlblech (1···8 mm), Kunststoff, Gummi, V2A-Stahl usw. vor. Die Daten von Bechern nach DIN können den Tafeln 25 bis 29 entnommen werden.

1.5.1.2. Antrieb und Spanneinrichtung

Der Antrieb der Becherwerke wird am Kopf angeordnet, da so die Stranggewichte als Spannkraft ausgenutzt werden. Meistens verwendet man Getriebemotoren (bis ca. 12 kW). Den Antriebstrommeldurchmesser (bei Gurten) bestimmt man überschlägig mit

$$D_{Tr} = (100 \cdots 150) \cdot z$$

D_{Tr} = Trommeldurchmesser in mm
z = Einlagenzahl

Anschließend ist eine Kontrolle des Reibungskoeffizienten erforderlich (nach Eytelwein — siehe Bandförderer), damit kein Durchrutschen erfolgt.

Gebräuchliche Trommeldurchmesser:
D_{Tr} = 320, 400, 500, 630, 800, 1000, 1250 mm
Bei Verwendung von Ketten soll die Drehzahl der Antriebskettenräder oder Turassen zwischen 5 und 75 min⁻¹ betragen. Zur Vermeidung des Becherrücklaufes nach dem Anhalten des Elevators muß eine Rücklaufsperre (Klinken-, Rollengesperre usw.) eingebaut werden. Die Rücklaufsicherung kann auch auf elektromagnetischem Wege (Drehzahlwächter als Auslöseglied) erfolgen. Oftmals werden zusätzlich noch Sicherheitskupplungen als Überlastungsschutz eingebaut.

Spanneinrichtung: Sie greift an den Lagern der unteren Umlenkstation an und ist an den Seitenwänden des Becherwerkes befestigt. Meist finden einfache

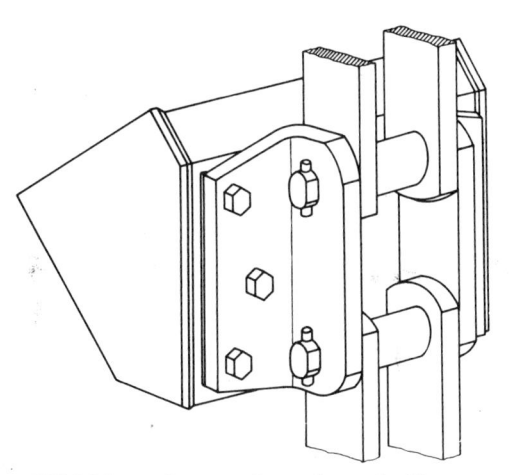

Bild 1.5.3. Befestigung der Becher an der Kette

Schraubspanneinrichtungen (200···500 mm Spannweg) Anwendung. Die Abmessungen der Umlenkstation entsprechen normalerweise denen der Antriebsstation.
Vorteile: Erzielung großer Förderhöhen, geringer Raumbedarf (Querschnitt), großer Leistungsbereich.
Nachteile: Sehr empfindlich gegen Überlast, deshalb Zugabe dosieren und Sicherheitskupplungen einbauen.

1.5.1.3. Aufgabe

Die Aufgabe kann durch Schöpfen oder durch unmittelbares Einschütten erfolgen (Bild 1.5.5).
Bei den Schöpfbecherwerken wird das Fördergut

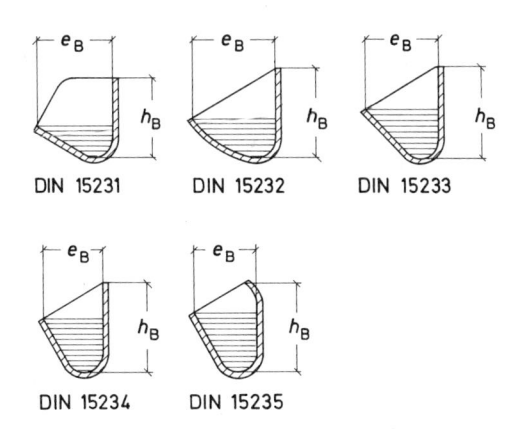

DIN 15231   DIN 15232   DIN 15233

DIN 15234   DIN 15235

Bild 1.5.4. Die verschiedenen Becherformen

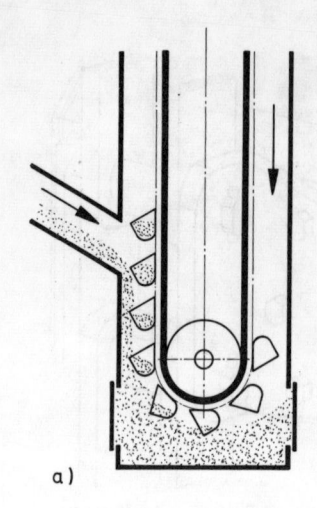

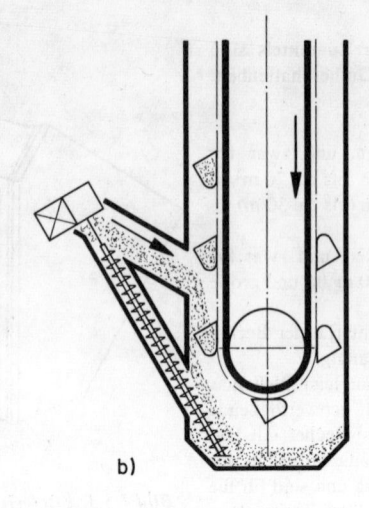

Bild 1.5.5. Füllung der Becher a) durch Schöpfen, b) durch Gutaufgabe

dem Fußstück zugeführt und sammelt sich im tiefsten Punkt desselben, im sogenannten Schöpftrog. Beim Umgang des Bechers um die untere Umlenkung wird das Gut aufgenommen, geschöpft. Schöpfbecherwerke eignen sich für pulverförmige, körnige und kleinstückige Güter. Die Geschwindigkeit spielt bei feinen und körnigen Gütern keine Rolle. Bei stückigem Gut sollte sie kleiner als 1 m/s sein. Als Zugmittel kommen Ketten mit kleineren Teilungen, bei höheren Geschwindigkeiten dagegen Gurte in Frage.

Die zweite Art der Becherfüllung erfolgt durch direktes Einschütten (Bild 1.5.5b). Hierbei wird das Gut dem aufwärtsgehenden Strang direkt zugeleitet. Das setzt jedoch voraus, daß eine dichte Becheranordnung vorhanden ist (Bild 1.5.6). Dieses Verfahren wendet man bei grobstückigen und stark schleißenden Gütern (Erze, grobe Kohle, Kies usw.) an, da sonst ein zu hoher Schöpfwiderstand auftreten würde, der zum Abreißen der Becher führen kann. Die Geschwindigkeiten betragen hierbei maximal ca. 1 m/s, da sonst die Becher nur ungenügend gefüllt werden. Die Ausrüstung erfolgt fast ausschließlich mit Ketten größerer Teilung.

1.5.1.4. Abgabe

Die Entleerung (Bild 1.5.7) der Becher kann durch die Fliehkraft oder durch Schwerkraft erfolgen (frei oder gelenkt). Sie ist somit in hohem Maße von der Geschwindigkeit abhängig. Die Form der Becher und die Konstruktion der oberen Umlenkung, des Kopfes, sind auf den Entleerungsvorgang abgestimmt. Eine Fliehkraftentleerung kommt meist erst bei Geschwindigkeiten größer als 1,5 m/s in Frage.

Zur genauen Festlegung der Entleerungsart dient folgende Betrachtung:
Wie aus Bild 1.5.8 zu ersehen ist, tritt vor dem Punkt A nur die Eigengewichtskomponente G auf.
Hier gilt also

$F_{Res} = G$
F_{Res} = resultierende Kraft
G = Gewicht der Becherfüllung

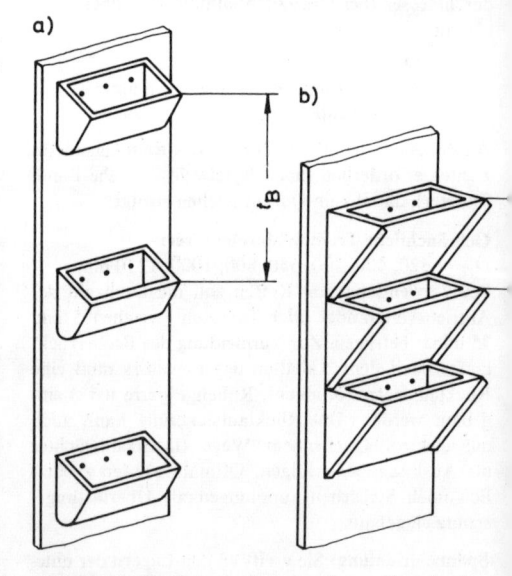

Bild 1.5.6. Becheranordnung a) große Becherteilung, b) kleine Becherteilung

Bild 1.5.7. Entleerungsarten a) Fliehkraftentleerung, b) Schwerkraftentleerung (frei), c) Schwerkraftentleerung (gelenkt)

Bild 1.5.8. Kräfte bei der Becherumlenkung

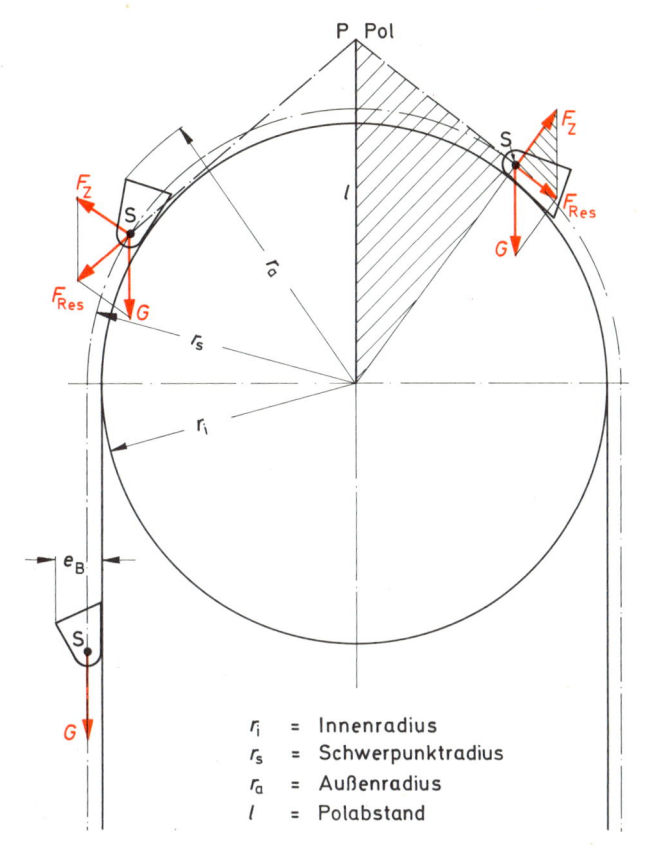

r_i = Innenradius
r_s = Schwerpunktradius
r_a = Außenradius
l = Polabstand

Nach dem Überschreiten von A kommt infolge der Becherumlenkung die Komponente der Zentrifugalkraft hinzu. Hier gilt nun

$$\vec{F}_{Res} = \vec{G} + \vec{F}_z$$

mit F_z = Zentrifugalkraft.
Aus der allgemeinen Gleichung für die Zentrifugalkraft

$$F_z = m \cdot \frac{v^2}{r}$$

erhält man

$$F_z = \frac{G}{g} \cdot \frac{v_s^2}{r_s}$$

mit v_s = Umfangsgeschwindigkeit des Schwerpunktes.

Die Größe und die Richtung von F_{Res} ändern sich beim Lauf über die Scheibe. Der Pol P bleibt jedoch, wie geometrisch leicht nachzuweisen ist, für jede Becherstellung gleich. Anhand von Bild 1.5.8 läßt sich folgende Beziehung aufstellen:

$$\frac{l}{r_s} = \frac{G}{F_z} = \frac{G}{\frac{G}{g} \cdot \frac{v_s^2}{r_s}} = \frac{G \cdot g \cdot r_s}{G \cdot (2\pi r_s n)^2} =$$

$$\frac{l}{r_s} = \frac{g}{4 \cdot \pi^2 \cdot r_s \cdot n^2}$$

$$l = \frac{g}{4 \cdot \pi^2 \cdot n^2}$$

als Einheitengleichung geschrieben ergibt sich:

$$[m] = \frac{9{,}81 \text{ m} \cdot \text{min}^2 \cdot 60^2 \cdot \text{s}^2}{\text{s}^2 \cdot 4\pi^2 \cdot \text{min}^2}$$

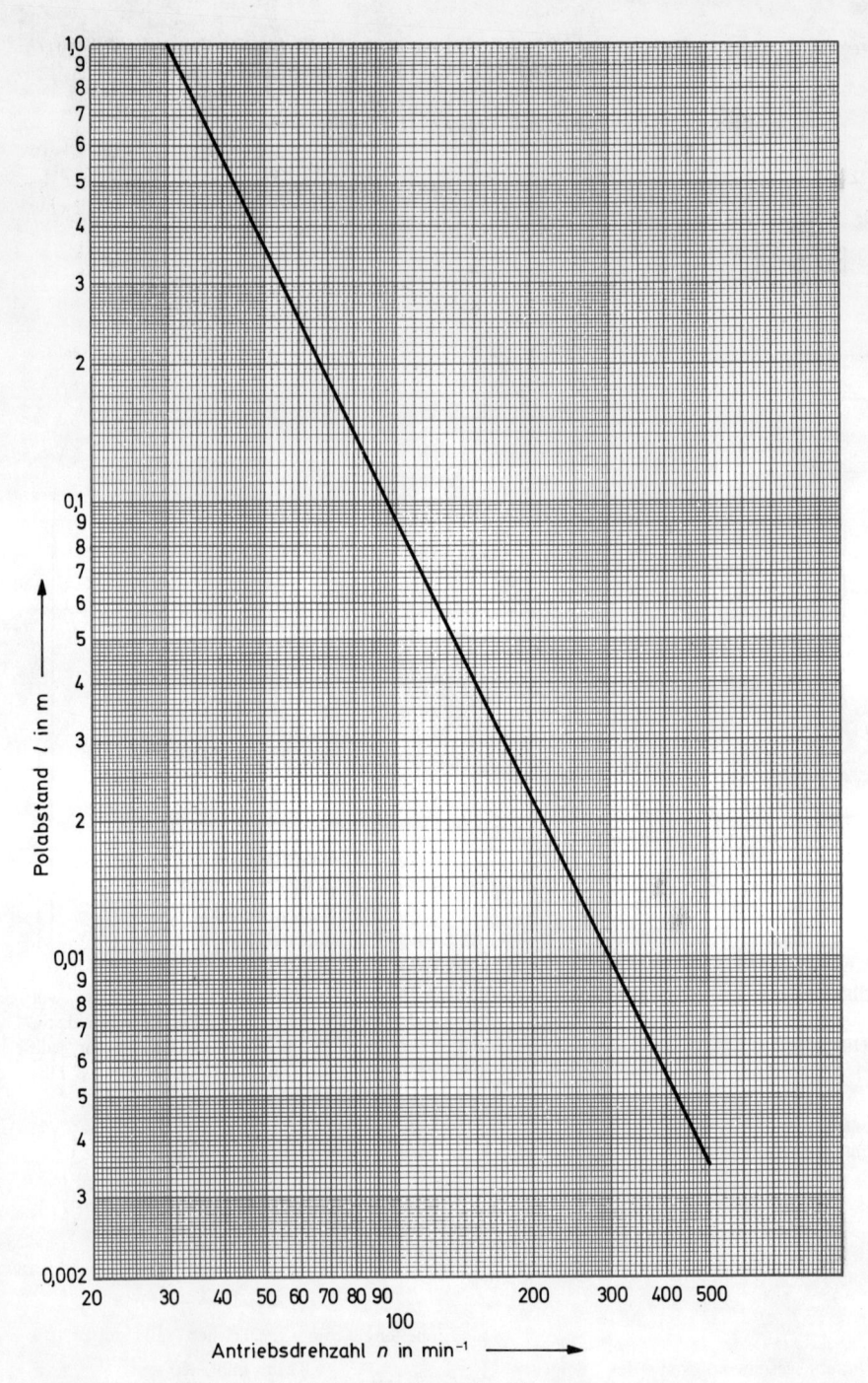

Bild 1.5.9. Der Polabstand l als Funktion der Drehzahl

hieraus folgt: (60)

$$l = \frac{895}{n^2}$$

l = Polabstand in m
n = Drehzahl in min^{-1}

Der Polabstand kann aus dem Diagramm (Bild 1.5.9) ersehen werden.

Fliehkraftentleerung ($l < r_i$): Der Pol liegt innerhalb der Scheibe. Der Abgabestutzen wird unter Berücksichtigung der Wurfparabel angebracht.

Schwerkraftentleerung ($l > r_a$): Der Pol liegt außerhalb der Becherkante. Das Material rutscht über die innere Becherkante ab. Eine freie Schwerkraftentleerung durch Ablenkung des Zugmittels ist nur bei Kettenbecherwerken möglich. Bei der gelenkten Schwerkraftentleerung rutscht das Gut über die Becherrückwand des vorlaufenden Bechers ab. Hier ist eine dichte Becheranordnung erforderlich.

1.5.1.5. Berechnung

a) Förderstrom (61)

$$I_v = 3{,}6 \cdot v \cdot \frac{V_B}{t_B} \cdot \varphi$$

I_v = volumenmäßiger Förderstrom in m³/h
v = Fördergeschwindigkeit in m/s
V_B = Becherinhalt in dm³
t_B = Becherteilung in m
φ = Füllungsgrad ($\approx 0{,}5 \cdots 0{,}9$)

t_B ist bei Becherwerken gleich einer Kettenteilung bzw. ein ganzzahliges Vielfaches davon.

In Tafel 30 sind einige Erfahrungswerte aus der Praxis angegeben, die der Berechnung zugrunde gelegt werden können.

b) Antriebsleistung

Die Antriebsleistung kann mit Hilfe des Gesamtreibungsbeiwertes überschläglich bestimmt werden. Ferner ist eine genaue Ermittlung über die Einzelverluste möglich.

Leistungsbestimmung über den Gesamttreibungsbeiwert

Die Leistung berechnet sich nach Gleichung 26, wobei folgende Umfangskraft zugrunde gelegt wird:

(62)

$$F_u = f_{ges} \cdot h \cdot (q + G_G) + G_G \cdot H$$

F_u = Umfangskraft an der Antriebsstation in kp
H = Förderhöhe in m
q = Gewicht des leeren Becherstranges in kp/m (Bild 1.5.10)
f_{ges} = Gesamtverlustbeiwert nach Bild 1.5.11
G_G = Lastgewicht pro Meter in kp/m

Leistungsbestimmung über Hub- und Zusatzleistungen

Die Antriebsleistung von Senkrecht-Kettenbecherwerken berechnet sich nach Gleichung 63.

(63)

$$P_v = \frac{1}{\eta_{ges}} \cdot \left\{ \frac{I_G \cdot H}{367} + \frac{H \cdot f}{367} \times \left[I_G + 3{,}6 \cdot v \cdot \left(2 \cdot q + \frac{F_{v\,ges}}{H} \right) \right] + P_s \right\}$$

P_v = Vollastbeharrungsleistung in kW
f = Anlagenbeiwert ($= 0{,}03 \cdots 0{,}08$), je nach Förderhöhe, Fördermenge und Vorspannung
$F_{v\,ges}$ = Gesamtvorspannkraft in kp ($\approx 100 \cdots 300$ kp)
P_s = Schöpfleistung in kW nach Gleichung 64

(64)

$$P_s = \frac{f_k \cdot w_s \cdot G_G \cdot v}{102}$$

f_k = Minderungsfaktor (Bild 1.5.12) für den Becherabstand $= f(t_F)$
w_s = spezifische Schöpfarbeit in kpm/kp (Bild 1.5.13)

(65)

$$t_F = 0{,}224 \cdot \frac{t_B}{e_B \cdot v}$$

t_F = relative Becherfolge in s
t_B = Becherteilung in m
e_B = Becherausladung in m
v = Fördergeschwindigkeit in m/s

Auch aus Gleichung 63 läßt sich eine erforderliche Umfangskraft ableiten:

(66)

$$F_u = G_G \cdot H \times \left[\left(1 + \frac{f}{G_G} \times \left(G_G + 2q + \frac{F_{v\,ges}}{H} \right) + \frac{f_k \cdot w_s}{H} \right) \right]$$

Bei Gurtbecherwerken errechnet sich die Antriebsleistung zu

(67)

$$P_v = \left(\frac{I_G \cdot H}{367} + P_s \right) \frac{1}{\eta_{ges}} \quad \text{in kW}$$

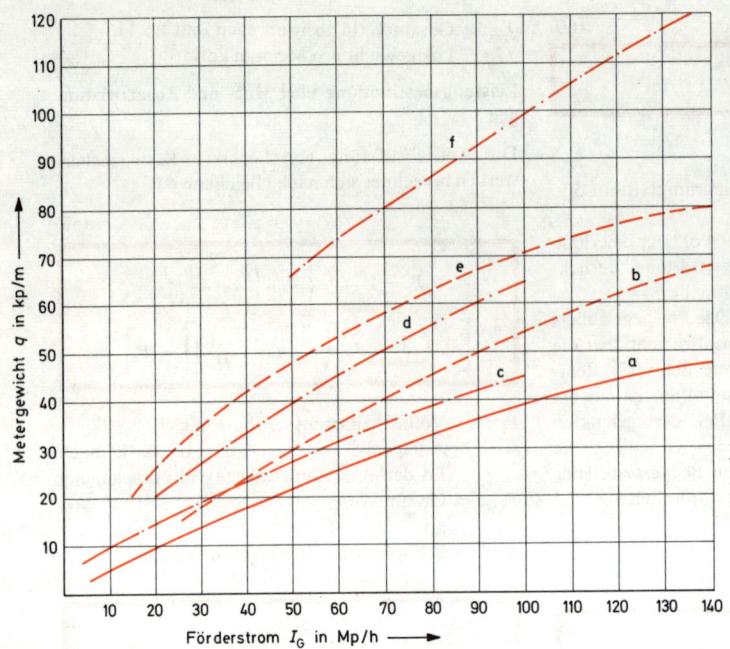

Bild 1.5.10. Erfahrungswerte $q = f(I_G)$, a) tiefe und flache Becher (Gurtbecherwerke), b) spitze Becher (Gurtbecherwerke), Kettenbecherwerke: c) tiefe und flache Becher (einsträngig), d) spitze Becher (einsträngig), e) tiefe und flache Becher (zweisträngig), f) spitze Becher (zweisträngig)

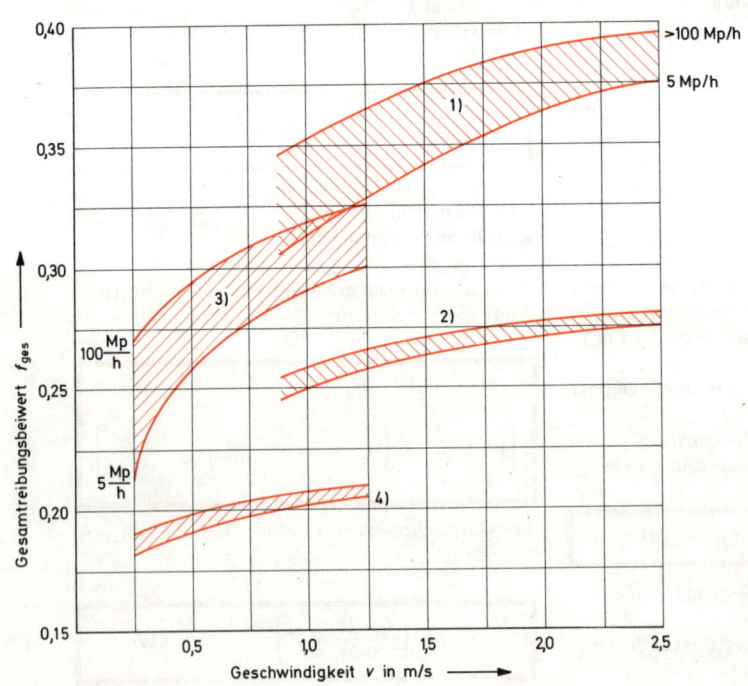

Bild 1.5.11. Gesamtverlustbeiwert f_{ges}
Gurtbecherwerke:
1 tiefe und flache Becher
2 spitze Becher
Kettenbecherwerke:
3 tiefe und flache Becher
4 spitze Becher

Der so ermittelte Leistungswert wird meist mit einem Faktor $f_{br} = 1{,}05 \cdots 1{,}2$ multipliziert, der die Biegung des Gurtes beim Lauf um die Antriebs- und Spanntrommel sowie die Trommellagerreibung berücksichtigt. Die kleineren Werte gelten für größere Höhen.

Leistungsbestimmung über die Einzelverluste von Bandelevatoren (!)

Die zum Antrieb eines **Gurtelevators** aufzubringende Umfangskraft setzt sich zusammen aus:

(68)
$$F_u = F_H + F_A + F_S + F_{BA} + F_{BU}$$

F_u = Umfangskraft
F_H = Hubkraft

(69)
$$F_H = G_G \cdot H$$

F_S = Schöpfkraft

(70)
$$F_S = f_k \cdot w_S \cdot G_G$$

f_k = Minderungsfaktor nach Bild 1.5.12
w_S = spezifische Schöpfarbeit, nach Bild 1.5.13
F_A = Aufgabekraft

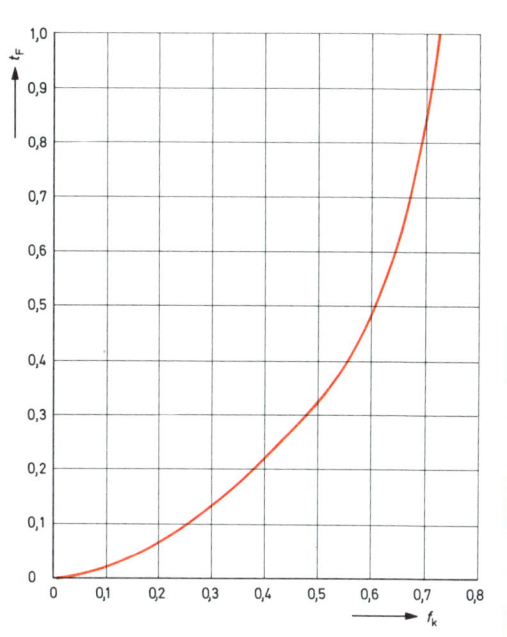

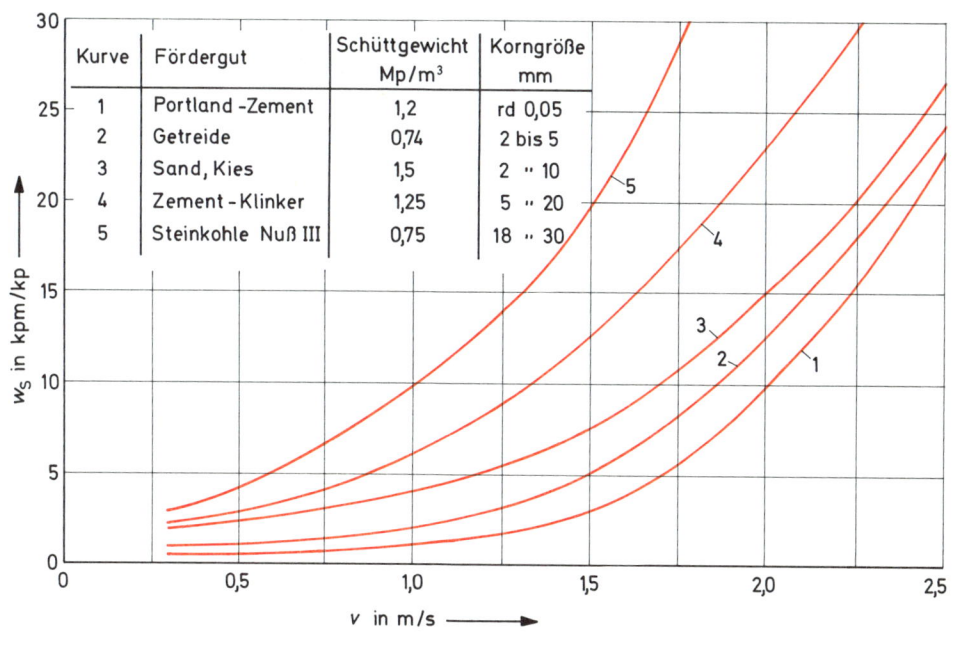

Bild 1.5.12. *Zusammenhang zwischen Minderungsfaktor f_k und relativer Becherfolge t_F*

Bild 1.5.13. *Spezifische Schöpfarbeit der wichtigsten Fördergüter*

Kurve	Fördergut	Schüttgewicht Mp/m³	Korngröße mm
1	Portland-Zement	1,2	rd 0,05
2	Getreide	0,74	2 bis 5
3	Sand, Kies	1,5	2 " 10
4	Zement-Klinker	1,25	5 " 20
5	Steinkohle Nuß III	0,75	18 " 30

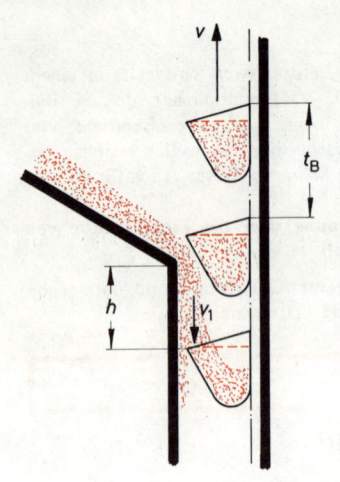

Bild 1.5.14. Gutaufgabe am Becherwerk

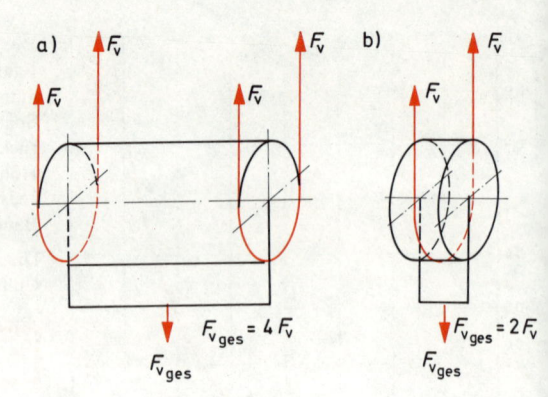

Bild 1.5.15. Die Verteilung der Gesamtvorspannkraft
a) bei Zweistrangketten
b) bei Gurten und Einstrangketten

(71)
$$F_A = \frac{G_G \cdot v}{g} \cdot (v_1 + v)$$

v = Gurtgeschwindigkeit
v_1 = mittlere Aufgabegeschwindigkeit; s. Bild 1.5.14

(72)
$$v_1 = \sqrt{2 \cdot g \cdot h}$$

h = mittlere Fallhöhe; üblich: $h \approx t_B$
F_{BA} = Kraft zur Biegung des Bechergurtes beim Lauf um die Antriebstrommel in kp

(73)
$$F_{BA} = 2 \cdot \varkappa \, (2 \cdot \xi \cdot B + F_1 + F_2) \cdot \frac{s_G}{D}$$

$\varkappa$ = Hilfsfaktor;
  Textilgurte: $\varkappa = 0{,}09$
  Stahlseilgurte: $\varkappa = 0{,}12$
ξ = Hilfsfaktor;
  Textilgurte: $\xi = 14$
  Stahlseilgurte: $\xi = 20$
B = Gurtbreite in cm
F_1 = Auflaufkraft an der Antriebstrommel in kp
F_2 = Ablaufkraft an der Antriebstrommel in kp
s_G = Gurtdicke in cm
D = Trommeldurchmesser in cm
F_{BU} = Kraft zur Biegung des Bechergurtes beim Lauf um die Umlenktrommel in kp

(74)
$$F_{BU} = 4 \cdot \varkappa \, (\xi \cdot B + F_v) \cdot \frac{s_G}{D}$$

F_v = Vorspannkraft je Strang in kp

c) Berechnung der Kräfte in den Zugmitteln

Soll die maximale Kraft im Leerstrang ermittelt werden, so setzt sich diese aus dem Stranggewicht und der Vorspannkraft je Trum zusammen.

(75)
$$F_2 = q \cdot H + F_v$$

F_2 = maximale Kraft im Leerstrang
F_v = Vorspannkraft je Trum ($\approx 25 \cdots 100$ kp)

Die Vorspannkraft beträgt bei Gurten und Einstrangketten ½ $F_{v\,ges}$ und bei Zweistrangketten ¼ $F_{v\,ges}$ (s. Bild 1.5.15).

Die **maximale Zugkraft** berechnet sich analog Gleichung 31, wobei $F_1 = F_{max}$ gesetzt wird.

Ist die Umfangskraft F_u nicht bekannt, so kann die maximale Zugkraft nach folgender empirischer Gleichung bestimmt werden:

(76)
$$F_{max} \approx H \cdot (G_G + k \cdot q) \cdot 1{,}15$$

k = Beiwert der Bewegungswiderstände, und zwar bei
  Gurtbecherwerken:
   für tiefe und flache Becher $k = 2{,}5$
   für spitze Becher $k = 2{,}0$
  Kettenbecherwerken:
   für tiefe und flache Becher $k = 1{,}5$
   für spitze Becher $k = 1{,}25$

Die dynamischen Kettenkräfte werden nach Gleichung 45 bestimmt.

Beispiel 8:
Mit einem Einstrangketten-Becherwerk sollen stündlich 50 Mp Kies mit dem Schüttgewicht $\gamma_s = 1{,}8$ Mp/m³ auf 50 m Höhe gefördert werden. Die Fördergeschwindigkeit v beträgt 1 m/s, der Füllungsgrad $\varphi = 0{,}8$, der Gesamtverlustbeiwert $f_{ges} = 0{,}3$, das Metergewicht von Kette und Becher $q = 28$ kp/m.
Der Antrieb erfolgt über ein nichtverzahntes Segmentrad mit $D = 600$ mm ($\mu_{\text{Kette/Rad}} = 0{,}25$) bei einem Wirkungsgrad $\eta_{\text{Antr}} = 0{,}8$. Gesamtvorspannkraft $F_{v\,ges} = 50$ kp.
Becher: $b_B = 200$ mm; $e_B = 160$ mm; $V_B = 2{,}36$ dm³

Zu bestimmen sind:
a) der Förderstrom in m³/h
b) die Becherteilung
c) die Entleerungsart
d) die Antriebsleistung, mit der die Anlage angetrieben werden muß
e) die Motorleistung
f) die maximale Kettenzugkraft
Weitere Aufgaben:
g) Kontrollieren Sie, ob die Reibung zwischen Antriebsrad und Kette ausreicht.
h) Welche Aufgabeart ist zweckmäßig?
i) Welche Kettenteilung ist erforderlich?
j) Wie groß wird nach der Festlegung der Kettenteilung der wirkliche Fördergutstrom I_G^*?
k) Muß eine Korrektur der weiteren Rechnung erfolgen?

Lösungen:
a) $I_G = I_v \cdot \gamma_s$

$I_v = \dfrac{I_G}{\gamma_s} = \dfrac{50}{1{,}8}\ \dfrac{\text{m}^3}{\text{h}} = \mathbf{27{,}8\ m^3/h}$

b) $I_v = 3{,}6 \cdot v \cdot \dfrac{V_B}{t_B} \cdot \varphi$

$t_B = 3{,}6 \cdot v \cdot \dfrac{V_B}{I_v} \cdot \varphi$

$t_B = 3{,}6 \cdot 1 \cdot \dfrac{2{,}36}{27{,}8} \cdot 0{,}8\ \text{m} = 0{,}382\ \text{m}$

$t_B = \mathbf{382\ mm}$

c) $v = D \cdot \pi \cdot n$

$n = \dfrac{v}{D \cdot \pi} = \dfrac{1\ \text{m/s}}{0{,}6\ \text{m} \cdot \pi} = 0{,}53\ \text{s}^{-1}$

$n = 31{,}8\ \text{min}^{-1}$

aus Bild 1.5.9 liest man ab: $l = 0{,}88$ m
$0{,}88\ \text{m} > (0{,}3\ \text{m} + 0{,}16\ \text{m})$
$\quad l > (r + e_B)$
$\quad l > r_a \to$ **Schwerkraftentleerung**

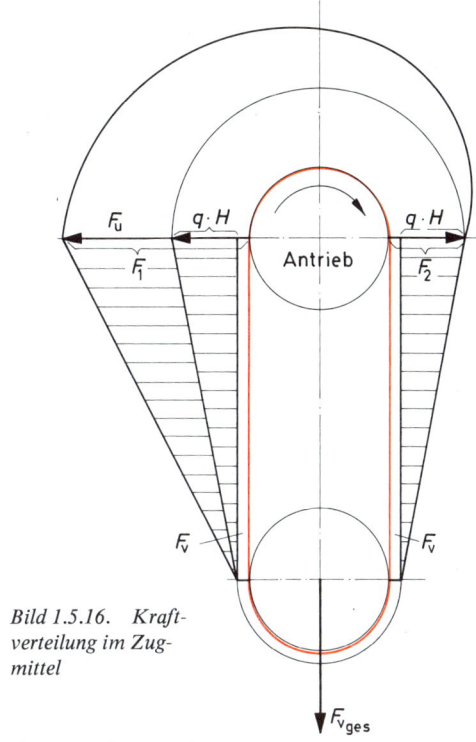

Bild 1.5.16. Kraftverteilung im Zugmittel

d) $F_u = f_{ges} \cdot H \cdot (q + G_G) + G_G \cdot H$

$G_G = \dfrac{I_G}{3{,}6 \cdot v} = \dfrac{50}{3{,}6 \cdot 1}\ \dfrac{\text{kp}}{\text{m}} = 13{,}9\ \text{kp/m}$

$F_u = 0{,}3 \cdot 50 \cdot (28 + 13{,}9)\ \text{kp} + 13{,}9 \cdot 50\ \text{kp}$
$F_u = 15 \cdot 41{,}9\ \text{kp} + 694\ \text{kp}$
$F_u = 628\ \text{kp} + 694\ \text{kp} = 1322\ \text{kp}$

$P_{\text{Antr}} = \dfrac{F_u \cdot v}{102} = \dfrac{1322 \cdot 1}{102}\ \text{kW} = \mathbf{13\ kW}$

e) $P_v = \dfrac{P_{\text{Antr}}}{\eta_{\text{Antr}}} = \dfrac{13\ \text{kW}}{0{,}8} = 16{,}25\ \text{kW}$

nach Motorenkatalog gewählt: $P_{\text{mot}} = \mathbf{18\ kW}$

f) $F_2 = q \cdot H + F_v$
Für Einstrangkette ist $F_v = \dfrac{F_{v\,ges}}{2}$
$F_v = \dfrac{50\ \text{kp}}{2} = 25\ \text{kp}$
$F_2 = 28\ (\text{kp/m}) \cdot 50\ \text{m} + 25\ \text{kp}$
$F_2 = 1400\ \text{kp} + 25\ \text{kp} = 1425\ \text{kp}$
$F_{\max} = F_u + F_2 = 1322\ \text{kp} + 1425\ \text{kp}$
$F_{\max} = 2747\ \text{kp} \approx \mathbf{2750\ kp}$

g) Aus Bild 1.5.16 folgt: $F_1 = F_{\max} = F_u + F_2$

nach Eytelwein gilt: $\dfrac{F_1}{F_2} = e^{\mu \cdot \alpha} = \dfrac{2750\ \text{kp}}{1425\ \text{kp}}$

$\qquad\qquad\qquad\quad = 1{,}94$

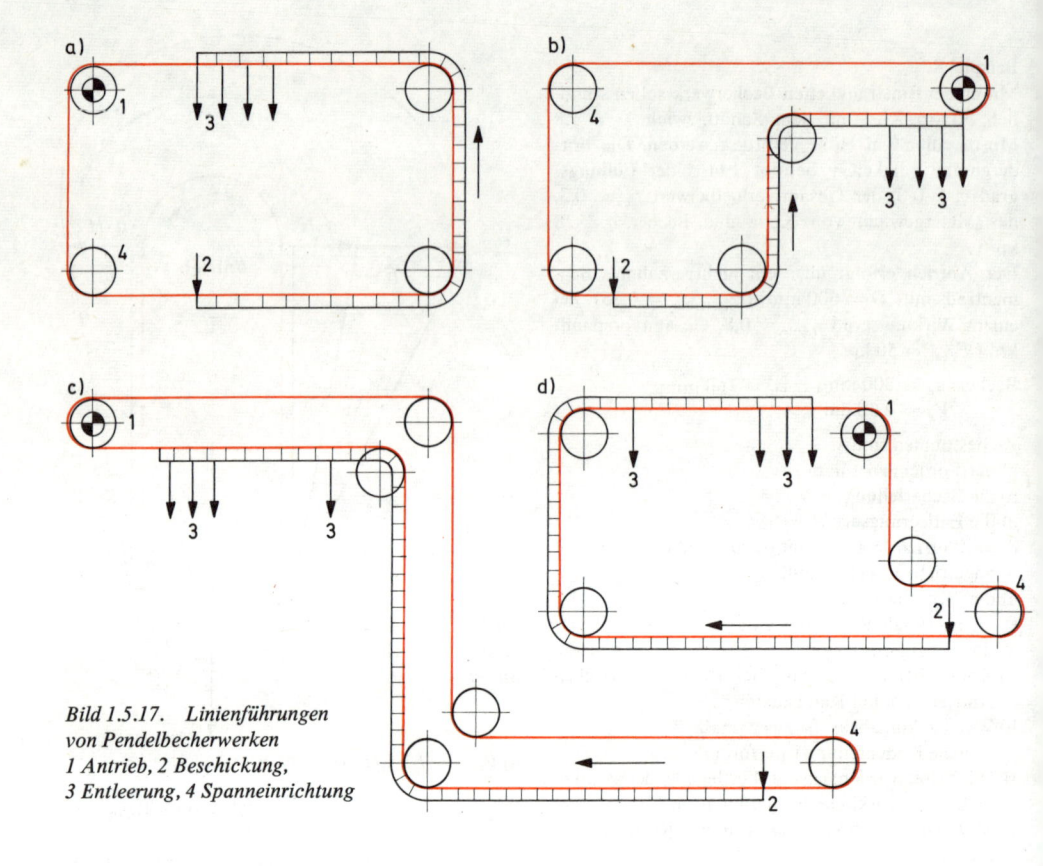

Bild 1.5.17. Linienführungen von Pendelbecherwerken
1 Antrieb, 2 Beschickung, 3 Entleerung, 4 Spanneinrichtung

$\mu \cdot \alpha = \ln 1{,}94 = 0{,}66$

$\mu_{erf} = \dfrac{0{,}66}{\pi} = 0{,}21$

$0{,}21 < 0{,}25 \rightarrow \mu_{erf} < \mu_{\text{Kette Rad}}$
$\rightarrow$ **Reibung reicht aus**

h) Unter Berücksichtigung der weiten Becherteilung und des Fördergutes wird man das Schöpfen wählen.

i) Da die Becherteilung ein ganzzahliges Vielfaches der Kettenteilung sein muß, wird die Kettenteilung so gewählt, daß die Abweichung des sich nun ergebenden Förderstromes möglichst gering wird.

Kettenteilung $t_K = 100$ mm $\rightarrow 4 \cdot t_K = 400$ mm
Kettenteilung $t_K = 125$ mm $\rightarrow 3 \cdot t_K = 375$ mm
Becherteilung $t_B = 382$ mm   (s. Ergebnis b)

am nächsten liegt $3 \cdot t_K = 375$ mm $= t_B^*$

somit wird $t_K = \mathbf{125\ mm}$ gewählt

j) $I_v^* = I_v \cdot \dfrac{t_B}{t_B^*}$

$I_G^* = I_v \cdot \dfrac{t_B}{t_B^*} \cdot \gamma_s = I_G \cdot \dfrac{t_B}{t_B^*} = 50 \cdot \dfrac{382}{375}\ \dfrac{\text{Mp}}{\text{h}}$

$I_G^* = \mathbf{51\ Mp/h}$

k) $\dfrac{I_G^*}{I_G} = 1{,}02 \rightarrow$ Da der Unterschied nur 2% beträgt, ist eine **Korrektur nicht erforderlich.**

1.5.2. Pendelbecherwerke

DIN-Erläuterung: Pendelbecherwerke sind in der Ebene oder im Raum bewegliche Schüttgutförderer für waagerechte oder senkrechte Förderung mit pendelnd aufgehängten Bechern als Tragorgan und Ketten als Zugorgan. Die Becher laufen mittels Laufrollen in Führungen. Abwurf an beliebiger Stelle durch Kippen der Pendelbecher.

Pendelbecherwerke finden ihre Anwendung bei Linienführungen, die sich aus horizontalen und vertikalen Strecken zusammensetzen (Bild 1.5.17).

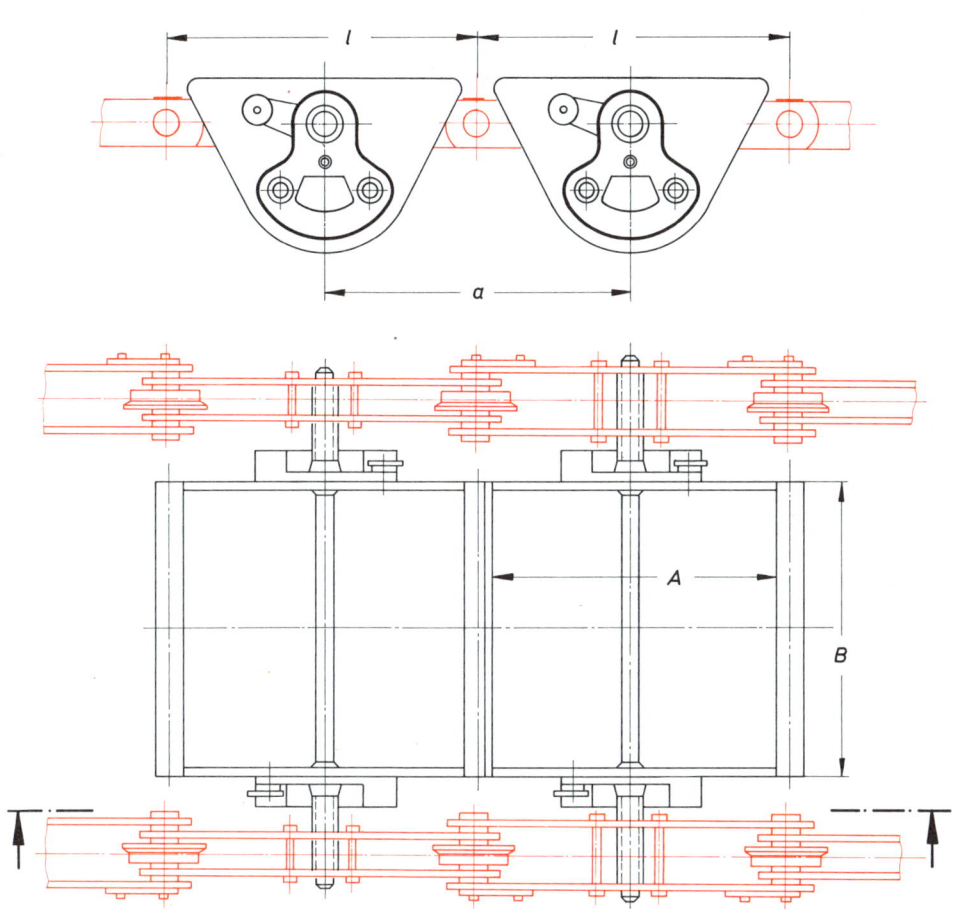

Bild 1.5.18. Pendelbecherkette

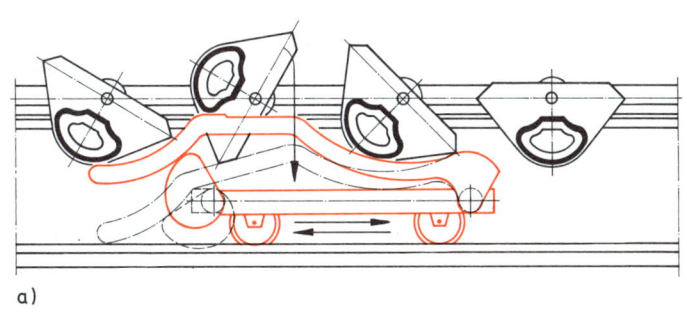

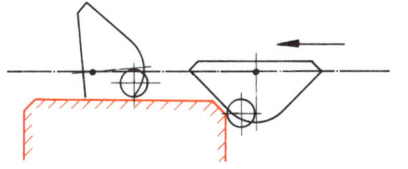

Bild 1.5.19. Entleerungseinrichtungen von Pendelbecherwerken
a) mit Kippschiene und kurvenförmigen Anschlägen
b) mit Kippleiste und Anschlagrollen

Die Pendelbecher werden an Laschenketten (Bild 1.5.18) pendelnd aufgehängt, so daß sie auf allen Strecken eine waagerechte Lage einnehmen. Die Becher haben einen Inhalt von 30 bis 500 l. Die Fördergeschwindigkeiten liegen zwischen 0,15 und 0,5 m/s. Die Beschickung erfolgt durch selbsttätige Fülleinrichtungen. Meist finden Fülltrommeln Verwendung, auf deren Umfang sich Schlitze befinden. Der Schlitzabstand entspricht der Becherteilung. Bei der Entleerung werden die Becher um ca. 90° geschwenkt. Hierzu benutzt man überwiegend feste oder bewegliche Kippschienen (Bild 1.5.19), auf denen die an den Becherseitenwänden befestigten Anschläge oder Rollen ablaufen. Manchmal findet man anstelle der punktförmigen Anschläge am Becher auch kurvenförmige, mit denen eine bessere Steuerung des Entladevorgangs möglich ist.

Pendelbecherwerke dienen zur Förderung staubförmiger, körniger und stückiger Güter in den verschiedensten Industriezweigen. Sie werden gebaut für Förderleistungen bis zu 500 Mp/h. Die Becher werden überwiegend als Schweißkonstruktionen aus Stahlblech von 3 bis 6 mm Dicke gefertigt.

Vorteile sind die Förderung ohne Umschütten des Gutes in waagerechter, senkrechter und geneigter Richtung, die Schonung des Fördergutes (keine Kratzerwirkung) und die Möglichkeit der Entleerung an jeder beliebigen Stelle des waagerechten Teils.

Nachteilig wirken sich hohe Beschaffungs- und Wartungskosten sowie großes Eigengewicht der Becherkette aus. Ferner sind nur geringe Geschwindigkeiten möglich, da sonst die Becher pendeln.

1.5.2.1. Berechnung

a) Förderstrom

Der Förderstrom wird nach Gleichung 61 berechnet, wobei der Füllungsgrad φ zwischen 0,75 und 0,9 liegt.

b) Antriebsleistung

Die Leistung wird nach dem bereits üblichen Rezept mit Hilfe von Gleichung 26 bestimmt. F_u erhält man dabei aus folgender Beziehung:

(77)
$$F_u = f_{ges} \cdot L \cdot (2q + G_G) + G_G \cdot H$$

F_u = Umfangskraft an der Antriebsstation in kp
f_{ges} = Gesamtverlustbeiwert (Gl. 79)
L = Waagerechtprojektion der jeweiligen Förderlänge in m
q = Metergewicht des leeren Becherstranges in kp/m (Gl. 78)
G_G = Lastgewicht pro Meter in kp/m
H = Förderhöhe in m (bei Abwärtsförderung negativ)

Die näherungsweise Bestimmung von q kann mit folgender Gleichung erfolgen:

(78)
$$q \approx 150 \cdot b_B + 40 \quad \text{in kp/m}$$

b_B = Becherbreite in m

f_{ges} kann näherungsweise folgendermaßen bestimmt werden:

(79)
$$f_{ges} \approx f_R \cdot f_{US}{}^n$$

f_R = Laufwiderstandszahl (nach Abschnitt 1.3.1.3.)
für Stützrollen mit Wälzlagern
$f_R = 0,03 \cdots 0,05$
für Stützrollen mit Gleitlagern
$f_R = 0,06 \cdots 0,10$
f_{US} = Umlenkwiderstand ($\approx 1,05 \cdots 1,07$)
n = Zahl der Umlenkungen

Soll F_u genauer ermittelt werden, so muß man nach Abschnitt 1.3.1.3. vorgehen und die Einzelkräfte je Abschnitt bestimmen und addieren.

1.5.2.2. Raumbewegliche Pendelbecherwerke

Eine Weiterentwicklung der behandelten Becherwerke stellen die raumbeweglichen Pendelbecherwerke dar. Bild 1.5.20 zeigt einen solchen Becher in zwei Ansichten. Die Becher (1) sind an einer Kette befestigt, die durch drei Gelenke ihre Raumbeweglichkeit erhält. Durch das Gelenk (2) wird erreicht, daß das Becherwerk Kurven in senkrechter Ebene beschreiben kann. Die Gelenkbolzen (3a und 3b) ermöglichen die Kurvengängigkeit in der waagerechten Ebene. Schließlich gestatten die Drehgelenke (4) eine Bewegung aus einer der beiden Ebenen heraus. Ferner finden wir auch wieder die schon erwähnten Auflaufrollen (5). Raumbewegliche Pendelbecherwerke werden wegen ihrer großen Anpassungsfähigkeit bei äußerst ungünstigen örtlichen Verhältnissen verwendet.

1.5.2.3. Schöpfbecherwerke

Bei den Schöpfbecherwerken haben wir es eigentlich mit einer Kombination zwischen Kratzerförderer

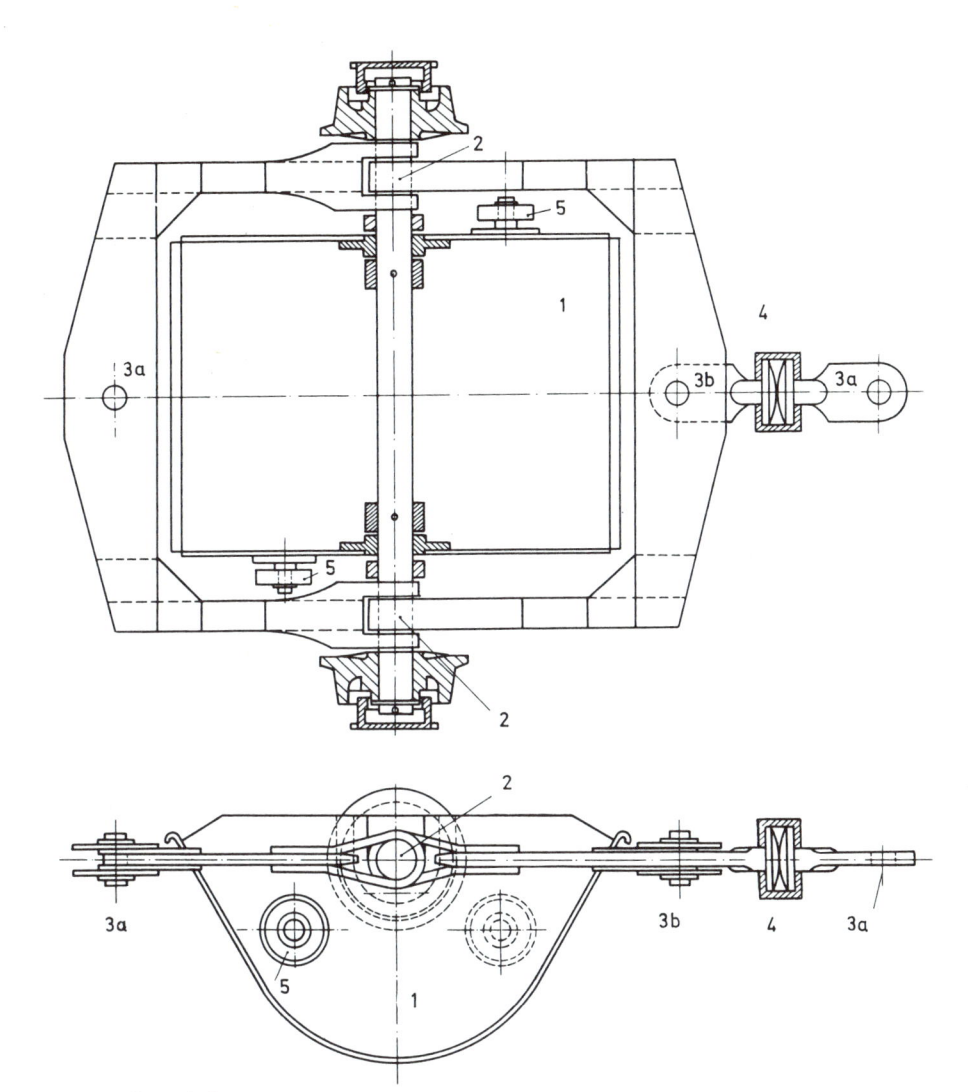

Bild 1.5.20. Raumbeweglicher Becher

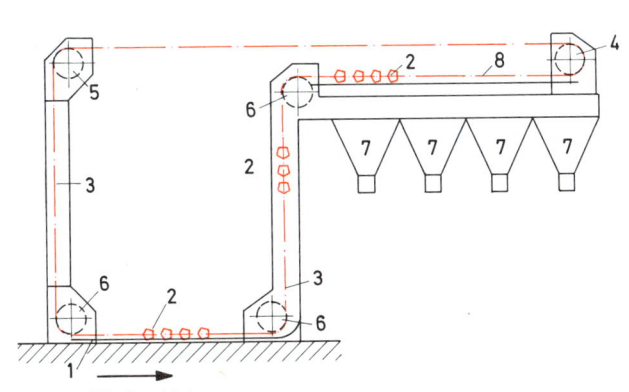

Bild 1.5.21. Schöpfbecherwerk zur Bunkerbeschickung

Förderrichtung

73

und Becherwerk zu tun. Der Vollständigkeit halber soll jedoch auch kurz auf diese Förderart eingegangen werden.

Die Linienführung entspricht wieder der der Pendelbecherwerke. Die Fördergeschwindigkeit bewegt sich in den gleichen Grenzen. Der Becherinhalt reicht nur bis maximal 100 l.

In Bild 1.5.21 sehen wir als Anwendungsbeispiel ein Schöpfbecherwerk zur Bunkerbeschickung. Der untere Teil (1) ist die offene Schöpfrinne. Die V-förmigen Schöpfbecher (2) sind mit den beiden endlosen Ketten (3) starr verbunden. Diese zwei Ketten laufen über einen Antriebsstern (4), den Spannstern (5) und die Umlenkscheiben (6). Über den Bunkern (7) befindet sich die Entleerungsrinne (8).

Im Bereich der offenen Schöpfrinne haben wir es mit den bereits besprochenen Kratzerförderern zu tun. Als Mitnehmer dienen hier die Becher. Im Bereich der Umlenkscheibe füllt sich der Becher mit dem Fördergut, d. h., der Becher schöpft das Fördergut (daher der Name Schöpfbecherwerk). Nun wird der Becher bis zur nächsten Umlenkscheibe angehoben. Beim Übergang zur waagerechten Entleerungsrinne wird das Gut ausgekippt und nach dem Kratzerprinzip zu den Abgabestellen befördert.

Die Vorteile sind die Förderung in jede Richtung ohne Umfüllen und die bequeme Entnahme an jeder Stelle der Entleerungsrinne. Nachteilig wirken sich die Beschädigungen des Fördergutes beim Kratzen, der große Verschleiß und der hohe Energieverbrauch aus.

1.6. Schneckenförderer

DIN-Erläuterung: Schneckenförderer sind Schüttgutförderer für waagerechte oder geneigte Förderung mit ruhendem Trog als Tragorgan und angetriebener Schneckenwelle (Voll-, Band-, Rührschnecke) als Schuborgan.

Die Schneckenförderer zählen zu den ältesten Fördergeräten. Sie sind sehr einfach im Aufbau und bestehen praktisch nur aus drei Teilen, dem Trog, der Förderschnecke und dem Antrieb. Bild 1.6.1 zeigt im Prinzip einen Schneckenförderer für waagerechte Förderung.

Die Kraftübertragung auf das Fördergut erfolgt durch eine umlaufende Schnecke, von der es vorwärtsgeschoben wird. Durch die Schwerkraft und durch die Reibung des Gutes an den Trogwänden wird eine Drehung des Gutes mit der Schnecke verhindert. Der Fördervorgang vollzieht sich in einem geschlossenen Gehäuse, das je nach den Betriebsbedingungen staub-, regen-, gas- oder druckdicht ausgeführt wird, so daß staubende, übelriechende, giftige und explosionsgefährliche Fördergüter ohne Schwierigkeiten transportiert werden können. Die vollständige Abdeckung der Schnecke schützt außerdem vor Unfällen, denn es gibt keine beweglichen äußeren Teile.

In der Praxis hat sich gezeigt, daß die Anzahl der mit Schneckenförderern transportierbaren Schüttgüter außerordentlich groß ist. Staubförmige, körnige und kleinstückige, auch halbfeuchte und faserige Stoffe können über waagerechte oder leicht geneigte Strecken (bis ca. 20°) transportiert werden. Sonderbauarten für Steil- und Senkrechtförderung und die Arbeitsgänge Mischen, Rühren, Waschen, Sieben, Heizen und Kühlen haben sich auch schon durchgesetzt.

Schneckenförderer haben einen unkomplizierten Aufbau und lassen sich mit ihren Vorrichtungen zur Auf- und Abgabe des Fördergutes sehr gut in automatische Fertigungsabläufe einfügen. Durch ihre meist robuste Ausführung sind sie auch harten Beanspruchungen bei pausenlosem Betrieb gewachsen.

Schneckenförderer sind kompakt gebaut. Sie haben kleine Querschnitte und benötigen wenig Platz. Deshalb sind sie besonders für schwierige Raumverhält-

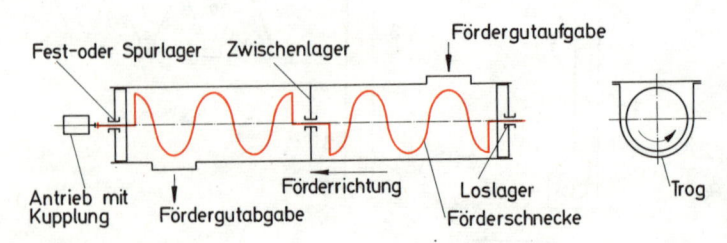

Bild 1.6.1. Prinzip eines Schneckenförderers für waagrechte Förderung

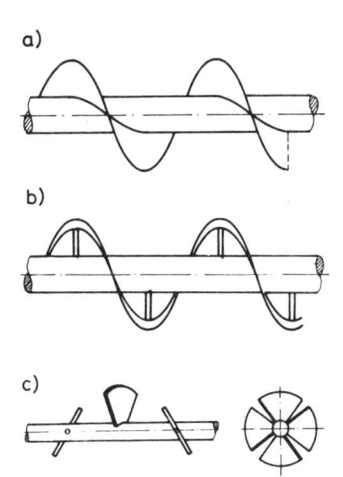

Bild 1.6.2. Förderschnecken a) Vollschnecke, b) Bandschnecke, c) Schaufelschnecke

nisse geeignet. Sie arbeiten auf kleinstem Raum zwischen Maschinen, Apparaten und Behältern.
Die Förderleistungen bewegen sich zwischen 1 und 300 m³/h. Die Förderlängen reichen normalerweise bis zu 50 m. Der Drehzahlbereich liegt zwischen 10 und 250 min^{-1}. Die Fördergeschwindigkeiten reichen nur selten bis 0,5 m/s.

1.6.1. Die Förderschnecke

Das wichtigste Einzelteil der Förderanlage ist die Förderschnecke. In Bild 1.6.2 sind die wichtigsten Bauformen dargestellt. Die Vollschnecke kommt nur bei staubförmigen, feinkörnigen und nicht backenden Gütern, die Bandschnecke bei stückigen und haftenden Gütern und die Schaufel- bzw. Rührschnecke bei backenden Gütern zur Anwendung.
Die Förderrichtung hängt von der Gewindeart und der Drehrichtung ab. Durch Anordnen von Rechts- und Linksgewinden auf einer Welle kann man erreichen, daß das Material in entgegengesetzte Richtungen fließt. Es ergeben sich zahlreiche Möglichkeiten, die Förderwege anzuordnen. Die wichtigsten sind in Bild 1.6.3 dargestellt.
Die Schneckengänge werden meistens aus Stahlblech hergestellt und auf die Schneckenwelle aufgeschweißt. Als Schneckenwellen haben sich mehr und mehr Rohre durchgesetzt, da sie bei gleicher Festigkeit ein weitaus geringeres Gewicht als Vollwellen haben. Rohre lassen sich außerdem leichter verbinden.
Die Schneckenwelle ist an beiden Enden wälzgelagert. Längere Förderwege machen Mittellager in Abständen von 2,5 bis 3 m erforderlich. Es werden hier meist höhenverstellbare Hängelager mit auswechselbaren Gleitschalen aus Grauguß, Rotguß oder Kunststoff eingebaut (Bild 1.6.4).
Die Mittellager sind gleichzeitig als Verbindungsstellen zwischen den einzelnen Wellenteilen ausgebildet. Je nach Größe und Beanspruchung kommen Zapfen- oder Flanschkupplungen zur Anwendung. Flanschkupplungen lassen sich leichter ausbauen und vereinfachen das Auswechseln der Mittellager und der Schneckenwellen wesentlich. Bei Flanschkupplungen werden die Schneckenwindungen über die Wellenenden hinausgezogen und an den Kupplungen dicht zusammengeführt. Durch diese Maßnahme wird der nicht ganz zu vermeidende Materialstau an den Lagerstellen auf ein Minimum reduziert.

1.6.2. Der Fördertrog

Die Trogabmessungen sind vom Schneckendurchmesser und vom Fördergut (z. B. der Verschleißwirkung) abhängig. Der Trog wird, wenn es das Fördergut zuläßt, aus Stahlblech von 3 bis 8 mm Dicke hergestellt. Die oberen Ränder werden nach außen abgekantet, um die Festigkeit des Trogs zu erhöhen und um den Deckel am Trog befestigen zu können. Der zu wählende Spielraum zwischen Schnecke und Trog beträgt im allgemeinen 5 bis 10 mm, bei sehr großen Schnecken noch mehr. Das zulässige Spiel hängt im wesentlichen von der Herstellungsgenauigkeit und dem Fördergut ab.
Um ein Verklemmen bei stückigem Gut zu vermeiden, wird die Schneckenwelle oft exzentrisch gelagert. Bild 1.6.5 zeigt, wie sich bei der exzentrisch gelagerten Schneckenwelle das Spiel zwischen Trog und Schnecke im Drehsinn keilförmig vergrößert. Diese keilförmige Vergrößerung bewahrt die Schnecke und den Trog vor zu starkem Verschleiß und das Fördergut vor Beschädigungen. Außerdem wird die erforderliche Antriebsleistung leicht herabgesetzt.
Bei längeren Schneckenförderern werden oft noch mehrere Zwischenabgabestutzen angebracht. Bild 1.6.6 zeigt eine solche Anordnung für eine Bunkerbeschickung. Diese Zwischenabgabestutzen sind mit einem Flach- oder einem Muschelschieber versehen. Die Schieber werden mit einem Handrad oder mit einem elektrischen Antrieb verstellt. Die Trogdeckel werden mit Schrauben befestigt, um bei Störungen schnell an die Förderschnecke zu gelangen.
Die Tröge werden aus 1,6 bis 6 m langen Teilstücken zusammengebaut. Die Tröge müssen verwindungssteif sein, denn das ist für die Lagerung der Schneckenwelle sehr wichtig.

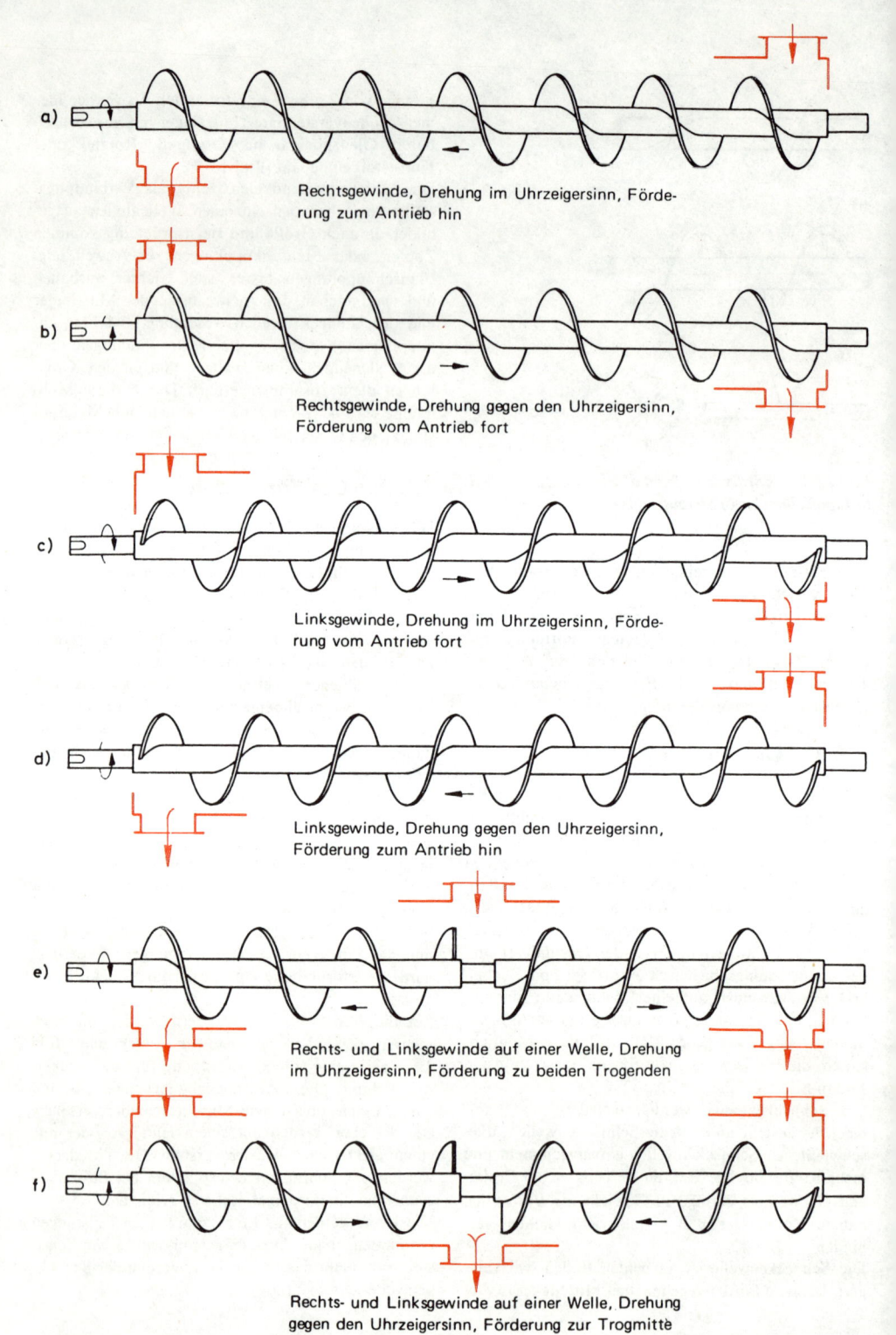

a) Rechtsgewinde, Drehung im Uhrzeigersinn, Förderung zum Antrieb hin

b) Rechtsgewinde, Drehung gegen den Uhrzeigersinn, Förderung vom Antrieb fort

c) Linksgewinde, Drehung im Uhrzeigersinn, Förderung vom Antrieb fort

d) Linksgewinde, Drehung gegen den Uhrzeigersinn, Förderung zum Antrieb hin

e) Rechts- und Linksgewinde auf einer Welle, Drehung im Uhrzeigersinn, Förderung zu beiden Trogenden

f) Rechts- und Linksgewinde auf einer Welle, Drehung gegen den Uhrzeigersinn, Förderung zur Trogmitte

Bild 1.6.3. Übersicht über die möglichen Förderwege

Bild 1.6.4. Rohrverbindung mit Gleitlager

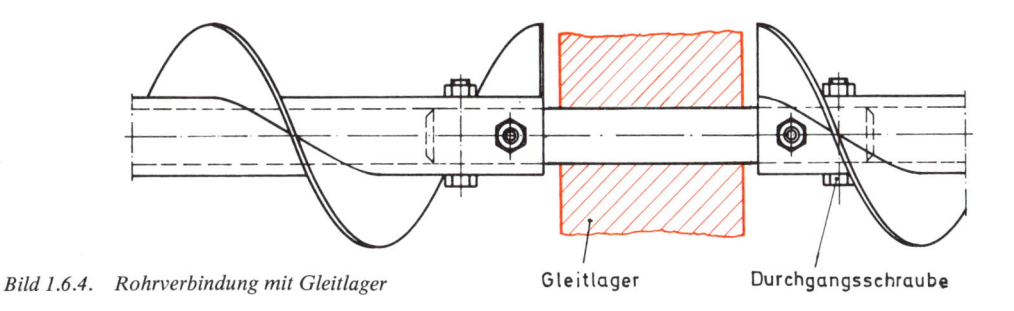

Bild 1.6.5. Trogquerschnitt mit exzentrisch gelagerter Schneckenwelle

Bild 1.6.6. Zwischenabgabestutzen bei Bunkerbeschickung

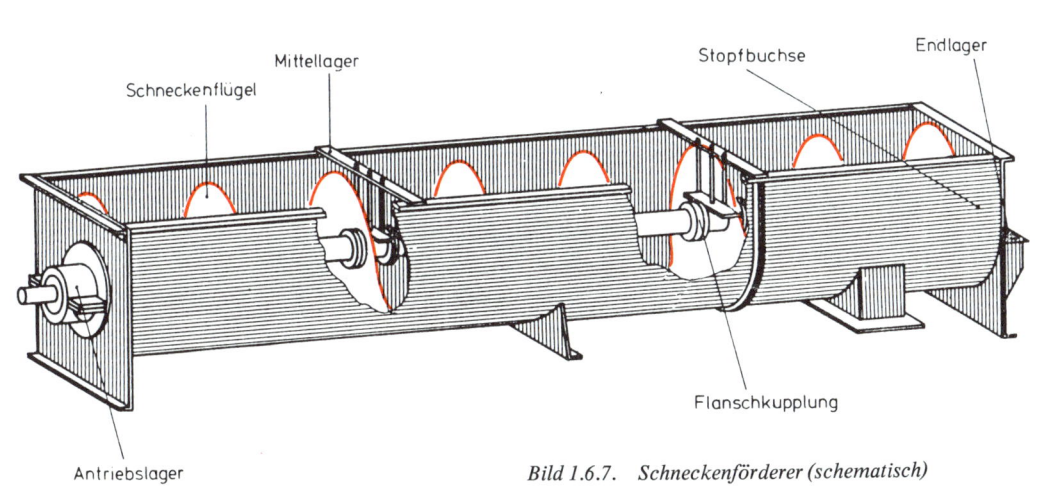

Bild 1.6.7. Schneckenförderer (schematisch)

77

1.6.3. Der Antrieb

Als Antriebselemente haben sich Getriebemotoren bewährt. Nur noch selten findet man Elektromotoren mit nachgeschaltetem Schneckengetriebe. Das Drehmoment wird von einer drehelastischen Kupplung auf die Schneckenwelle übertragen. Das Antriebsschild wird allgemein zur Aufnahme des Getriebemotors als Getriebekonsole ausgebildet. Eine schematische Darstellung eines Schneckenförderers zeigt Bild 1.6.7.

1.6.4. Berechnung

1.6.4.1. Förderstrom

a) Für Vollschnecken gilt

$$I_v = 60 \cdot \frac{D^2 \cdot \pi}{4} \cdot s \cdot n \cdot \varphi \cdot k \tag{80}$$

I_v = volumenmäßiger Förderstrom in m³/h
D = Schneckendurchmesser in m
s = Schneckensteigung in m

D in mm	100	125	160	200	250	315	400	500	630	800	1000
s in mm	100	125	160	200	250	300	350	400	450	500	560

n = Drehzahl der Schnecke in min⁻¹
φ = Füllungsgrad
    schwere und schleißende Güter
        $\varphi = 0{,}125$
    schwere und schwach schleißende Güter
        $\varphi = 0{,}25$
    leichte und schwach schleißende Güter
        $\varphi = 0{,}32$
    leichte und nicht schleißende Güter
        $\varphi = 0{,}4 \cdots 0{,}5$
k = Minderungsfaktor bei geneigter Förderung (Bild 1.6.8)

b) für Bandschnecken gilt

$$I_{vB} \approx 0{,}7 \cdot I_v \tag{81}$$

I_{vB} = Förderstrom bei Bandschnecken
I_v = Förderstrom bei Vollschnecken (nach Gl. 80)

Bei stückigen Gütern ist die Kantenlänge der Einzelstücke zu berücksichtigen.
Es gilt: für sortiertes Fördergut $D \geq 12 \cdot a_k$
für unsortiertes Fördergut $D \geq 4 \cdot a_{max}$

1.6.4.2. Antriebsleistung

Da sich die Einzelwiderstände zum Teil nicht bestimmen lassen, wird die Antriebsleistung mit Hilfe des Gesamtverlustbeiwertes f_{ges} bestimmt.

a) für Vollschnecken gilt

$$P_{Antr} = \frac{I_G}{367} \cdot (L \cdot f_{ges} \pm H) \tag{82}$$

P_{Antr} = Antriebsleistung an der Schneckenwelle in kW ($P_v = P_{Antr}/\eta_{ges}$ = Vollastbeharrungsleistung)
I_G = gewichtsmäßiger Förderstrom in Mp/h
L = Förderlänge in m
H = Förderhöhe in m („ + " = ansteigend; „ – " = fallend)
f_{ges} = Gesamtverlustbeiwert
    freifließende, leichte, nichtschleißende Fördergüter, wie Mehl, Bohnen und Getreide ($v = 0{,}3 \cdots 0{,}5$ m/s) $\to$ $f_{ges} = 1{,}8$
    feinkörnige oder kleinstückige Stoffe, die nicht ganz frei fließen oder etwas schleißen, z. B. Stückkohle, grobes Salz, Sägemehl ($v = 0{,}2 \cdots 0{,}3$ m/s) $\to$ $f_{ges} = 3{,}1$
    stark schleißende, zähe und große Stücke enthaltende Fördergüter mit schlechtem Fließverhalten, z. B. Asche, Sand u. ä. ($v \approx 0{,}1$ m/s) $\to$ $f_{ges} = 4{,}4$

b) für Bandschnecken gilt

$$P_{vB} \approx 1{,}2 \cdot P_v \tag{83}$$

P_{vB} = Vollastbeharrungsleistung bei Bandschnecken
P_v = Vollastbeharrungsleistung bei Vollschnecken (Gl. 82)

1.6.4.3. Axialschub

$$F_a = \frac{M_{Antr}}{r \cdot \tan(\alpha_r + \rho)} \tag{84}$$

F_a = Axialschub in kp

Bild 1.6.8. Minderungs-
faktor bei geneigter Förderung

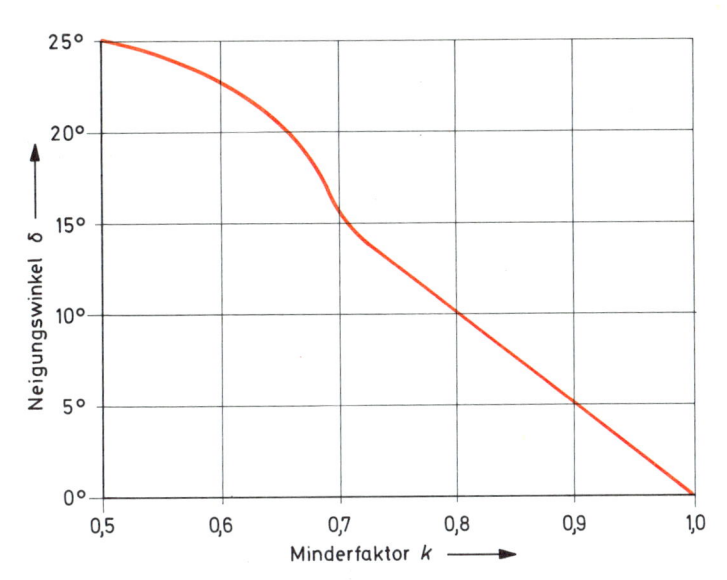

M_{Antr} = Antriebsmoment an der Schneckenwelle in kpm

$M_{Antr} = 975 \cdot \dfrac{P_{Antr}}{n}$ in kpm

r = Radius, an dem die Schubkraft angereift, in m

$r = (0{,}7 \cdots 0{,}8) \cdot \dfrac{D}{2}$

α_r = Steigungswinkel der Schnecke auf dem Radius r

ρ = Reibungswinkel zwischen Gut und Schnecke ($\tan \rho = \mu$)

Beispiel 9:
Zu berechnen ist ein Schneckenförderer für trockenen Sand (Aufwärtsförderung) mit folgenden Ausgangsdaten:
Fördergut: Sand, trocken; $\gamma_s = 1{,}5$ Mp/m³
Förderlänge $L = 35$ m
Neigungswinkel $\delta = 15°$
Schneckendurchmesser $D = 400$ mm (Vollschnecke)
Drehzahl $n = 50$ min⁻¹

Füllungsgrad $\varphi = 0{,}125$; $f_{ges} = 3{,}1$
Zu bestimmen sind:
a) volumen- und gewichtsmäßiger Förderstrom
b) Antriebsleistung an der Schneckenwelle
c) Fördergeschwindigkeit v
Lösungen:

a) $I_v = 60 \cdot \dfrac{D^2 \cdot \pi}{4} \cdot s \cdot n \cdot \varphi \cdot k$

$I_v = 60 \cdot \dfrac{0{,}16 \cdot \pi}{4} \cdot 0{,}35 \cdot 50 \cdot 0{,}125 \cdot 0{,}7$ m³/h

$I_v = \mathbf{11{,}5\ m^3/h}$

$I_G = I_v \cdot \gamma_s = 11{,}5 \cdot 1{,}5$ Mp/h $= \mathbf{17{,}3\ Mp/h}$

b) $P_{Antr} = \dfrac{I_G}{367} \cdot (L \cdot f_{ges} + H)$

$P_{Antr} = \dfrac{I_G \cdot L}{367} \cdot (f_{ges} + \sin \delta)$

$P_{Antr} = \dfrac{17{,}3 \cdot 35}{367} \cdot (3{,}1 + \sin 15°)$ kW

$P_{Antr} = 1{,}65 \cdot 3{,}36$ kW $= \mathbf{5{,}55\ kW}$

c) $v = \dfrac{s \cdot n}{60} = \dfrac{0{,}35 \cdot 50}{60} \dfrac{m}{s} = \mathbf{0{,}29\ m/s}$

1.7. Schwerkraftförderer

Die Schwerkraftförderer gliedern sich in Rutschen und Rollenbahnen. Bei den Rollenbahnen erfolgt eine Unterscheidung in Schwerkraftrollenbahnen und angetriebene Rollenbahnen. Obwohl es sich bei den angetriebenen Rollenbahnen nicht mehr um Schwerkraftförderer handelt, wollen wir sie doch auch in diesem Gesamtzusammenhang mitbetrachten.

1.7.1. Rutschen

DIN-Erläuterung: Rutschen für Schütt- und Stückgut sind Schwerkraftförderer mit offener oder gedeckter Rinne oder Fallrohr als Tragorgan.
Bei der Abwärtsförderung, z. B. zur Gutzufuhr zu Förderern, Bunkern und Maschinen, werden oft geeignete Rinnen, Schurren oder Rohre verwendet.
Rinnen und Schurren haben meist rechteckige oder abgerundete Querschnitte. Zur Förderung von staubenden Gütern finden häufig Rohre mit rundem oder rechteckigem Querschnitt Verwendung.
Die Rutschen gliedern sich in gerade sowie Kurven- und Wendelrutschen. Bei den Letztgenannten wird für den Weg des Schwerpunktes der Förderstücke eine Schraubenlinie vorgesehen. Bei staubenden Gütern wird die Wendel in Rohre eingebaut ($D = 1000 \cdots 1600$ mm).
Der Neigungswinkel δ wird in Abhängigkeit von der gewünschten Endgeschwindigkeit v_e bestimmt, die meist nicht über 1,5 bis 2 m/s liegt.
Für gerade Rutschen gilt (Bild 1.7.1):
Energie in 1 = Energie in 2 + Energieverlust

$$G_{St} \cdot H = \frac{m}{2} \cdot v_e^2 + F_R \cdot L$$

$$G_{St} \cdot H = \frac{G_{St}}{2 \cdot g} \cdot v_e^2 + G_{St} \cdot \cos \delta \cdot \mu \cdot \frac{H}{\sin \delta}$$

$$H = \frac{v_e^2}{2 \cdot g} + H \cdot \mu \cdot \cot \delta$$

$$\frac{v_e^2}{2 \cdot g} = H \cdot (1 - \mu \cdot \cot \delta)$$

(85)

$$v_e = \sqrt{2 \cdot g \cdot H \cdot (1 - \mu \cdot \cot \delta)}$$

(86)

$$\tan \delta = \frac{\mu}{1 - \dfrac{v_e^2}{2 \cdot g \cdot H}}$$

v_e = Endgeschwindigkeit des Gutes in m/s
H = Höhenunterschied in m
μ = Reibungskoeffizient zwischen Gut und Rutsche
δ = Neigungswinkel mit folgenden Näherungswerten:

Getreide	$30 \cdots 35°$
Säcke	$25 \cdots 30°$
Kohle	$30 \cdots 40°$
Erze	$\approx 45°$
Salze	$\approx 50°$
staubförmige Güter	$\approx 60°$

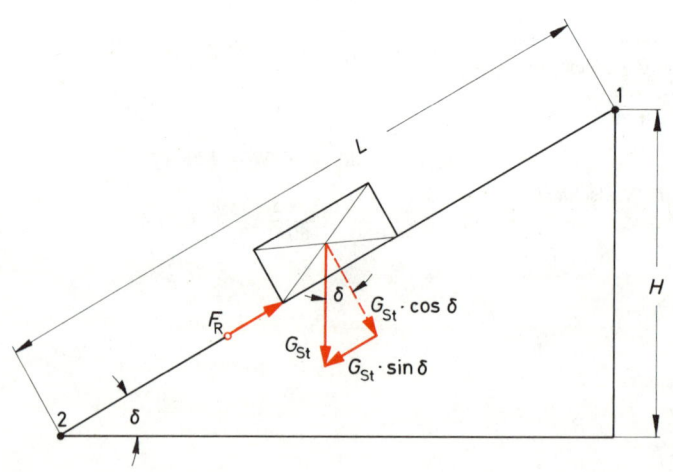

Bild 1.7.1. Kräfte an einem Gutteilchen auf der schiefen Ebene

Bild 1.7.2. *Rollenförderer*

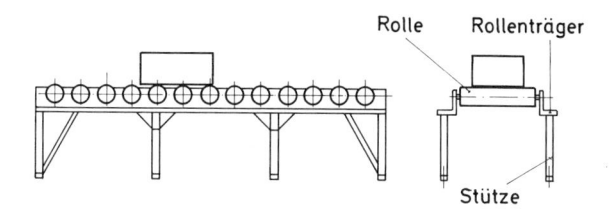

1.7.2. Rollenbahnen

DIN-Erläuterung: Rollenbahnen sind im allgemeinen Schwerkraftförderer mit Rollen oder Scheiben (Röllchenbahnen) als Tragmittel. Durch entsprechende Stellung der Achsen läßt sich das Gut durch Kurven führen. Ausführung auch als Muldenrollenbahn für Rohre u. dgl. Rollenbahnen werden auch mit angetriebenen Rollen verwendet.
Scheibenrollenbahnen haben anstelle der langen Rollen versetzt angeordnete, einzeln gelagerte Scheiben.

Man unterscheidet zwischen den nichtangetriebenen (Schwerkraftrollenbahnen) und den angetriebenen Rollenbahnen. Ferner gibt es noch Rollenbahnen, bei denen das Gut durch äußere Kräfte (z. B. von Hand) fortbewegt wird.
Bild 1.7.2 zeigt den prinzipiellen Aufbau einer Rollenbahn. Gefördert werden können nur Stückgüter mit einer glatten Auflagefläche, wie z. B. Kisten, Formkästen, Rohre usw. Sollen Schüttgüter oder Stückgüter ohne glatte Auflagefläche transportiert werden, so sind besondere Aufnahme- oder Auflagevorrichtungen notwendig.
Der Aufbau der Rollenförderer ist sehr einfach. Sie bestehen aus den Stützen, den Rollenträgern und den Rollen. Die Rollen sind in den Rollenträgern in gleichen Abständen einander zugeordnet gelagert. Die Rollenabstände richten sich hauptsächlich nach den Abmessungen des Fördergutes, denn es soll in jeder Phase des Fördervorganges auf mindestens zwei Rollen aufliegen.
Die Neigungen liegen bei den Schwerkraftrollenbahnen zwischen 1,5 und 5°. Bei längeren Anlagen sind Bremsrollen erforderlich, damit die Gutgeschwindigkeit nicht unzulässig hohe Werte annimmt. Es finden hier Fliehkraft-, Strömungs- und Wirbelstrombremsen Anwendung.
Wichtige Sonderausführungen stellen Anlagen mit Weichen oder Bogen dar. Die Weichen können senkrecht oder waagerecht angeordnet sein. Sie dienen z. B. zum Aussortieren von Ausschußstücken in der Fließfertigung. Die Bahnkurven werden durch radiale Anordnung der Rollen gebildet.
Wie schon erwähnt, finden anstelle der Rollen auch Scheiben (Röllchen) als Tragmittel Verwendung.

Sollen die Güter in verschiedene Richtung befördert werden, wie beispielsweise bei Beschickungstischen, so werden oft Kugelbahnen eingesetzt.

1.7.2.1. Rollen und Rollenträger

Die Rollen werden meist aus nahtlosem Stahlrohr hergestellt. Sie laufen in abgedichteten Gleit- oder Kugellagern auf einer feststehenden Achse. Man unterscheidet bearbeitete und unbearbeitete Rollen. Die unbearbeiteten Rollen werden fast nur für den Schwerbetrieb eingesetzt. Am weitesten verbreitet sind jedoch die bearbeiteten Rollen. Die Rollenlänge und der -abstand sind vom jeweiligen Fördergut abhängig. Die Rollenlänge ist meist um $50 \cdots 100$ mm größer als die Gutbreite. Der Rollenabstand wird mit $1/5$ bis $1/3$ der Stücklänge und die größte Rollenbelastung mit 70% des Stückgewichtes angenommen.
Als Rollenträger verwendet man meistens Winkelprofile. Neuerdings finden hier auch die sogenannten „Lochprofile" Anwendung.

Wie bereits angedeutet, werden in den Bahnkurven die Rollen radial angeordnet. Bedingt durch das eintretende Gleiten des Gutes in den Kurven entsteht ein zusätzlicher Bewegungswiderstand. Dieser kann bei Verwendung von Kegelrollen vermindert werden (Bild 1.7.3a). Hier ist nämlich ein wesentlich günstigerer Bewegungsablauf gegeben, da die jeweiligen Geschwindigkeiten am Kegelumfang denen des Gutes in der Kurve entsprechen. Bei Verwendung von mehreren nebeneinanderliegenden Rollen (Bild 1.7.3b) erreicht man den gleichen Effekt. Die Durchmesser sind zwar gleich, die Winkelgeschwindigkeiten der einzelnen Rollen jedoch verschieden.

1.7.2.2. Berechnung von Schwerkraftrollenbahnen

Die von einem Förderstück (Stück Fördergut) geleistete Arbeit wird zur Hälfte in Reibungsarbeit und zur Hälfte in kinetische Energie der Rolle umgewandelt. Es gilt somit die Beziehung, daß die Arbeit eines Förderstückes (pro Rolle) der doppelten

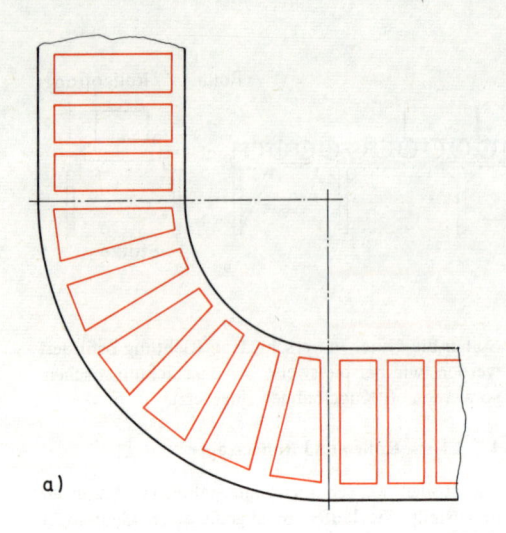

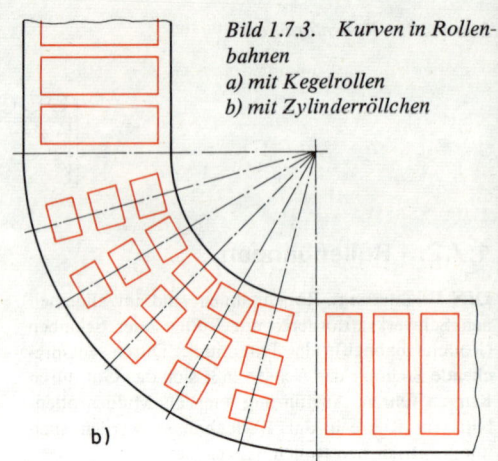

Bild 1.7.3. Kurven in Rollenbahnen
a) mit Kegelrollen
b) mit Zylinderröllchen

kinetischen Energie der Rolle ($W_{St} = 2 \cdot W_R$) entspricht.

(87)
$$W_R = \frac{G_R \cdot v^2}{2 \cdot g} \cdot f_m$$

W_R = kinetische Energie einer Rolle in kpm
G_R = Gewicht des drehenden Rollenanteils in kp
v = Fördergeschwindigkeit in m/s
f_m = Minderungsfaktor, da nicht die gesamte Rollenmasse am Umfang liegt ($= 0,8 \cdots 0,9$)

Der Bewegungswiderstand, den ein Förderstück auf der Rollenbahn erfährt, setzt sich aus drei Einzelwiderständen zusammen:

(88)
$$F_W = F_{W1} + F_{W2} + F_{W3}$$

F_W = gesamter Bewegungswiderstand
F_{W1} = Rollwiderstand
F_{W2} = Reibungswiderstand an den Zapfen der Rollenachsen
F_{W3} = Widerstand durch das Gleiten des Förderstückes auf den Rollen und die an diese verliehene kinetische Energie

(89)
$$F_{W1} = G_{St} \cdot \frac{2 \cdot f}{D} \quad \text{in kp}$$

G_{St} = Stückgewicht in kp
f = Hebelarm der Rollreibung in cm
D = Rollendurchmesser in cm

(90)
$$F_{W2} = (G_{St} + G_R \cdot z^*) \cdot \frac{\mu \cdot d}{D} \quad \text{in kp}$$

z^* = Anzahl der Rollen, auf denen das Stück aufliegt
μ = Reibungszahl im Zapfenlager
d = Zapfendurchmesser der Rollenachse in cm

Die in Gleichung 87 ermittelte Energie muß ein Förderstück für alle Rollen der Anlage aufbringen. Somit ergibt sich:

$$F_{W3} = \frac{2 \cdot W_R \cdot z}{L} = f_m \cdot \frac{G_R \cdot v^2}{g} \cdot \frac{z}{L} \quad \text{in kp}$$
(91)

$$F_{W3} = f_m \cdot \frac{G_R \cdot v^2}{g} \cdot z' \quad \text{in kp}$$

z = Gesamtanzahl der Rollen
L = Förderlänge in m
z' = Rollenzahl pro Meter

Soll sich das Gut mit konstanter Geschwindigkeit abwärts bewegen, so muß der gesamte Bewegungswiderstand F_W gleich der sogenannten Hangabtriebskraft ($G_{St} \cdot \sin \delta$) sein. Der hierzu erforderliche Neigungswinkel δ berechnet sich dann aus

(92)
$$\sin \delta = \frac{F_W}{G_{St}}$$

1.7.2.3. Angetriebene Rollenbahnen

Angetriebene Rollenbahnen werden heute meistens für lange waagerechte oder schwach ansteigende Strecken (bis 40 m) eingesetzt. Der Aufbau entspricht — sieht man von den schweren Rollengängen, wie sie in Walzwerken Anwendung finden, ab — im wesentlichen den Schwerkraftrollenbahnen. Als Antriebe werden fast nur Ketten- oder Reibantriebe verwendet.
Bei größeren Geschwindigkeiten (bis 1 m/s) und geringen Belastungen wird ein unter den Tragrollen laufender Gurt durch federnde Druckrollen an die Tragrollen gepreßt (Bild 1.7.4a). Durch die Reibung zwischen Rollen und Gurt werden die Rollen in Bewegung gesetzt. Eine Bauart, bei der die Antriebsleistung geringer ist und das Gut auch bei laufendem Gurt festgehalten werden kann, zeigt Bild 1.7.4b. Hier werden die Rollen nur im Gutbereich angetrieben. Das Gut drückt nämlich auf die Schaltrolle, die wiederum die Druckrolle betätigt.
Bei großen Kräften werden die Tragrollen, an die ein Ritzel angeflanscht ist (Bild 1.7.5), über eine endlose Rollenkette angetrieben (Bild 1.7.4c). Sie ist über die Kettenritzel gespannt und greift ober- oder unterhalb der Rollenachsen in die Kettenräder ein. Einstellbare Niederhalter verhindern ein Ausweichen der Kette. Der rücklaufende Strang wird alle 2 bis 2,5 m durch Kettenräder abgestützt.
Eine weitere Möglichkeit des Antriebs über Ketten zeigt Bild 1.7.4d. Der Antrieb erfolgt hier von Rolle zu Rolle, meist wird jedoch nur jede zweite oder dritte angetrieben.

1.7.2.4. Berechnung der angetriebenen Rollenbahnen

Die Antriebsleistung kann auch hier wieder über die Gleichung 23 und 26 bestimmt werden. Der Gesamtreibungsbeiwert f_{ges} beträgt $0{,}03 \cdots 0{,}06$.
G_m wird folgendermaßen bestimmt:

$$G_m = G_R \cdot z' \qquad (93)$$

G_R = Gewicht des drehenden Rollenteils in kp
z' = Rollenzahl pro Meter

Werden die Einzelverluste berücksichtigt, so gilt folgende Gleichung:

$$F_u = G_G \cdot (H + L \cdot f_R) + G_R \cdot z \cdot f_{R0} \quad \text{in kp} \qquad (94)$$

G_G = Gutgewicht pro Meter in kp/m
H = Förderhöhe in m
L = Projektion der Bahnlänge in m
z = Gesamtzahl der Rollen auf der Bahn
f_R = Rollwiderstand der Förderstücke auf der Bahn
f_{R0} = Widerstandszahl der unbelasteten Rollen

$$f_R = \frac{2 \cdot f + \mu \cdot d}{D} \qquad (95)$$

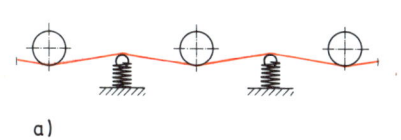

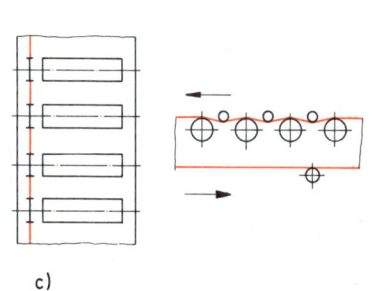

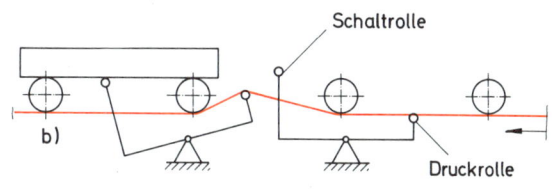

Bild 1.7.4. Angetriebene Rollenbahnen

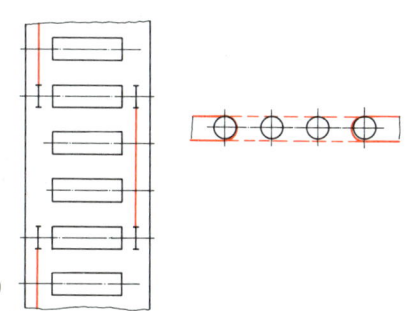

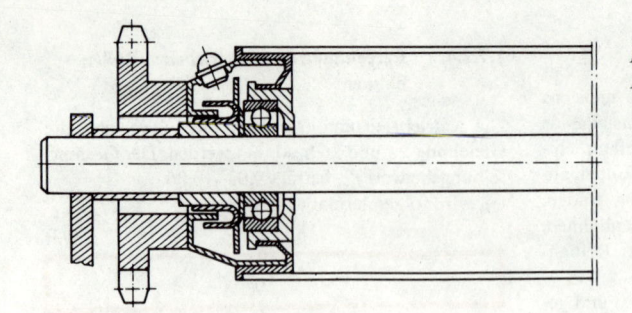

Bild 1.7.5. Tragrolle mit angeflanschtem Ritzel

(96)
$$f_{R0} = \frac{\mu \cdot d}{D}$$

Damit während des Beschleunigungsvorganges die Rollen nicht unter dem Gut gleiten, darf die Beschleunigung am Rollenumfang einen bestimmten Maximalwert nicht überschreiten. Es gilt:

(97)
$$\mu_0 \geqq \frac{a}{g}$$

μ_0 = Faktor der Haftreibung
a = Beschleunigung am Rollenumfang

Beispiel 10:

Eine Rollenbahn für Kisten (Bild 1.7.6) hat folgende Ausgangsdaten:
Fördergut: Kisten 0,5 m × 0,5 m, G_{St} = 20 kp
Rollen: D = 63,5 mm; d = 15 mm; t_R = 3 · D;
$\quad\mu_{Zapfenlager}$ = 0,01; f = 0,1 cm; G_R = 4 kp;
$\quad\mu_{Rolle/Kiste}$ = 0,35

Fördergeschwindigkeit im Abschnitt I:
v_I = 20 m/min
Anlageabmessungen: l_I = 8 m; l_{II} = 45 m;
h_1 = 0,5 m; h_2 = 3 m
Gesamtverlustbeiwert f_{ges} = 0,04
Antriebswirkungsgrad η_{Antr} = 0,8

Bestimmen Sie
a) den maximalen stück- und gewichtsmäßigen Förderstrom
b) die erforderliche Motorleistung
c) den erforderlichen Neigungswinkel δ_2 und die Höhe h_2', damit $v_I = v_{II}$ = konst.
d) ob die Kisten im Abschnitt I zurückrutschen.

Lösungen:

a) $Q_{St\,max} = \dfrac{3600 \cdot v}{l_{t\,min}} = \dfrac{3600 \cdot 0,33}{0,5} \dfrac{\text{Stück}}{\text{h}}$

$Q_{St\,max}$ = **2400 Stück/h**

$I_{G\,max} = \dfrac{Q_{St\,max} \cdot G_{St}}{1000} = \dfrac{2400 \cdot 20}{1000} \dfrac{\text{Mp}}{\text{h}}$

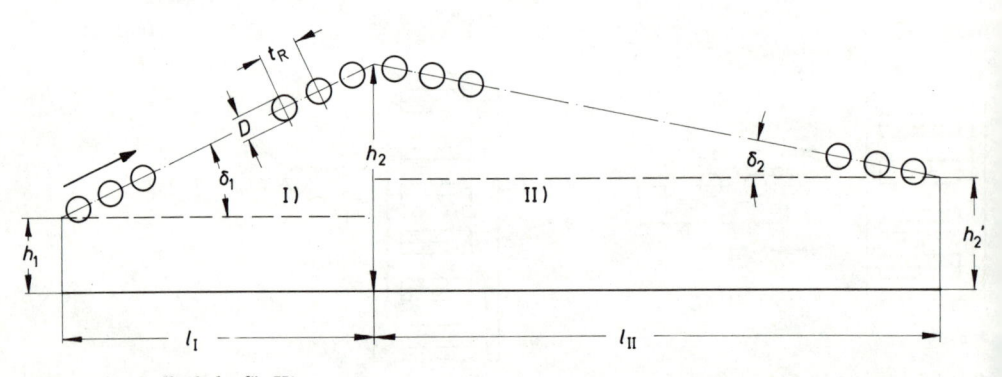

$I_{G\,max}$ = **48 Mp/h**

Bild 1.7.6. Rollenbahn für Kisten

b) $G_m = G_R \cdot z' = G_R \cdot \dfrac{1 \text{ m}}{t_R}$

$G_m = 4 \cdot \dfrac{1 \text{ kp/m}}{3 \cdot 0{,}0635} = 21 \text{ kp/m} \quad z' = 5{,}25 \text{ m}^{-1}$

$L = l_1 = 8 \text{ m}$

$F_u = f_{ges} \cdot L \cdot \left(G_m + \dfrac{I_G}{3{,}6 \cdot v}\right) + \dfrac{I_G \cdot H}{3{,}6 \cdot v}$

$F_u = \left[0{,}04 \cdot 8 \cdot \left(21 + \dfrac{48}{3{,}6 \cdot 0{,}333}\right) + \dfrac{48 \cdot 2{,}5}{3{,}6 \cdot 0{,}333}\right]$ kp

$F_u = [0{,}32 \cdot (21 + 40) + 40 \cdot 2{,}5]$ kp

$F_u = 19{,}5 \text{ kp} + 100 \text{ kp} = 119{,}5 \text{ kp}$

$P_v = \dfrac{F_u \cdot v}{102 \cdot \eta_{Antr}} = \dfrac{119{,}5 \cdot 0{,}333}{102 \cdot 0{,}8}$ kW

gewählt: $P_{mot} = \mathbf{0{,}5 \text{ kW}}$

c) $F_{W1} = G_{St} \cdot \dfrac{2 \cdot f}{D} = 20 \cdot \dfrac{2 \cdot 0{,}1}{6{,}35}$ kp $= 0{,}63$ kp

$F_{W2} = (G_{St} + G_R \cdot z^*) \cdot \dfrac{\mu \cdot d}{D}$

$F_{W2} = (20 + 4 \cdot 3) \cdot \dfrac{0{,}01 \cdot 1{,}5}{6{,}35}$ kp $= 0{,}075$ kp

$F_{W3} = f_m \cdot \dfrac{G_R \cdot v^2}{g} \cdot z'$

$F_{W3} = 0{,}8 \cdot \dfrac{4 \cdot 0{,}33^2}{9{,}81} \cdot 5{,}25$ kp $= 0{,}190$ kp

$F_W = F_{W1} + F_{W2} + F_{W3}$

$F_W = 0{,}630 \text{ kp} + 0{,}075 \text{ kp} + 0{,}190 \text{ kp} \approx 0{,}9 \text{ kp}$

Damit die Geschwindigkeit konstant bleibt, gilt Gleichung 82:

$\sin \delta_2 = \dfrac{F_W}{G_{St}} = \dfrac{0{,}9 \text{ kp}}{20 \text{ kp}} = 0{,}045 \longrightarrow \delta_2 = \mathbf{2{,}6°}$

Für $\delta_2 < 5°$ gilt $\sin \delta_2 \approx \tan \delta_2 \approx 0{,}045$

es sei $h_x = h_2 - h_2'$

$h_x = l_{II} \cdot \tan \delta_2 = 45 \text{ m} \cdot 0{,}045 = 2{,}02 \text{ m}$

$h_2' = h_2 - h_x = 3 \text{ m} - 2{,}02 \text{ m} \approx \mathbf{1 \text{ m}}$

d) Damit kein Zurückrutschen erfolgen kann, muß gelten:

$\tan \delta_1 < \tan \rho = \mu_{Rolle/Kiste}$

$\tan \delta_1 = \dfrac{h_2 - h_1}{l_I} = \dfrac{2{,}5 \text{ m}}{8 \text{ m}} = 0{,}31$

$\tan \delta_1 = 0{,}31 < \mu_{Rolle/Kiste} = 0{,}35$

Reibung reicht aus!

1.8. Schwingförderer

DIN-Erläuterung: Schwingförderer sind Schüttgutförderer für waagerechte oder geneigte Förderung, wobei das Gut durch Massenkräfte gefördert wird. Schwingförderer können gegebenenfalls zum Absieben verwendet werden.

Schüttelrutschen fördern nach dem Beschleunigungsverfahren, wobei Gut und Rinne in waagerechter Richtung bewegt werden. Die Beschleunigung verläuft bei Hin- und Rückgang nicht gleichförmig (große Amplitude, kleine Frequenz).

Schwingrinnen fördern nach dem Wurfverfahren, bei dem Gut und Rinne beim Vorwärtsgang angehoben werden (kleine Amplitude, große Frequenz). Wendelschwingrinnen werden zum Senkrechtfördern verwendet.

1.8.1. Schüttelrutschen

Wie bereits erwähnt, arbeiten die Schüttelrutschen nach dem Beschleunigungsverfahren. Die Förderrinne, die auf Kugeln oder Rollen gelagert wird, führt nur Bewegungen in Längsrichtung aus (nur selten schräger Verlauf). Sie wird beim Fördervorgang langsam in Förderrichtung bewegt und erteilt dadurch dem Gut eine Beschleunigung. Nach einer bestimmten Strecke wird die Rinne sehr schnell zurückgezogen. Durch die erteilte Beschleunigung und die Massenträgheit legt das Fördergut noch eine kleine Strecke in Förderrichtung zurück, bis die Gutgeschwindigkeit den Wert Null erreicht. Dann folgt der nächste langsame Vorwärtsschub usw.

Als Antriebe finden fast ausschließlich nur Schubkurbeltriebe Verwendung ($\lambda = r/l = 0{,}2 \cdots 0{,}5$; Hub $= 100 \cdots 300$ mm; $n = 50 \cdots 100$ min^{-1}).

In Bild 1.8.1 ist der schematische Aufbau dargestellt. Schüttelrutschen werden eingesetzt für körniges bis grobstückiges, heißes und stark schleißendes Fördergut. Der Förderstrom kann bis zu 200 Mp/h betragen. Die Förderrichtung ist meist waagerecht oder geneigt (bis ca. 25°). Häufig nutzt man hierbei noch die Siebwirkung aus.

1.8.1.1. Berechnung der Schüttelrutschen

a) Förderstrom

Der volumenmäßige Förderstrom wird nach der Gleichung

$$I_v = 3600 \cdot A \cdot v_m$$

Bild 1.8.1. Schematischer Aufbau einer Schüttelrutsche

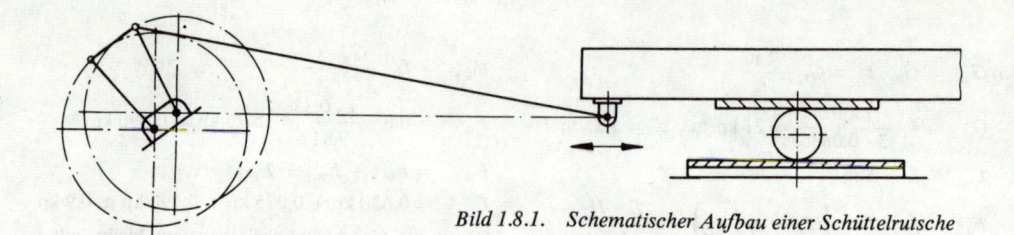

bestimmt. Um die mittlere Fördergeschwindigkeit v_m zu ermitteln, müssen wir uns erst mit den Bewegungsvorgängen des Gutes und der Rinne beschäftigen. Die kennzeichnenden Kurven einer waagerecht fördernden Schüttelrutsche sind in Bild 1.8.2 dargestellt.

Die Geschwindigkeit der Rinne v_R steigt zunächst an, ohne daß die Beschleunigung a_R den Wert $\mu \cdot g$ überschreitet. Erst bei der Verzögerung unterschreitet a_R den Wert $-\mu_0 \cdot g$ im Punkt B_3. Das bedeutet, daß die Haftreibung überwunden wurde und sich das Gut infolge der ihm erteilten Bewegung mit der Geschwindigkeit v_G weiterbewegt. Es trennen sich in diesem Moment also die Kurven für x_R und x_G. Da jedoch die Bewegungsreibung vorhanden ist, verzögert sich v_G von B_2 ab mit $\mu \cdot g$. Im Punkt C_2 hat die Gutgeschwindigkeit den Wert Null erreicht. Da die Geschwindigkeitsabnahme geradlinig erfolgt, handelt es sich beim Gutweg zwischen B_1 und C_1 um eine Parabel, die sich an $A_1 B_1$ anschließt. Im Punkt C_1 (C_2) ändert das Gut zwar seine Bewegungsrichtung im Raum, relativ zur Rinne behält es jedoch seine Richtung bis D_1 (D_2) bei. Somit reicht die Parabel des Gutweges von B_1 bis D_1. Im Punkt D_3 hat nämlich die Rinnenverzögerung a_R den Wert der Gutverzögerung $\mu \cdot g$ angenommen, was bedeutet, daß sich nun Gut und Rinne wieder gemeinsam bewegen. Das Kurvenstück $D_1 E$ entspricht also $D_1' E'$. Die Differenz zwischen E und E' stellt den Gutweg s_G bei einem Rinnen-Hin- und -Hergang dar (wird auch durch die schraffierte Fläche zwischen v_G und v_R in Bild 1.8.2b dargestellt). Der Gutweg wird durch Planimetrieren der schraffierten Fläche im v-t-Diagramm unter Berücksichtigung des Maßstabes bestimmt. Die mittlere Geschwindigkeit v_m ergibt sich nun zu

(98)
$$v_m = \frac{s_G \cdot n}{60}$$ in m/s

s_G = Weg in m, den das Gut während eines vollen Hin- und Herganges der Rutsche zurückgelegt hat
n = Drehzahl, Rutschenfrequenz in min^{-1}

b) Antriebsleistung

Die Antriebsleistung wird über einen Gesamtverlustbeiwert näherungsweise nach folgender Gleichung bestimmt:

(99)
$$P_v = \left(\frac{I_G \cdot L \cdot f_{ges}}{367} \pm \frac{I_G \cdot H}{367} \right) \cdot \frac{1}{\eta_{ges}}$$

P_v = Vollastbeharrungsleistung in kW
I_G = gewichtsmäßiger Förderstrom in Mp/h
L = Förderlänge in m
H = Förderhöhe in m
f_{ges} = Gesamtverlustbeiwert ($= 1{,}0 \cdots 1{,}5$)
η_{ges} = Antriebswirkungsgrad

1.8.2. Schwingrinnen

Die Schwingrinnen spielen eine weitaus größere Rolle bei den Schwingförderern als die Schüttelrutschen. Sie werden als Bunkerabzüge und Zuteilgeräte oder auch als lange Strecken (bis 100 m) verwendet. Die Förderbahn wird je nach Verwendungszweck in Rohr- oder Rinnenform ausgeführt.
Bild 1.8.3 zeigt eine Rohrschwingrinne. Als Sonderbauart finden wir für die Senkrechtförderung die sogenannte Wendelschwingrinne (Bild 1.8.4). Die Vorteile der Schwingrinne gegenüber der Schüttelrutsche sind geringerer Verschleiß und geringere Antriebsleistung, da sich das Gut meist schwebend bewegt. Nachteilig wirken die stärkeren Schwingungen.

1.8.2.1. Antriebe von Schwingrinnen

Als Antriebe der Förderbahnen kommen elektrische Vibratoren, Unwuchtmotoren oder Schubkurbeltriebe in Frage. Fast alle Fördergeräte führen durch die Wirkung der Antriebsaggregate lineare harmonische Schwingungen aus, wobei die Schwingrichtung um den sogenannten Wurfwinkel zur Horizontalen versetzt ist. Dadurch kommt zu den Massenkräften noch eine zusätzliche Mikrowurfbewegung hinzu. Das Gut bewegt sich deshalb meist schwebend vorwärts, während die Rinne sich niedergehend rückwärtsbewegt.

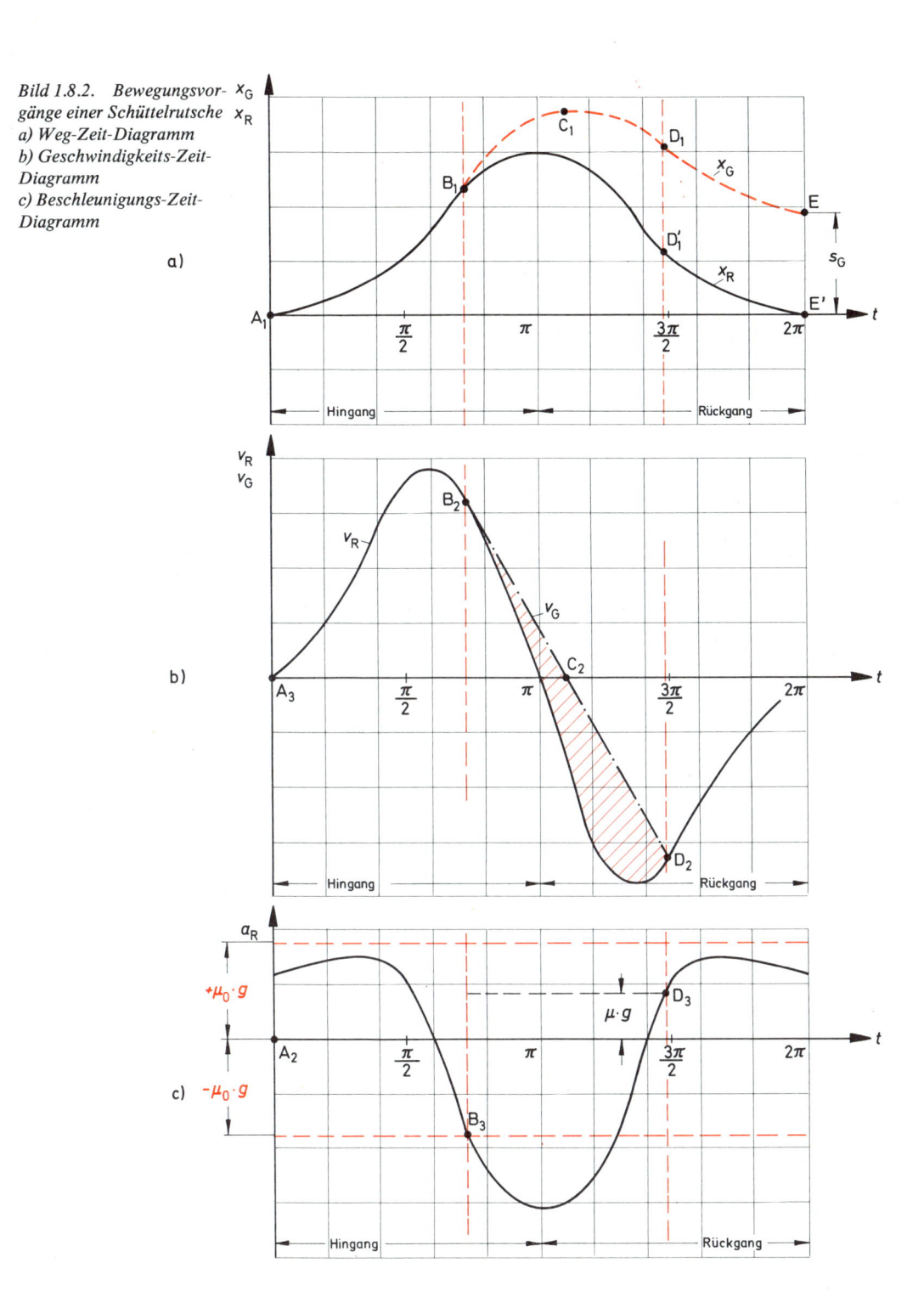

Bild 1.8.2. Bewegungsvorgänge einer Schüttelrutsche
a) Weg-Zeit-Diagramm
b) Geschwindigkeits-Zeit-Diagramm
c) Beschleunigungs-Zeit-Diagramm

Bild 1.8.3. Rohrschwingrinne

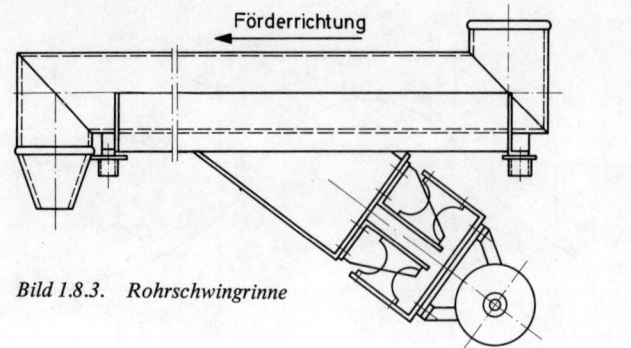

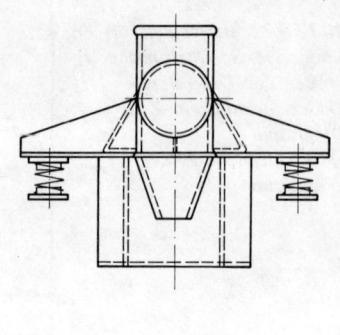

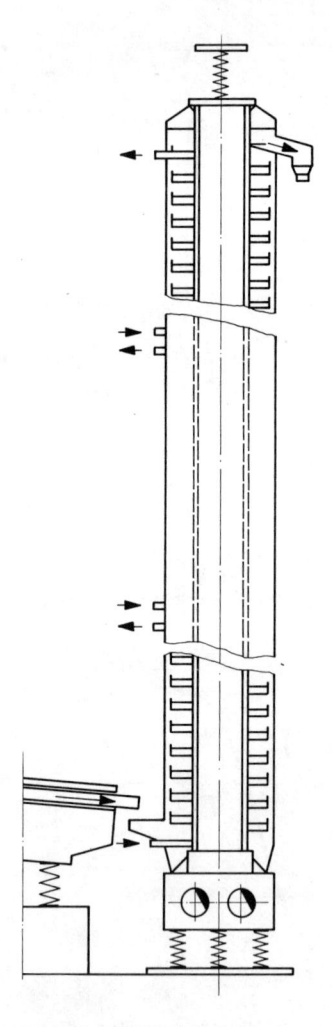

Bild 1.8.4. Wendelschwingrinne

Bei kurzen Förderstrecken wird meist ein elektromagnetischer Antrieb oder ein Unwuchtantrieb eingesetzt.

Schwingförderer mit elektromagnetischem Antrieb (Bild 1.8.5) bilden mit dem Troggewicht, dem Gegengewicht und den Speicherfedern mit Vibrator ein Zweimassen-Schwingsystem, das durch den Elektromagneten in Resonanznähe (meist unterkritisch) erregt wird. Als Speicherfedern werden meist Schraubendruck- oder Blattfedern eingesetzt.

Da die Magnetkraft mit der doppelten Netzfrequenz schwingt, würde also ein Förderer, der am 50-Hz-Netz angeschlossen ist, mit 6000 Schwingungen pro Minute arbeiten. Da jedoch bei dieser Frequenz die Fördergeschwindigkeit sehr gering ist, legt man oft den E-Magneten über einen Gleichrichter ans Netz. Die Schwingweite kann durch Verändern der Spannung (durch Stelltrafo, Potentiometer, Transduktoren o. ä.) leicht verändert werden. Sie sind aus diesem Grunde sehr gut als Stellglied im Regelkreis bei veränderlichen Fördermengen einzusetzen. Magnetvibratoren haben kaum Verschleißteile und sind daher praktisch wartungsfrei.

Wenig geeignet sind elektromagnetische Vibratoren für große Fördermengen, da wegen der geringen Fördergeschwindigkeit große Rinnenbreiten erforderlich werden.

Die hohe Schwingungszahl erfordert besonders schwingungssteife Konstruktionen. Die freischwingenden Längen betragen bis zu 3,5 m. Größere Baulängen erreicht man durch Hintereinanderschalten mehrerer Einheiten oder durch Zuhilfenahme von Blattfedern und schweren Rahmen.

Magnetvibratoren sind auch nicht zu empfehlen, wenn Gut gefördert werden soll, das zum Ankrusten auf der Förderbahn neigt: Hierdurch kann das Schwingsystem erheblich beeinflußt werden, und ein Klopfen der Polflächen des Magnetes ist die häufig beobachtete Folge. Schließlich haben Schwingför-

Bild 1.8.5. Aufbau eines elektromagnetischen Vibrators

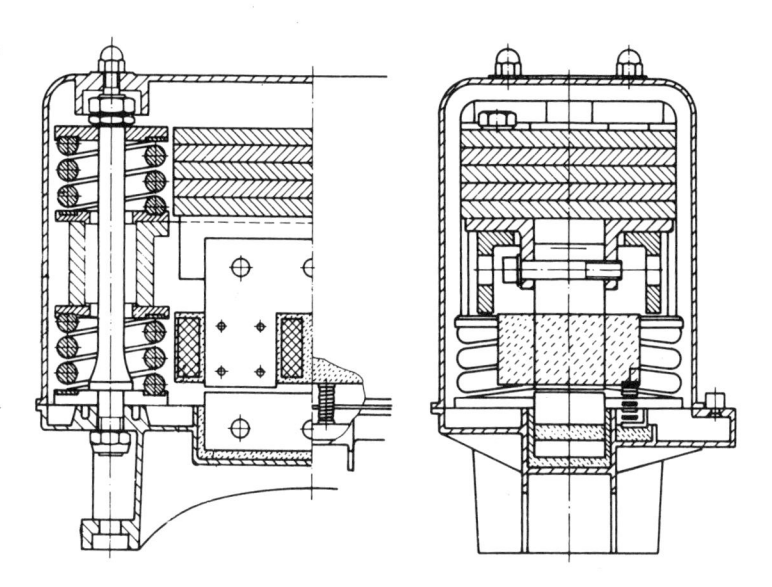

derer mit Magnetantrieb vom System her eine geringere Dosiergenauigkeit als die Schwingförderer mit unwuchtmotorischem Antrieb, weil die Spannungsschwankungen der Werksnetze die Förderleistungen beeinflussen. Daher werden bei verlangter hoher Dosiergenauigkeit Spannungskonstanthalter eingesetzt.

Unwuchtmotoren sind meist vierpolige, seltener zwei- oder sechspolige Asynchronmotoren mit erheblich verstärkter Lagerung und auf den Wellenstümpfen aufgesetzten Unwuchtscheiben (Bild 1.8.6).

Die Unwuchtscheiben sind geteilt und gestatten meist eine stufenlose Einstellung der Fliehkraft. Wird ein einzelner Unwuchtmotor am Schwerpunkt des Fördertroges befestigt, so führt der Fördertrog eine kreisförmige Schwingung aus, mit deren Hilfe eine wirtschaftliche Förderung nur bei Gefälle möglich ist. Die anfangs beschriebene lineare Schwingbewegung der Förderbahn mit Berücksichtigung des Wurfwinkels kann auf zwei Arten erreicht werden: Man kann entweder einen einzelnen Schwingmotor über ein drehelastisches Gelenk mit der Rinne verbinden oder zwei mit entgegengesetzter Drehrichtung laufende Unwuchtmotoren unter dem Wurfwinkel zur Rinne anordnen. (Bei synchronem Lauf werden die Kräfte kompensiert, die in Richtung der Verbindungslinie zwischen den Motorachsen wirken.)

Schwingförderer mit unwuchtmotorischem Betrieb sind gegen Überlastungen, Ankrustungen und Spannungsschwankungen unempfindlich. Sie werden bei Inbetriebnahme auf die gewünschte Schwingweite eingestellt und arbeiten dann mit konstanter Fördergeschwindigkeit. Eine Veränderung der Fördergeschwindigkeit ist in einfacher Weise nicht möglich. Soll die Förderleistung verändert werden, so geschieht das meist durch die Schichthöhe ändernde Schieber. Nur selten werden Frequenzwandler oder stufenlose Getriebe zwischengeschaltet.

Die Lager der Unwuchtmotoren sind hochbeanspruchte Maschinenteile mit begrenzter Lebensdauer. Heute sind diese jedoch schon so weit ent-

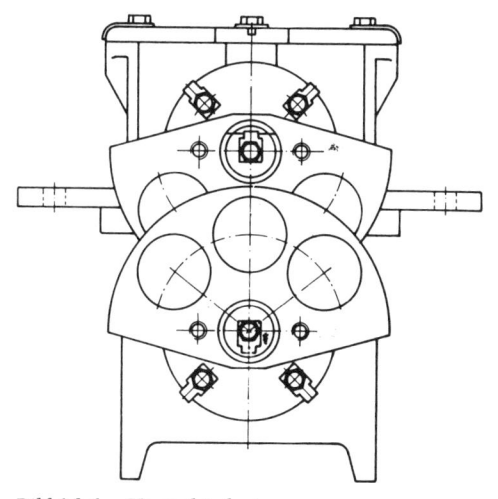

Bild 1.8.6. Unwuchtschwingerreger

Bild 1.8.7. Zerlegung der Rinnenschwingung in x- und y-Komponente

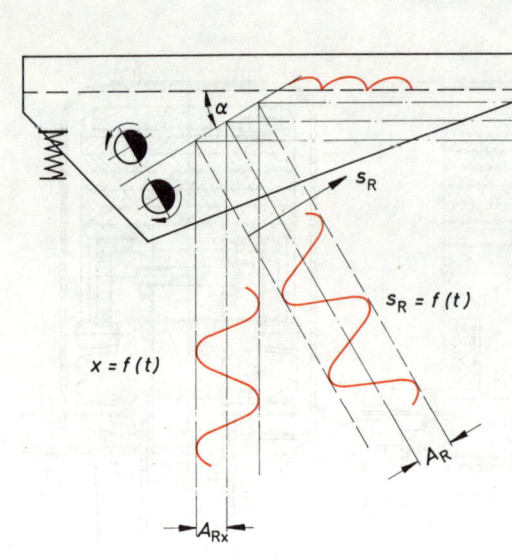

wickelt, daß die Lebensdauer mehrere Jahre betragen kann.

Die kurzen Schwingförderer mit Antrieb durch Unwuchtmotoren werden freischwingend mit einer Länge bis etwa 6 m ausgeführt. Die Förderrinnen werden mit einer Breite bis 2,5 m, die Förderrohre mit einer Nennweite bis 600 mm gebaut. Die Förderleistung der Förderrinnen erreicht 1000 m³/h; die Förderrohre bewältigen bis 150 m³/h.

Längere Förderer werden in der Regel über Blattfedern auf ein schweres Betonfundament abgestützt. Die Antriebsmotoren werden am Anfang oder am Ende oder in der Mitte oberhalb oder unterhalb des Förderers angeordnet. Bei mittiger Anordnung liegt die maximale Länge einer Einheit zwischen 20 und 25 m. Bei größeren Längen werden einzelne Einheiten hintereinandergeschaltet.

Schwingförderer mit Schubkurbelantrieb werden für mittlere bis große Förderleistungen eingesetzt (50···200 m³/h). Die Fördergeschwindigkeiten sind allgemein verhältnismäßig hoch. Bei vorgegebener Förderleistung kann mit wachsender Fördergeschwindigkeit der Querschnitt verringert werden. Förderer mit hohen Fördergeschwindigkeiten haben also geringere Abmessungen und sind entsprechend wirtschaftlich. Der Fördertrog ist meist durch Blattfedern und oder Schubgummielemente mit dem schweren Gegenrahmen verbunden. Der Antrieb wird nach dem erforderlichen Anlaufmoment ausgelegt. Während des Betriebes dient die Antriebsleistung nur zur Deckung der verschiedenen Dämpfungsverluste.

1.8.2.2. Berechnung der Schwingförderer

a) Förderstrom

Auch hier bestimmen wir den Gutstrom mit Hilfe der Gutgeschwindigkeit v über die Gleichung

$$I_v = 3600 \cdot A \cdot v$$

Um v (Gl. 121) zu bestimmen, müssen wir jedoch erst näher auf die einzelnen Bewegungsvorgänge eingehen.

Wie Bild 1.8.7 zeigt, kann der Schwingungsverlauf der Rinne $s_R = f(t)$ zerlegt werden in die x- und y-Komponente.

Die Rinne führt in Richtung s_R eine harmonische Schwingung nach folgender Gleichung aus:

$$s_R = A_R \cdot \sin \omega t \qquad (100)$$

Die Amplituden A_{Rx} und A_{Ry} der Schwingungskomponenten bestimmen sich zu

$$A_{Rx} = A_R \cdot \cos \alpha \quad \text{und} \quad A_{Ry} = A_R \cdot \sin \alpha$$

Somit ergibt sich für $x = f(t)$ und $y = f(t)$:

$$x = A_R \cdot \cos \alpha \cdot \sin \omega t \qquad (101)$$

$$y = A_R \cdot \sin \alpha \cdot \sin \omega t \qquad (102)$$

α = Wurfwinkel, Winkel zwischen der Schwingrichtung und der Horizontalen

Dabei stellt ω die Kreisfrequenz der Bewegung dar.

$$\omega = \frac{2 \cdot \pi \cdot f}{60} \quad \text{in s}^{-1} \qquad (103)$$

f = Schwingungsfrequenz in min⁻¹

Als Folge der Schwingbewegung ergibt sich ein Geschwindigkeits- und Beschleunigungsverlauf der Rinne nach folgenden Gleichungen:

(104)
$$v_R = \dot{s}_R = A_R \cdot \omega \cdot \cos \omega t$$

(105)
$$a_R = \ddot{s}_R = -A_R \cdot \omega^2 \cdot \sin \omega t$$

Die maximale Beschleunigung liegt bei $\sin \omega t = 1$, also in den Umkehrpunkten der Schwingbewegung.

(106)
$$a_{R\,max} = A_R \cdot \omega^2$$

(107)
$$a_{R\,y\,max} = A_R \cdot \omega^2 \sin \alpha$$

Werden diese Beschleunigungswerte auf die Erdbeschleunigung g bezogen, so erhalten wir zwei wichtige Kennwerte, den Wurfkennwert Γ und den Maschinenkennwert K.

Wurfkennwert Γ:

$$\Gamma = \frac{\text{max. Rinnenbeschl. senkr. z. Förderebene}}{\text{Erdbeschleunigung senkr. zur Förderebene}}$$

(108a)
$$\Gamma = \frac{a_{R\,y\,max}}{g} = \frac{A_R \cdot \omega^2 \cdot \sin \alpha}{g} \quad \text{für } \beta = 0°$$

Da bisher von einer waagerechten Schwingrinne ausgegangen wurde, gilt Gleichung 108a nur für diesen Fall!
Für eine um den Winkel β geneigte Anlage (Bild 1.8.8) gilt:

(108b)
$$\Gamma = \frac{A_R \cdot \omega^2 \cdot \sin(\alpha + \beta)}{g \cdot \cos \beta} = K \cdot \frac{\sin(\alpha + \beta)}{\cos \beta}$$

Γ = Wurfkennwert
A_R = Amplitude der Rinne (Nutzamplitude) in m
ω = Kreisfrequenz in s^{-1}
α = Wurfwinkel
β = Neigungswinkel (positiv bei Neigung; negativ bei Steigung)

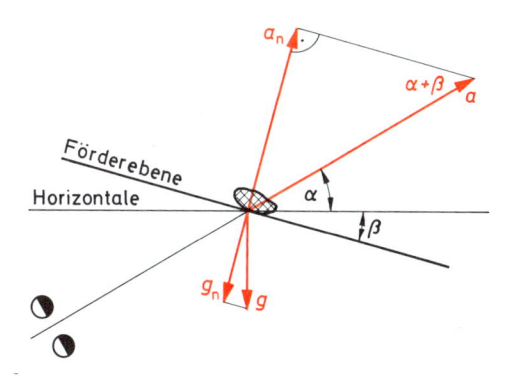

Bild 1.8.8. Masseteilchen auf geneigter Förderebene

Der Wurfkennwert gibt uns darüber Aufschluß, ob bei der Förderung eine Mikrowurfbewegung vorkommt oder nicht, also ob es sich um eine Schüttelrutsche oder Schwingrinne handelt. Das Gutteilchen wird sich nämlich nur dann von der Rinne abheben, wenn die ihm erteilte Beschleunigung in vertikaler Richtung zur Förderebene größer als die Erdbeschleunigungskomponente $g \cdot \cos \beta$ ist.

Daraus folgt:
$\Gamma < 1$: **keine Mikrowurfbewegung**
$\qquad \triangleq$ **Schüttelrutsche**
$\Gamma > 1$: **Mikrowurfbewegung $\triangleq$ Schwingrinne**

In Bild 1.8.9 sind die in den Wurfphasen herrschenden Verhältnisse bei konstantem Wurfwinkel dargestellt. Wie man auch aus Bild 1.8.10 ersehen kann, löst sich das Gutteilchen im Ablösezeitpunkt t_s von der Rinne ab und trifft beim Aufschlagzeitpunkt t_a wieder auf der Rinne ein.
Bei Γ-Werten, die nur wenig über 1 liegen, stellt man einen erhöhten Rinnenverschleiß fest, ebenso eine geringere Fördergeschwindigkeit. Das liegt daran, daß der Wurfweg nur einen kleinen Anteil des Förderweges ausmacht. Mit zunehmendem Γ sinkt der Verschleiß. In der Nähe des Nulldurchganges der Schwingrinne, also in der Nähe der größten Stoßgeschwindigkeiten ($\Gamma \approx 3$) steigt er wieder an. Es gibt also zwei Zonen mit erhöhtem Verschleiß.
Bei $\Gamma = 3{,}3$ ist $t_s = t_a$ (statische Resonanz). Hier ist die Fördergeschwindigkeit für vorgegebene Werte von Amplitude und Wurfwinkel am größten, da jede einzelne Schwingungsperiode für den Transport ausgenutzt wird. Die Fördergeschwindigkeit nimmt erst wieder bei $\Gamma > 20$ zu, was jedoch praktisch nicht mehr ausgenutzt werden kann.

1) a) y, y_m, $\Gamma = 1{,}8$, h rel. $1 < \Gamma < 3{,}3$

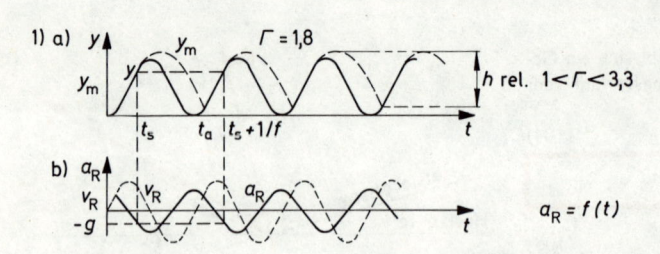

Bild 1.8.9. Vertikaler Bewegungsablauf von Rinne und Gut für verschiedene Γ-Werte

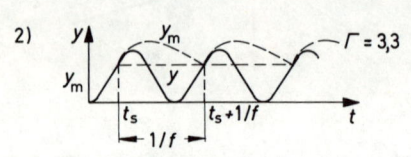

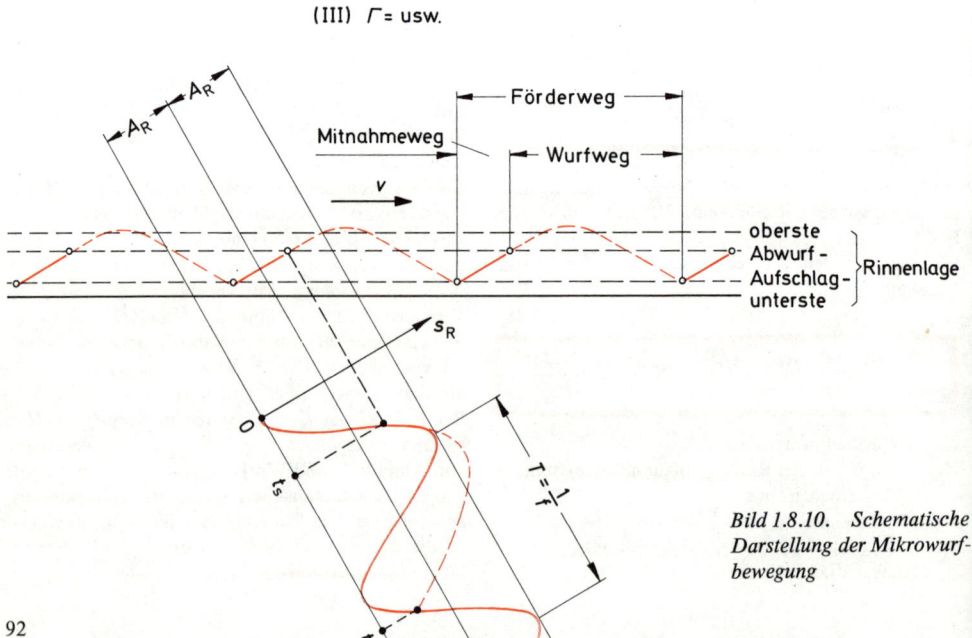

b) a_R, v_R, $-g$, $a_R = f(t)$

2) y, y_m, $\Gamma = 3{,}3$, $\Gamma = 3{,}3$ „statische Resonanz"

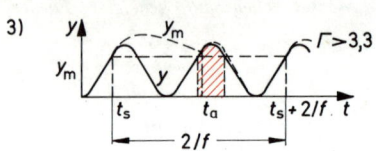

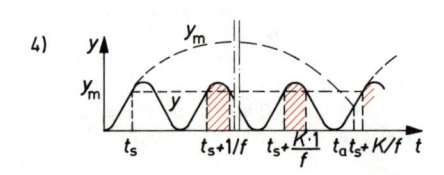

3) y, y_m, $\Gamma > 3{,}3$, $3{,}3 < \Gamma < 4{,}6$

4) y, y_m, $\Gamma > 4{,}6$

▨ = unperiod. Bereich, z.B. (I) $\Gamma = 3{,}3 \cdots 4{,}6$
(II) $\Gamma = 6{,}36 \cdots 7{,}79$
(III) $\Gamma =$ usw.

Bild 1.8.10. Schematische Darstellung der Mikrowurfbewegung

Trifft das Gut im Bereich $3,3 < \Gamma < 4,6$ auf die Rinne auf, so wird es gleich wieder hochgeworfen. Da die Beschleunigungskomponente der Rinne in x-Richtung in diesem Bereich sehr klein ist, hüpft das Gut so lange planlos auf der Rinne herum, bis es zufällig wieder im Haftbereich der Rinnenbewegung auftrifft. Diese Bereiche ($a_R \leqq -g$) nennt man unperiodische Bereiche (in Bild 1.8.9 schraffiert dargestellt).

Maschinenkennwert K:
(109)
$$K = \frac{a_{R\,max}}{g} = \frac{A_R \cdot \omega^2}{g}$$

Der Maschinenwert (4···10) ist eine wichtige Kenngröße zur Bestimmung der Fördergeschwindigkeit. Ferner gestattet er eine schnellere Bestimmung der Massenkräfte in schwingenden Maschinen. Man bezeichnet den K-Wert auch als Froudesche Maschinenkennziffer.

Die Bewegungsvorgänge des Massenpunktes m und der Rinne sind in Bild 1.8.11 als Einzelbilder gezeigt. Die jeweilige Stellung der Rinne ist als stark ausgezeichnete Linie dargestellt. Die mittlere Rinnenstellung und die Schwingweite sind jeweils vermerkt.

Der Zeitpunkt, wo das Masseteilchen sich von der Rinne abhebt, kann mit Gleichung 105 bestimmt werden. Es gilt

$$a_{R\,y\,s} = -A_R \cdot \omega^2 \cdot \sin\alpha \cdot \sin\omega\,t_s = -g$$

Hieraus folgt
für waagerechte Förderrinnen

$$\sin\omega\,t_s = \frac{g}{A_R \cdot \omega^2 \cdot \sin\alpha}$$

allgemein
(110)
$$\sin\omega\,t_s = \frac{1}{\Gamma} \quad \text{oder} \quad t_s = \frac{1}{\omega}\cdot\arcsin\frac{1}{\Gamma}$$

Während des Wurfvorganges unterliegt der Massepunkt nur der Erdanziehung. Es gelten also die Gleichungen für die Wurfbewegung:

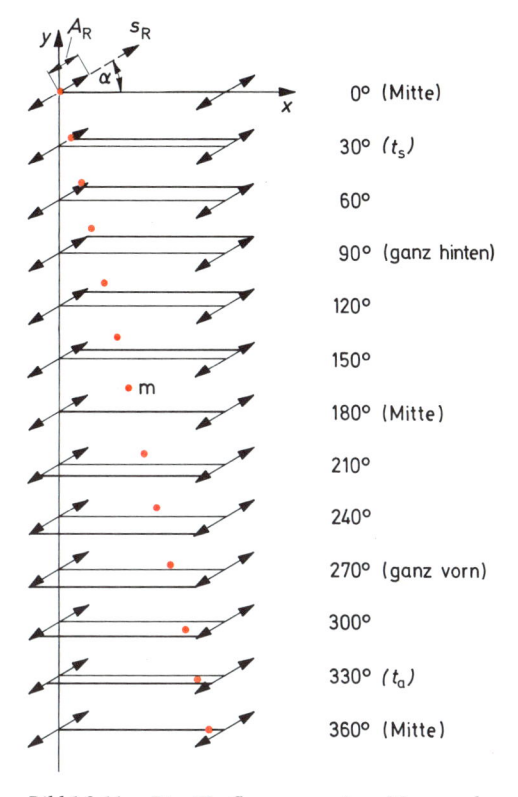

$$a_{y\,m} = -g \quad \text{und} \quad a_{x\,m} = 0$$

(111)
$$v_{y\,m} = -g\cdot t + k_1$$

(112)
$$v_{x\,m} = k_2$$

0° (Mitte)
30° (t_s)
60°
90° (ganz hinten)
120°
150°
180° (Mitte)
210°
240°
270° (ganz vorn)
300°
330° (t_a)
360° (Mitte)

Bild 1.8.11. *Die Wurfbewegung eines Massepunktes auf der Schwingrinne*

(113)
$$y_m = -\frac{g}{2}\cdot t^2 + k_1\cdot t + k_3$$

(114)
$$x_m = k_2\cdot t + k_4$$

Die Konstanten k_1, k_2, k_3 und k_4 können aus den jeweiligen Anfangsbedingungen bestimmt werden.
Der Auftreffzeitpunkt t_a wird durch Gleichsetzen der Gleichungen 102 und 113 ermittelt.

(115)
$$-\frac{g}{2}\cdot t_a^2 + k_1\cdot t_a + k_3 = A_R\cdot\sin\alpha\cdot\sin\omega\,t_a$$

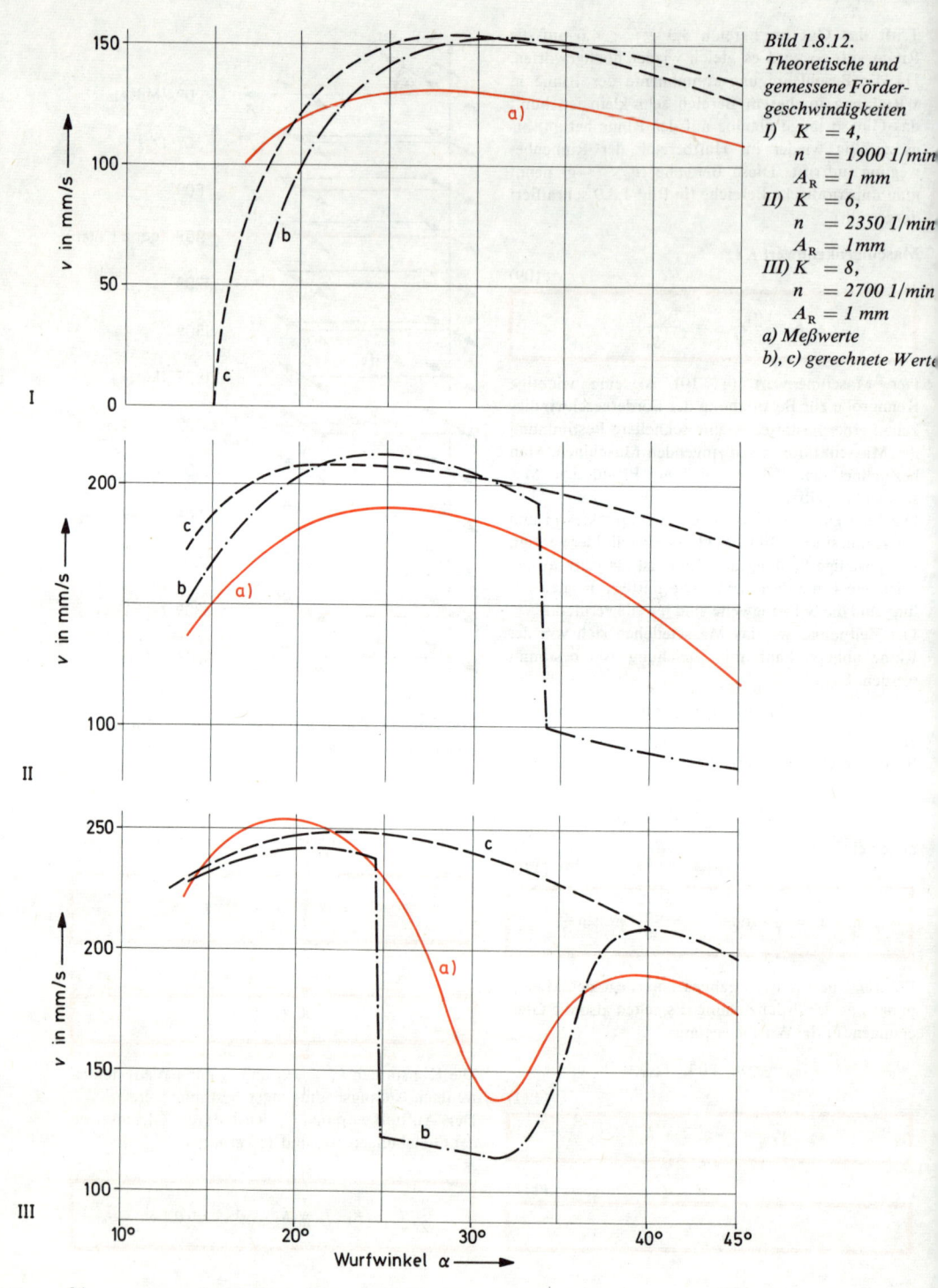

Bild 1.8.12.
Theoretische und gemessene Fördergeschwindigkeiten
I) $K = 4$,
   $n = 1900 \ 1/min$
   $A_R = 1 \ mm$
II) $K = 6$,
   $n = 2350 \ 1/min$
   $A_R = 1 \ mm$
III) $K = 8$,
   $n = 2700 \ 1/min$
   $A_R = 1 \ mm$
a) Meßwerte
b), c) gerechnete Werte

Diese Gleichung ist transzendent und kann deshalb nur durch Näherungsverfahren bestimmt werden.

Die Fördergeschwindigkeit des Massepunktes läßt sich für den Zeitraum zwischen t_s und t_a einfach angeben, da während des Wurfvorganges die Horizontalkomponente der Wurfgeschwindigkeit konstant ist.

Schwieriger ist die genaue Angabe der Fördergeschwindigkeit in dem Zeitraum, wo der Massepunkt Kontakt mit der Förderbahn hat.

S. Böttcher und K. Wehmeier setzen in ihren Rechnungen einen vollkommen unelastischen Stoß zwischen Massepunkt und Förderbahn voraus. Außerdem nehmen sie an, daß der Massepunkt keine Relativbewegungen zum Förderboden ausführt. Diese Voraussetzungen stellen das eine Extrem der möglichen Annahmen dar, das zu bemerkenswerten Aussagen bei den unperiodischen Fördergängen führt, die bei hohen K-Werten auftreten (Bild 1.8.12b).

Als anderes Extrem einer möglichen Annahme sei eine völlige Reibungsfreiheit zwischen Förderbahn und Massepunkt betrachtet. Folgt man dieser Annahme, so bleibt die Horizontalgeschwindigkeit der Wurfbewegung des Massepunktes auch während der Kontaktzeit mit der Rinne erhalten. Diese Annahme trägt zwar einen wesentlichen Widerspruch in sich, da ohne Reibung zwischen Förderbahn und Massepunkt eine Beschleunigung des Massepunktes in x-Richtung nicht möglich ist; trotzdem ist sie von praktischem Interesse, weil sie in einfacher Weise zu einem durchaus brauchbaren Rechenverfahren zur Bestimmung der Fördergeschwindigkeit auf Schwingförderern führt. Das Ergebnis stimmt auch besonders bei den kleineren und mittleren Maschinenkennziffern recht gut mit den Meßwerten überein, weil der Unterschied der Horizontalkomponenten v_{xm} und v_{Rx} nur gering ist.

Nachfolgend wird demnach als theoretische Fördergeschwindigkeit v_{th} die Horizontalkomponente v_{Rxs} der Geschwindigkeit der Rinne zum Zeitpunkt des Abwurfes t_s berechnet. Diese ist identisch mit der Horizontalkomponente v_{xm} des Massepunktes während der Wurfbewegung (Bild 1.8.12).

Die Horizontalkomponente der Rinnengeschwindigkeit berechnet sich zu (116)

$$v_{Rx} = A_R \cdot \omega \cdot \cos \alpha \cdot \cos \omega t$$

Für den Ablösezeitpunkt ($t = t_s$) gilt

$$v_{Rxs} = v_{xm} = A_R \cdot \omega \cdot \cos \alpha \cdot \cos \omega t_s$$

$$\cos \omega t_s = \sqrt{1 - \sin^2 \omega t_s} = \sqrt{1 - \frac{1}{\Gamma^2}}$$

Somit ergibt sich (117a)

$$v_{th} = A_R \cdot \omega \cdot \cos \alpha \cdot \sqrt{1 - \frac{1}{\Gamma^2}} \cdot c_N$$

(117b)

$$v_{th} = A_R \cdot \omega \cdot \cos \alpha \cdot F \cdot c_N$$

v_{th} = theoretische Fördergeschwindigkeit in mm/s
A_R = Rinnen- oder Nutzamplitude in mm
α = Wurfwinkel
Γ = Wurfkennwert nach Gleichung 108
F = Beiwert (Bild 1.8.13)
c_N = Beiwert zur Berücksichtigung der Neigung (Bild 1.8.16)

Eine weitere wichtige Kenngröße stellt der **Zeitkennwert** (z_t) dar. Er gibt das Verhältnis der Flugdauer zur Periodendauer an.

(118)

$$z_t = \frac{t_a - t_s}{T}$$

Der Zeitkennwert ist mit dem Wurfkennwert verknüpft durch (119)

$$\Gamma = \sqrt{\left[\frac{\cos(2 \cdot \pi \cdot z_t) + 2 \cdot \pi^2 \cdot z_t^2 - 1}{2 \cdot \pi \cdot z_t - \sin(2 \cdot \pi \cdot z_t)}\right]^2 + 1}$$

Diese implizite Funktion ist in Bild 1.8.14 dargestellt. Geht man davon aus, daß sich die theoretische Fördergeschwindigkeit aus der mittleren horizontalen Rinnengeschwindigkeit während der Haftzeit 0 bis t_s und der horizontalen Gutgeschwindigkeit während der Wurfzeit t_s bis t_a zusammensetzt, so ergibt sich in Abhängigkeit von z_t folgende Gleichung:

(120)

$$v_{th} = \frac{1000 \cdot g \cdot z_t^2 \cdot \cot \alpha}{2 \cdot f}$$

v_{th} = theoretische Fördergeschwindigkeit in mm/s
z_t = Zeitkennwert = $f(\Gamma)$ nach Bild 1.8.14
α = Wurfwinkel
f = Frequenz in Hz

Die Gleichungen 117 und 120 gehen fast von der gleichen Annahme aus. Ihre Ergebnisse werden also kaum wesentlich voneinander abweichen und können zur gegenseitigen Kontrolle angewendet werden.

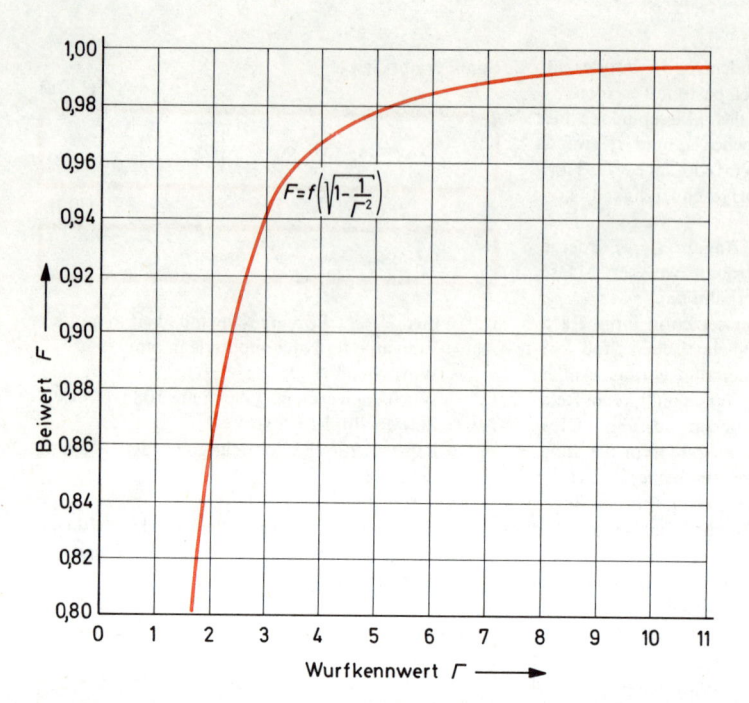

Bild 1.8.13. Der Beiwert F in Abhängigkeit vom Wurfkennwert

$$F = f\left(\sqrt{1-\frac{1}{\Gamma^2}}\right)$$

Wie Bild 1.8.12 zeigt, nimmt der sogenannte unperiodische Bereich eine Sonderstellung ein, denn die Fördergeschwindigkeit fällt dort plötzlich ab. Die heute üblichen Berechnungsverfahren müßten also für diesen Bereich noch verbessert werden. Das bedeutet, daß die Aussagefähigkeit der Gleichungen 117 und 120 für den Bereich $3,3 < \Gamma < 4,6$ in Frage gestellt ist. Für diesen Bereich sind also unbedingt praktische Messungen erforderlich.

Um die Fördergeschwindigkeit v zu bestimmen,

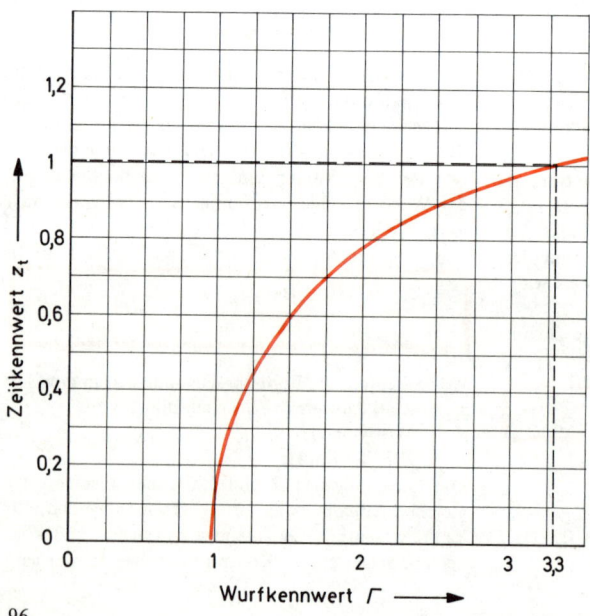

Bild 1.8.14. Der Zeitkennwert in Abhängigkeit vom Wurfkennwert

müssen folgende Einflüsse durch entsprechende Faktoren c berücksichtigt werden:
Reibung zwischen Massepunkt und Förderrinne ($c_1 \approx 0{,}85$)
Schichthöhe (c_2; Bild 1.8.15)
Körnung und Guteigenschaften ($c_3 \approx 0{,}8 \cdots 1$); kleinere Werte für pulverförmiges, spezifisch leichtes, klebendes oder feuchtes Gut
Somit ergibt sich

$$v = v_{th} \cdot c_1 \cdot c_2 \cdot c_3 \tag{121}$$

v = Fördergeschwindigkeit in mm/s
v_{th} = theoretische Fördergeschwindigkeit in mm/s (Gl. 117 und 120)
c_1, c_2, c_3 = Einflußfaktoren

Wichtige praktische Erkenntnisse:
Die praktisch interessanten Wurfwinkel liegen zwischen 15° und 35°.
Die Schichthöhen sollten nicht über 300 mm liegen.
Der Feuchtigkeitseinfluß ist bei feinkörnigem Gut stärker als bei grobkörnigem.
Die Körnung des Schüttgutes verändert nur unwesentlich die Fördereigenschaften, wenn bei linearem Kornaufbau der Feinkornanteil nicht größer als 10% ist.
Schwankungen des Schüttgewichtes zwischen 0,5 und 2 Mp/m³ beeinflussen die Fördergeschwindigkeit in der Regel nicht.
Extrem leichte und extrem schwere Fördergüter verringern die Fördergeschwindigkeit.
Schüttgüter mit splissigem und kantigem Korn lassen sich besser fördern als solche mit kugeliger Kornform.
Gefälle von 8° bis 12° werden bevorzugt, denn die Förderleistung wird hier wesentlich erhöht, ohne daß der Verschleiß nennenswert zunimmt. Größere Werte führen zu einer wesentlichen Verschleißsteigerung.
Eine wirtschaftliche Förderung ist bei Steigungen nur bis 8° möglich.

b) Antriebsleistung
Die Antriebsleistung wird mit Hilfe der Erregerkraft F_{err} und der Rinnengeschwindigkeit v_R näherungsweise bestimmt.
Da die Rinnengeschwindigkeit eine Zeitfunktion darstellt, ergibt sich das gleiche für die Leistung. Aus diesem Grunde wird mit der mittleren Geschwindigkeit der Rinne v_{Rm} gerechnet.

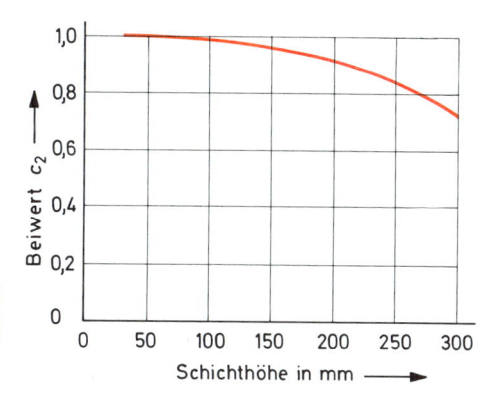

Bild 1.8.15. *Der Minderungsfaktor für die Schichthöhe c_2*

So ergibt sich:

$$v_{R\,max} = A_R \cdot \omega$$

$$v_{Rm} = \frac{4 \cdot A_R}{T} = 4 \cdot A_R \cdot f \tag{122}$$

$$v_{Rm} = 4 \cdot \frac{v_{R\,max}}{\omega} \cdot f = 4 \cdot \frac{v_{R\,max}}{2 \cdot \pi \cdot f} \cdot f$$

$$v_{Rm} = \frac{2}{\pi} \cdot v_{R\,max} \tag{123}$$

Die Erregerkraft wird nach der im folgenden Abschnitt jeweils angegebenen Formel berechnet.

c) Die wichtigsten Daten und Formeln der drei Antriebsarten

Erläuterungen:
c = Federkonstante der Speicherfeder
c_A = Federkonstante der Abstützfeder
f_{err} = Erregerfrequenz $= f$
f_e = Eigenfrequenz
m_F = Freimasse
m_N = Nutzmasse (Rinne + Rüttler; Gut vernachlässigen, da in Schwebe)
A_F = Freimasseamplitude

System	Schubkurbel	Unwuchtmotor	Magnetvibrator
Frequenz f	5···25 Hz	10···50 Hz	50···100 Hz
Wurfwinkel α	25°···35°	20°···30°	20°···30°
Gutgeschwindigkeiten v	0,3···0,7 m/s	0,05···0,4 m/s	0,01···0,15 m/s
Einsatz (vorwiegend)	bei hohen Fördergeschwindigkeiten	zur Förderung und zum Bunkerabzug	Förderung, Bunkerabzug (geringer Nachlauf, da kleines v)
Regelung (vorwiegend)	Schichthöhenregler Frequenzwandler	Schichthöhenregler Frequenzwandler	Spannungsregler (einf.)
Rinnenlänge	2···20 (···50) m	0,5···10 (···50) m	0,1···5 (···10) m
Amplitude in mm	3···15 $A_N \triangleq A_R \triangleq r$ A_n = Nutzamplitude, für v_{th} maßgeben	0,5···5 $A_N = A_U \cdot \dfrac{m_U}{m_N}$ A_U = Schwerpunktradius der Unwuchtmasse m_U A_N für v_{th} maßgebend	0,05···1 $A_{ges} = A_N + A_F$ $A_{ges} = \dfrac{1}{2} \cdot \dfrac{F_{err}}{c} \cdot \dfrac{1}{1-\left(\dfrac{f_{err}}{f_e}\right)^2}$ $A_N \cdot m_N = A_F \cdot m_F$ hieraus: A_N und A_F A_N für v_{th} maßgebend

Erregerkraft F_{err} (max.)	meist ohne Resonanzverstärkung, somit $f_{\text{err}} \gg f_{\text{e}}$ (der Bruch wird damit ≈ 1) $$f_{\text{e}} = \frac{1}{2\cdot\pi}\cdot\sqrt{\frac{\Sigma c_{\text{A}}}{m_{\text{N}}}}$$ $\Sigma c_{\text{A}} \ll 4\cdot\pi^2\cdot f_{\text{err}}^2\cdot m_{\text{N}}$	teilweise Resonanzverstärkung $$f_{\text{e}} = \frac{1}{2\cdot\pi}\cdot\sqrt{\frac{\Sigma c_{\text{A}}}{m_{\text{N}}+m_{\text{U}}}}$$ $\Sigma c_{\text{A}} \ll 4\cdot\pi^2\cdot f_{\text{err}}^2\cdot(m_{\text{N}}+m_{\text{U}})$	meist mit Resonanzverstärkung (allgemein $f_{\text{err}} \approx 0{,}9\cdot f_{\text{e}}$; unterkritisch) $$f_{\text{e}} = \frac{1}{2\cdot\pi}\cdot\sqrt{c\cdot\frac{m_{\text{N}}+m_{\text{F}}}{m_{\text{N}}\cdot m_{\text{F}}}}$$ $c = c_1 + c_2 + c_3 + \cdots$ $\Sigma c_{\text{A}} \ll 4\cdot\pi^2\cdot f_{\text{err}}^2\cdot(m_{\text{N}}+m_{\text{F}})$
	$F_{\text{err}} = m_{\text{N}}\cdot 4\cdot\pi^2\cdot f_{\text{err}}^2\cdot A_{\text{N}}\cdot \dfrac{1-\left(\dfrac{f_{\text{err}}}{f_{\text{e}}}\right)^2}{\left(\dfrac{f_{\text{err}}}{f_{\text{e}}}\right)^2}$		
Statische und dynamische Fundamentkräfte	$F_{\text{stat}} = \Sigma G$ $F_{\text{dyn}} = \Sigma c_{\text{A}}\cdot A_{\text{N}} + m_{\text{N}}\cdot 4\cdot\pi^2\cdot f_{\text{err}}^2\cdot \dfrac{1-\left(\dfrac{f_{\text{err}}}{f_{\text{e}}}\right)^2}{\left(\dfrac{f_{\text{err}}}{f_{\text{e}}}\right)^2}$ Ohne Resonanzverstärkung wird der Bruch ≈ 1	$F_{\text{stat}} = \Sigma G$ $F_{\text{dyn}} \approx \Sigma c_{\text{A}}\cdot A_{\text{N}}$ Nur Federkräfte, deshalb F_{dyn} klein	$F_{\text{stat}} = \Sigma G$ $F_{\text{dyn}} \approx \Sigma c_{\text{A}}\cdot A_{\text{ges}}$ Nur Federkräfte, deshalb F_{dyn} klein
Abstützung (allgemein)	Lenkerblattfedern	Weiche Schrauben- oder Gummifedern	

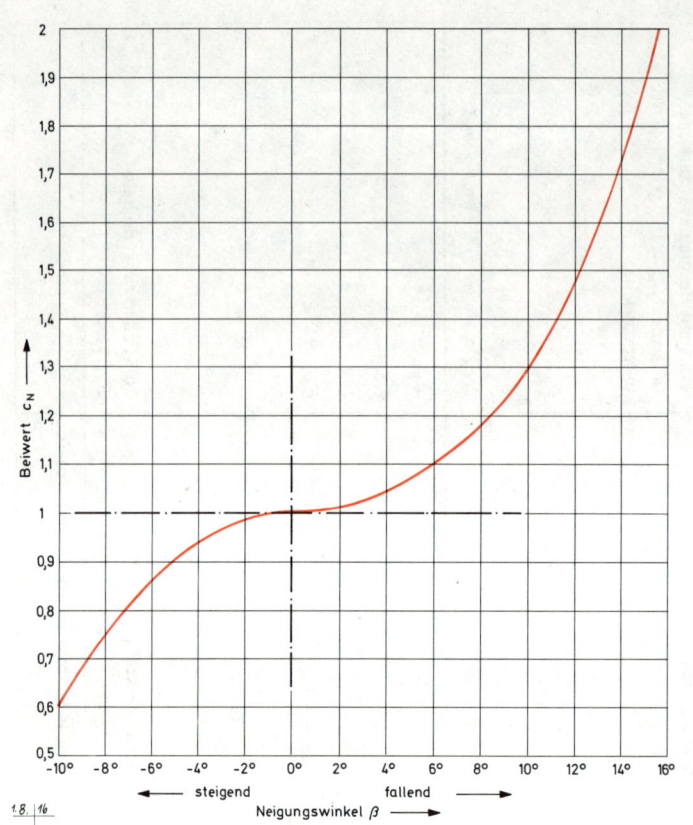

Bild 1.8.16. *Die Einflußzahl c_N bei geneigter Förderung*

Beispiel 11:

Eine Bunkerabzugsrinne mit Unwuchtantrieb (Bild 1.8.17) und folgenden Ausgangsdaten ist zu berechnen:

Schüttgewicht des Fördergutes $\gamma_s = 1{,}5$ Mp/m³
Wurfwinkel $\alpha = 30°$
Neigungswinkel $\beta = 10°$
Rinnenbreite $B = 800$ mm
Schichthöhe des Gutes $h_s = 200$ mm; $c_3 \approx 0{,}9$
Nutzgewicht 150 kp
Nutzamplitude 2 mm
Gewicht der Unwucht $G_U = 10$ kp
Antriebsdrehzahl $n = 1500$ min⁻¹
keine Resonanzverstärkung $f_{err} = 5 \cdot f_e$
4 Aufhängefedern
Antriebswirkungsgrad $\eta_{ges} = 0{,}8$

Zu bestimmen ist:
a) Liegt eine Wurfbewegung vor?
b) die Fördergeschwindigkeit
c) der volumens- und gewichtsmäßige Förderstrom
d) die Erregerkraft
e) die Unwuchtamplitude
f) die Federkonstante der Aufhängungsfedern
g) die Motorleistung (Richtwert)
h) die Kraft, die auf eine Aufhängefeder wirkt

Lösungen:

a) $\Gamma = \dfrac{A_R \cdot \omega^2 \cdot \sin(\alpha + \beta)}{g \cdot \cos\beta}$

$\Gamma = \dfrac{0{,}002 \cdot 4 \cdot \pi^2 \cdot 25^2 \cdot \sin(30° + 10°)}{9{,}81 \cdot \cos 10°} \approx 3{,}25$

$\Gamma > 1 \rightarrow$ **Wurfbewegung** $\triangleq$ Schwingrinne

b) nach Gleichung 117b:

$v_{th} = A_R \cdot \omega \cdot \cos\alpha \cdot F \cdot c_N$
(F nach Bild 1.8.13)

$v_{th} = 2 \cdot 2 \cdot \pi \cdot 25 \cdot \cos 30° \cdot 0{,}952 \cdot 1{,}3$ mm/s

$v_{th} = 337$ mm/s

nach Gleichung 120:
$$v_{th} = \frac{1000 \cdot g \cdot z_t^2 \cdot \cot\alpha}{2 \cdot f}$$
$$v_{th} = \frac{1000 \cdot 9{,}81 \cdot 1^2 \cdot \cot 30°}{2 \cdot 25} \; \frac{mm}{s}$$
$$v_{th} = 340 \; \frac{mm}{s}$$

(z_t nach Bild 1.8.14: $z_t \approx 1$)
$v = v_{th} \cdot c_1 \cdot c_2 \cdot c_3 = 340 \cdot 0{,}85 \cdot 0{,}9$ mm/s
$v \approx$ **230 mm/s**

c) $I_v = 3600 \cdot A \cdot v = 3600 \cdot B \cdot h_s \cdot v$
$I_v = 3600 \cdot 0{,}8 \cdot 0{,}2 \cdot 0{,}23$ m³/h = **132 m³/h**

d) $F_{err} = m_N \cdot 4 \cdot \pi^2 \cdot f_{err}^2 \cdot A_N \cdot \dfrac{1 - \left(\dfrac{f_{err}}{f_e}\right)^2}{\left(\dfrac{f_{err}}{f_e}\right)^2}$

$F_{err} = \dfrac{150}{9{,}81} \cdot 4 \cdot \pi^2 \cdot 25^2 \cdot 0{,}002 \cdot \dfrac{1 - 5^2}{5^2}$ kp

$F_{err} \approx -725$ kp

$F_{err} = $ **725 kp**   (von der Rinne weggerichtet, da minus)

e) $A_N \cdot m_N = A_U \cdot m_U$

$A_U = A_N \cdot \dfrac{m_N}{m_U} = A_N \cdot \dfrac{G_N}{G_U} = 2 \text{ mm} \cdot \dfrac{150 \text{ kp}}{10 \text{ kp}}$

$A_U = $ **30 mm**

f) $\sqrt{\dfrac{\Sigma c_A}{m_N + m_U}} = 2 \cdot \pi \cdot f_e = 0{,}2 \cdot 2 \cdot \pi \cdot f_{err}$

$\Sigma c_A = (m_N + m_U) \cdot 0{,}16 \cdot \pi^2 \cdot f_{err}^2$

$\Sigma c_A = (150 + 10) \cdot 0{,}16 \cdot \pi^2 \cdot 25^2 \cdot \dfrac{1}{9{,}81} \; \dfrac{\text{kp}}{\text{m}}$

$\Sigma c_A = 16\,100$ kp/m

bei Parallelschaltung ergibt sich für eine Feder:
$c_A = $ **4025 kp/m**

g) $v_{Rm} = 4 \cdot A \cdot f = 4 \cdot 0{,}002 \cdot 25$ m/s $= 0{,}2$ m/s

$P_v \approx \dfrac{F_{err} \cdot v_{Rm}}{102 \cdot \eta_{ges}} = \dfrac{725 \cdot 0{,}2}{102 \cdot 0{,}8}$ kW

$P_v = 1{,}8$ kW (Richtwert!)

$P_{mot} = $ **2 kW**   gewählt

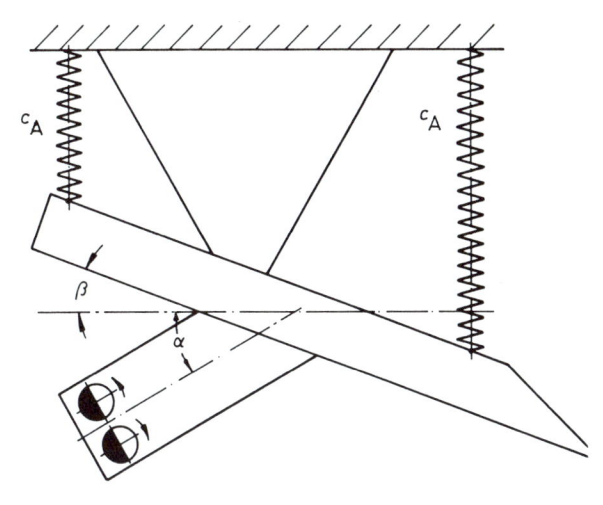

Bild 1.8.17. Bunkerabzugsrinne

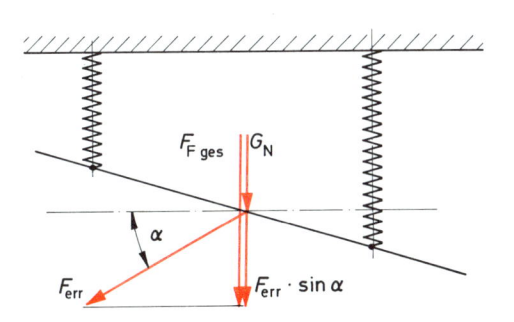

Bild 1.8.18. Ermittlung der gesamten Federkraft

h) $F_{F\,ges} = G_N + F_{err} \cdot \sin\alpha$
$F_{F\,ges} = 150$ kp $+ 725$ kp $\cdot \sin 30° = 512$ kp

$F_F = \dfrac{1}{4} \cdot F_{F\,ges} = \dfrac{512 \text{ kp}}{4} = $ **128 kp**

1 Aufgeber
2 Leitung
3 Silos
4 Rohrleitungsschalter
5 Füllstandsanzeige
6 Staubfilter
7 Siloverschlüsse
8 gelochte Platten
9 Förderrinnen
   (pneumatisch)
10 Ventilatoren
11 Bunkerwagen
12 Zwischenbunker
13 Produktionsbunker
14 Verdichter
15 Windkessel
16 Wasserabscheider

Bild 1.9.1. Druckluftförderanlage für Zement

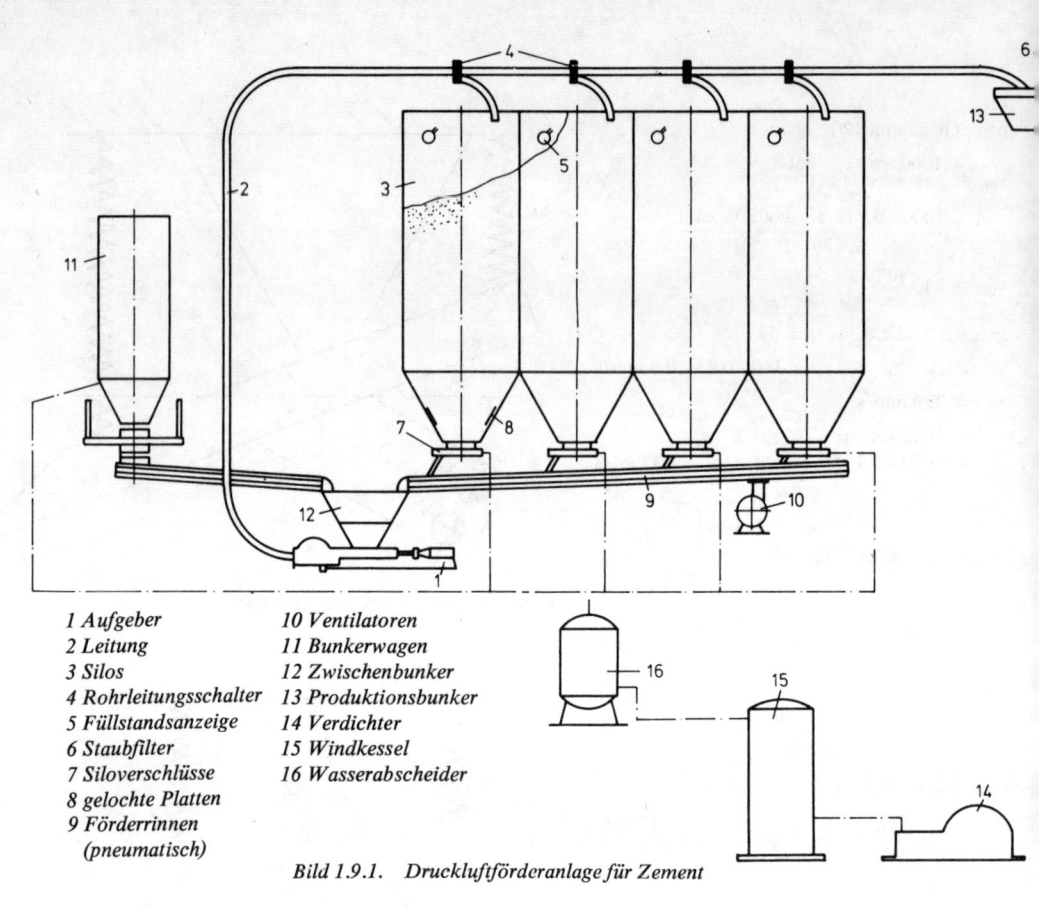

1.9. Pneumatische Förderer

DIN-Erläuterung: Pneumatische Förderer sind Förderer für nach Beschaffenheit (z. B. Körnung) geeignete Schüttgüter, die das Fördergut innerhalb eines Rohrsystems in senkrechter, waagerechter und schräger Richtung im Luftstrom fördern. Der Luftstrom kann durch Druckluft oder Saugluft erzeugt werden.

Pneumatische Rinnen sind schwach geneigte Rinnen mit siebförmigem Zwischenboden, durch den zur Auflockerung des Fördergutes Druckluft eingeblasen wird. Hierdurch wird das Gut in abwärtsfließende Bewegung versetzt.

Wir unterscheiden also Saugluft-, Druckluft- und kombinierte Förderer. Die Förderung erfolgt dabei meist im Luftstrom (Dünnstrom-, Dichtstrom- oder Strähnenförderung — v bis 40 m/s). Nur selten findet man die „Schubförderung", wo das Gut wie ein Pfropfen mit geringer Geschwindigkeit durch das Rohr bewegt wird. Eine besondere Art der Förderung offenbart die pneumatische Förderrinne, wo das staubförmige oder feinkörnige Fördergut mit Luft vermischt wird und somit eine bessere „Fließbarkeit" erhält.

Pneumatische Förderanlagen werden in zahlreichen Industriezweigen, auf Baustellen sowie im Güterverkehr (Entladeeinrichtungen) eingesetzt. Sie eignen sich besonders für die Förderung trockener, leicht fließender, staubförmiger und kleinstückiger Schüttgüter, wie Zement, Kohlestaub, Getreide, Formsand usw. Bild 1.9.1 zeigt eine Druckförderanlage für Zement.

Die Förderleistungen bewegen sich in weiten Grenzen. Sie können Werte bis zu 500 Mp/h erreichen. Die Förderlängen betragen bis zu 2 km, die Förderhöhen reichen bis zu 100 m pro Strang. Nach außen abgeschlossener Fördervorgang ohne Gutverlust, geringer Raumbedarf und die Möglichkeit einer vollautomatischen Steuerung sind die Vorteile der pneumatischen Förderer. Nachteilig wirken sich hoher Leistungsbedarf und der starke Verschleiß bei schleißenden Gütern aus.

Bild 1.9.2. Saugluftförderanlage

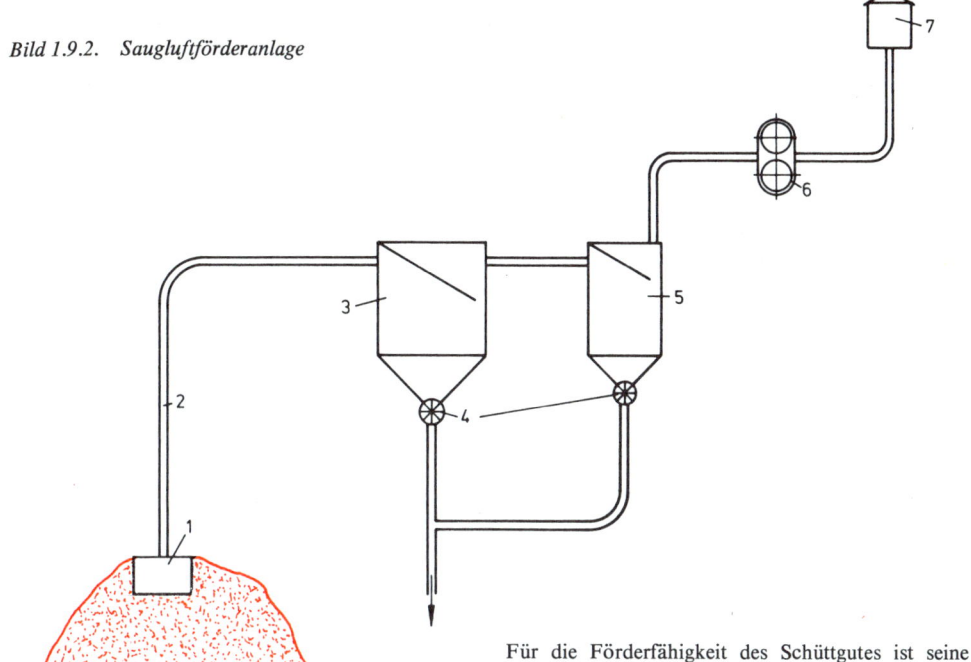

1.9.1. Saugluftförderanlagen

Saugluftförderanlagen sind für kurze Förderwege und für gut fortzubewegende Güter geeignet. So werden beispielsweise Anlagen zur Getreideförderung fast ausschließlich als Sauglust- oder kombinierte Anlagen ausgelegt.

Bei Saugluftanlagen wird von einer oder mehreren Aufgabestellen das Gut nach einer Abgabestelle gefördert. Der schematische Aufbau eines Saugluftförderers ist in Bild 1.9.2 dargestellt. Die Aufnahme des Fördergutes erfolgt durch die Saugdüse (1), von der aus es durch die Rohrleitung (2) zum Gutabscheider (3) transportiert wird. Die Rohrleitung selbst ist meist mit flexiblen Zwischenstücken oder Gelenken versehen. Im Gutabscheider fällt das Fördergut infolge Geschwindigkeitsänderung (Querschnittvergrößerung) und der Richtungsänderung der Luftströmung aus. Das Fördergut wird über Zellenräder (4) ausgeschleust. Der Trägerluftstrom wird nochmals in einem Staubabscheider (5) gereinigt, bevor er über den Verdichter (6) und den Schalldämpfer (7) ins Freie gelangt.

Als Pumpen (Verdichter) finden Vakuumkolbenpumpen, Rotationsgebläse, Wasserringpumpen und Zentrifugalventilatoren Verwendung.

Für die Förderfähigkeit des Schüttgutes ist seine Schwebegeschwindigkeit maßgebend, worunter man die Luftgeschwindigkeit versteht, die das Gutteilchen gerade in Schwebe hält. Die Geschwindigkeit des Trägerluftstromes liegt bei 20 bis 40 m/s. Die erreichbaren Förderhöhen betragen bis zu 50 m, die Förderströme bis 300 Mp/h je Einheit.

1.9.2. Druckluftförderanlagen

Bei Druckluftförderanlagen kann man ein größeres Druckgefälle ausnutzen. Aus diesem Grunde sind derartige Anlagen für große Förderwege und schwer fortzubewegende Güter geeignet. Sie finden ihre Anwendung, wenn von einer Aufgabestelle nach einer oder mehreren Abgabestellen gefördert werden soll. Bei der in Bild 1.9.3 dargestellten Druckluftförderanlage erfolgt die Aufgabe des Fördergutes in die Rohrleitung (a) durch einen Zellenradaufgeber (b). Außer dieser Möglichkeit kennt man noch die Schnecken- oder Mischkammeraufgeber sowie die Injektorschleusen. Das Fördergut wird in einem Zyklonabscheider (c) ausgeschieden und aus dem Ausscheider durch ein Zellenrad (d) ausgeschleust. Die Trägerluft verläßt den Abscheider über einen Filter (e). Bei manchen Anlagen wird die Luft, die den Filter verläßt, erneut dem Verdichter (f) zugeführt. Es handelt sich dann um einen geschlossenen Kreislauf.

Die Luftdrücke können je nach den Gegebenheiten bis 6 bar Überdruck betragen.

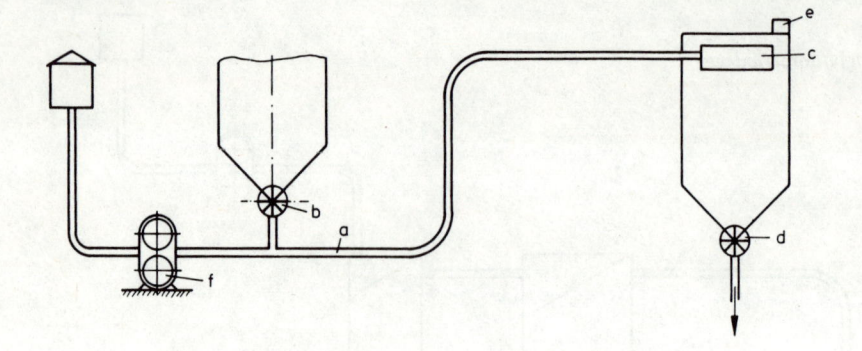

Bild 1.9.3. Druckluft-förderanlage

1.9.3. Berechnung

Für den Entwurf einer pneumatischen Förderanlage sind der Förderstrom, die Eigenschaften des Fördergutes, die Leitungslänge und die Leitungsführung maßgebend. Die wichtigsten Berechnungsgrößen sind der Trägerluftdurchsatz $\dot{V}_L$ in m³/s, der Luftdruck p in bar sowie der Leitungsdurchmesser D in m.

Damit die erforderlichen Daten bestimmt werden können, ist die Ermittlung von Rechengrößen wie die reduzierte Förderlänge l_{red}, das Mischungsverhältnis μ, die Luftgeschwindigkeit v_L und die Schwebegeschwindigkeit v_S erforderlich.

1.9.3.1. Reduzierte Förderlänge

Die reduzierte Förderlänge stellt die Summe aus der Leitungslänge und den als äquivalenten Längen ausgedrückten Einzelwiderständen dar. Somit ergibt sich:

(124)
$$l_{red} = \Sigma\, l_{iR} + \Sigma\, l_{iK} + \Sigma\, l_{iS} \quad \text{in m}$$

l_{red} = reduzierte Förderlänge
l_{iR} = Teillängen der Rohrleitung
l_{iK} = äquivalente Längen der Krümmer (Tafel 31)
l_{iS} = äquivalente Längen der Rohrschalter (8⋯10 m)

1.9.3.2. Luftgeschwindigkeit

Eine Aussage über die Transportfähigkeit des Luftstromes liefert die sogenannte Schwebegeschwindigkeit, also die Geschwindigkeit, bei der der aufsteigende Luftstrom das Teilchen gerade in Schwebe hält. Die Schwebegeschwindigkeit hängt mit Körnung, Luft- und Förderdichte wie folgt zusammen:

(125)
$$v_S = c_1 \cdot \sqrt{\frac{\rho_G}{\rho_L} \cdot a_k} = c_1 \cdot \sqrt{\frac{\gamma_G}{\gamma_L} \cdot a_k}$$

v_S = Schwebegeschwindigkeit in m/s
$\rho_G, (\gamma_G)$ = Dichte (Wichte) der Förderguttteilchen in t/m³ (Mp/m³)
$\rho_L, (\gamma_L)$ = Dichte (Wichte) der Luft in kg/m³ (kp/m³)

γ_L wird bei Atmosphärendruck mit 1,2 kp/m³ angenommen. Für die betreffende Stelle im Rohrnetz muß die Wichte jeweils ermittelt werden. Die wirkliche Wichte γ_{Lw} wird bei Saugluftanlagen (S) kleiner und bei Druckluftanlagen (D) größer als γ_L.
Überschlägig gilt:
$D \rightarrow \gamma_{Lw} = 1,6 \cdots 2$ kp/m³;
$S \rightarrow \gamma_{Lw} = 0,8 \cdots 0,95$ kp/m³

a_k = Korngröße des Fördergutes in m
c_1 = Fördergutbeiwert, abhängig von Form, Größe und Oberfläche der Gutteilchen:
$a_k \leq 0,00001$ m $\quad\rightarrow c_1 \approx 10$
$0,00001$ m $< a_k < 0,005$ m $\rightarrow c_1 \approx 10 + 34\,000 \cdot a_k$
$a_k = 0,005 \cdots 0,07$ m $\quad\rightarrow c_1 \approx 170$

Die Luftgeschwindigkeit ist im Rohrnetz nicht konstant. Es gilt:

$$v_L \sim \frac{1}{p_L} \qquad v_L \sim \frac{1}{\gamma_L}$$

Da der Druck in Förderrichtung abnimmt, muß v_L also zunehmen. Für den Streckenteil, wo nahezu Atmosphärendruck herrscht, also am Austritt bei Druckförderanlagen bzw. an der Saugdüse bei Saugförderanlagen, gilt:

(126)
$$v_L = c_2 \cdot \sqrt{\gamma_G} + c_3 \cdot l_{red}^2$$

v_L = Luftgeschwindigkeit in m/s (an der Stelle mit nahezu Atmosphärendruck)
γ_G = Wichte der Fördergutteilchen in Mp/m³
c_2 = Beiwert für die Körnung (Tafel 32)
c_3 = Beiwert = (2···5) · 10⁻⁵; kleinere Werte für staubförmiges und trockenes Gut
l_{red} = reduzierte Länge in m (Gl. 124)

1.9.3.3. Mischungsverhältnis und Rohrdurchmesser

Das Mischungsverhältnis μ der Luft mit dem Fördergut stellt das Verhältnis des gewichtsmäßigen Gutstromes zum gewichtsmäßigen Luftdurchsatz dar.

(127a)
$$\mu = \frac{I_G}{3,6 \cdot \gamma_L \cdot \dot{V}_L}$$

μ = Mischungsverhältnis
I_G = gewichtsmäßiger Förderstrom in Mp/h
γ_L = Wichte der Luft in kp/m³
$\dot{V}_L$ = Luftdurchsatz in m³/s

Im allgemeinen wird μ in Abhängigkeit von der reduzierten Förderlänge l_{red} gewählt.
Aus Gleichung 127a bestimmt sich der Luftdurchsatz zu

(127b)
$$\dot{V}_L = \frac{I_G}{3,6 \cdot \gamma_L \cdot \mu}$$

Als weitere Beziehung gilt

$$\dot{V}_L = \frac{D^2 \cdot \pi}{4} \cdot v_L$$

Daraus läßt sich der Rohrinnendurchmesser D in m bestimmen:

(128)
$$D = \sqrt{\frac{4 \cdot \dot{V}_L}{\pi \cdot v_L}}$$

1.9.3.4. Luftdruck in der Rohrleitung

Untersuchungen der Luftbewegung in den Leitungen haben zu folgenden Gleichungen geführt:

Druckluftanlagen: (129)
$$p_A = p_E \cdot \sqrt{1 + \frac{\lambda \cdot l_{red} \cdot v_L^2}{D}}$$

Saugluftanlagen: (130)
$$p_E = p_A \cdot \sqrt{1 - \frac{\lambda \cdot l_{red} \cdot v_L^2}{D}}$$

p_A, p_E = absoluter Druck am Anfang bzw. Ende der Förderleitung in bar
D = Innendurchmesser der Rohrleitung in m
λ = Widerstandszahl der Rohrleitung; sie ist mit dem Mischungsverhältnis μ in Form der Gleichung 131 verknüpft:

(131)
$$\lambda = \psi \cdot \mu$$

Für Saugluftanlagen wird $\psi = 1,5 \cdot 10^{-7}$ = const angenommen.
Bei Druckluftanlagen ist $\psi = f(j)$ nach Bild 1.9.4, wobei
(132)
$$j = \frac{\mu \cdot l_{red} \cdot v_L^2}{D}$$

Wird bei der Förderung der Höhenunterschied H überwunden, so ist der Druck der Fördergut-Luft-Gemischsäule zu berücksichtigen. Er bestimmt sich zu

(133)
$$p_H = \frac{H \cdot \gamma_{Lm} \cdot \mu}{10^4} \quad \text{in bar}$$

γ_{Lm} = mittlere Wichte der Luft in der Hub- bzw. Senkstrecke in kp/m³

Geht man von der Tatsache aus, daß bei Druckluftförderanlagen $p_E \approx 1$ bar und bei Saugluftförderanlagen $p_A \approx 1$ bar ist, so ergeben sich aus den Gleichungen 129, 130 und 131 folgende Beziehungen:

Druckluftförderanlagen: (134)
$$p_A \approx \sqrt{1 + \frac{\psi \cdot \mu \cdot l_{red} \cdot v_L^2}{D}} \pm p_H$$

Das Pluszeichen gilt für Aufwärts- und das Minuszeichen für Abwärtsförderung.

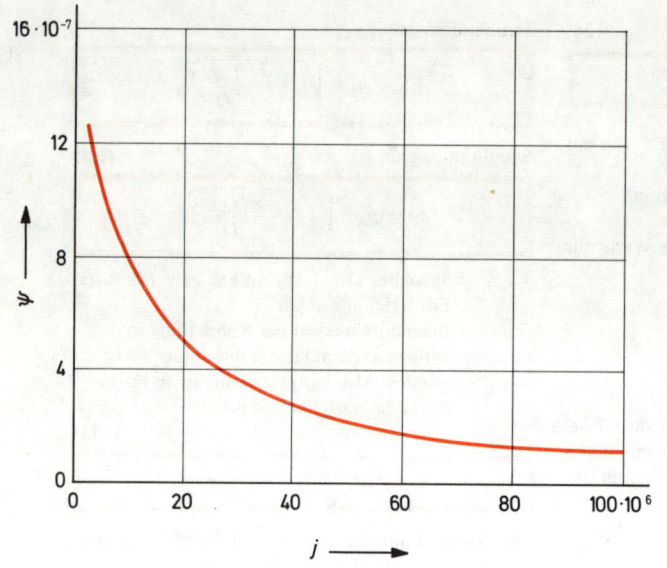

Bild 1.9.4. $\psi = f(j)$

Saugluftförderanlagen: (135)

$$p_E \approx \sqrt{1 - \frac{\psi \cdot \mu \cdot l_{red} \cdot v_L^2}{D}} \mp p_H$$

Das Minuszeichen gilt für Aufwärts- und das Pluszeichen für Abwärtsförderung.

1.9.3.5. Leistungsbedarf für das Gebläse

Für den Leistungsbedarf des Gebläses sind der Gebläsedruck p_G und der auf den Atmosphärenzustand bezogene erforderliche Durchsatz $\dot{V}_0$ maßgebend.

Druckluftanlage (D): (136)

$$p_G = \zeta \cdot p_A + p_v$$

Saugluftanlage (S): (137)

$$p_G = (p_0 - p_E) \cdot \zeta + p_v$$

p_G = Gebläsedruck
p_v = Druckverlust
  D: Verlust zwischen Verdichter und Aufgeber
     $p_v \approx 0{,}3$ bar
  S: Verlust zwischen Abscheider und Gebläse
     $p_v \approx 0{,}02$ bar
ζ = Beiwert
  D: für Druckverluste im Aufgeber $\zeta \approx 1{,}2$
  S: für Druckverluste in der Saugdüse $\zeta \approx 1{,}1$
p_0 = Atmosphärendruck ($p_0 \approx 1$ bar) (138)

$$P_v = \frac{w_i \cdot \dot{V}_0}{102 \cdot \eta_{ges}}$$

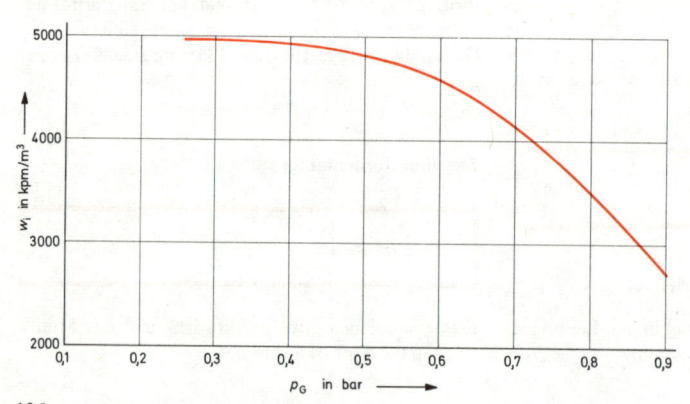

Bild 1.9.5. $w_i = f(p_G)$ für Saugluftanlagen

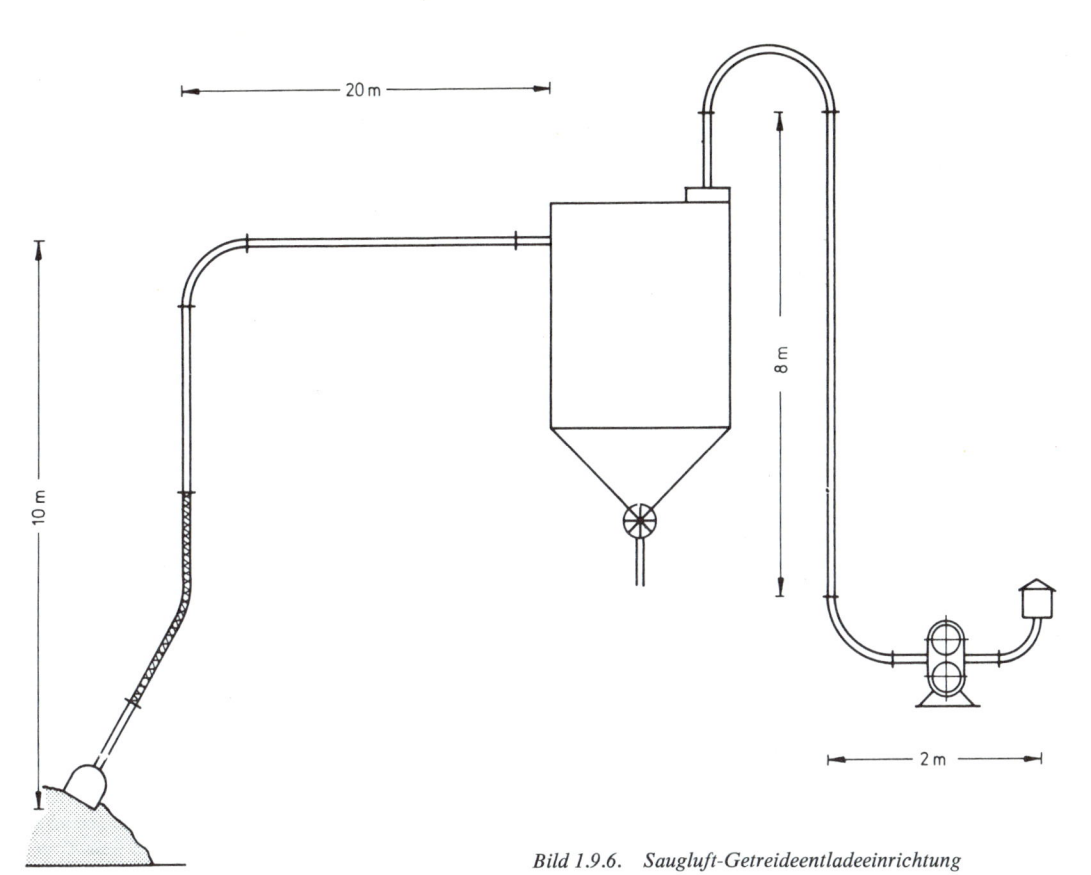

Bild 1.9.6. Saugluft-Getreideentladeeinrichtung

P_v = Antriebsleistung in kW
w_i = spezifische Arbeit bei isothermer Verdichtung von 1 m³ Ansaugluft in kp m/m³
 für D: nach Gleichung 139;
 für S: nach Bild 1.9.5
$\dot{V}_0$ = erforderlicher Luftdurchsatz ($\dot{V}_0 \approx 1{,}1 \cdot \dot{V}_L$, wegen der Undichtigkeiten in der Rohrleitung)
η_{ges} = Gesamtwirkungsgrad des Gebläses ($\eta = 0{,}6 \cdots 0{,}8$)
(139)

$$w_i = 23\,000 \cdot p_0 \cdot \lg \frac{p_G}{p_0} \quad \text{in kp m/m}^3$$

Beispiel 12:
Ausgangsdaten einer Saugluft-Getreideentladeanlage (Bild 1.9.6):
Fördergut Getreide, $\gamma_G = 1{,}4$ Mp/m³; $a_k \approx 0{,}006$ m
Förderstrom $I_G = 20$ Mp/h
für die 90°-Krümmer gilt $r/D = 6$
$\eta_{ges} = 0{,}7$

Zu bestimmen sind:

a) die Luftgeschwindigkeit an der Saugdüse und die Schwebegeschwindigkeit

b) der erforderliche Rohrinnendurchmesser und die Rohrabmessungen (nahtloses Rohr nach DIN 2448)

c) die Antriebsleistung für das Gebläse im stationären Betrieb

Lösungen:
a) $l_{red} = \Sigma\, l_{iR} + \Sigma\, l_{iK} = 10\text{ m} + 20\text{ m} + 10\text{ m}$
 $l_{iK} = 10$ m (Tafel 31)
 $l_{red} = 40$ m
 $v_L = c_2 \sqrt{\gamma_G} + c_3 \cdot l_{red}^2 \qquad c_2 = 18$ (Tafel 32)
 $v_L = [18 \cdot \sqrt{1{,}4} + 3 \cdot 10^{-5} \cdot 40^2]$ m/s
 $v_L \approx \mathbf{21{,}5}$ **m/s**
 $v_S = c_1 \sqrt{\dfrac{\gamma_G}{\gamma_{Lw}} \cdot a_k} = 170 \cdot \sqrt{\dfrac{1{,}4}{0{,}9} \cdot 0{,}006}\,\dfrac{\text{m}}{\text{s}}$
 $v_S \approx \mathbf{16{,}5}$ **m/s**

b) $\mu = 20$ (nach Tafel 33)

$$\dot{V}_L = \frac{I_G}{3,6 \cdot \gamma_L \cdot \mu} = \frac{20}{3,6 \cdot 1,2 \cdot 20} \text{ m/s}$$
$$\dot{V}_L = 0,231 \text{ m}^3/\text{s}$$

$$D = \sqrt{\frac{4 \cdot \dot{V}_L}{\pi \cdot v_L}} = \sqrt{\frac{4 \cdot 0,231}{21,5}} \text{ m} \approx 0,117 \text{ m}$$

gewählt:
$D = \mathbf{119\ mm\ (Rohr\ 127 \times 4\ DIN\ 2448)}$

c) $p_H = \dfrac{H \cdot \gamma_{Lm} \cdot \mu}{10^4} = \dfrac{10 \cdot 0,9 \cdot 20}{10^4}$ bar $\approx 0,02$ bar

$$p_E \approx \sqrt{1 - \frac{\psi \cdot \mu \cdot l_{red} \cdot v_L^2}{D}} - p_H$$

$$p_E = \sqrt{1 - \frac{1,5 \cdot 20 \cdot 40 \cdot 21,5^2}{10^7 \cdot 0,119}} \text{ bar} - 0,02 \text{ bar}$$

$p_E = 0,73$ bar $- 0,02$ bar $= 0,71$ bar
$p_G = (p_0 - p_E) \cdot \zeta + p_v$
$p_G = [(1 - 0,71) \cdot 1,1 + 0,02]$ bar $= 0,34$ bar

aus Bild 1.9.5 folgt für $p_G = 0,34$ bar

$w_i \approx 4900$ kpm/m³

$$\dot{V}_0 \approx 1,1 \cdot \dot{V}_L = 1,1 \cdot \frac{D^2 \cdot \pi}{4} \cdot v_L$$

$$\dot{V}_0 = 1,1 \cdot \frac{0,119^2 \cdot \pi}{4} \cdot 21,5 \text{ m}^3/\text{s} = 0,236 \text{ m}^3/\text{s}$$

$$P_v = \frac{w_i \cdot \dot{V}_0}{102 \cdot \eta_{ges}} = \frac{4900 \cdot 0,263}{102 \cdot 0,7} \text{ kW} \approx 18 \text{ kW}$$

1.10. Sonstige Förderanlagen

Neben den bisher behandelten wichtigsten Fördereinrichtungen findet man noch zahlreiche weitere Anlagen. Im wesentlichen handelt es sich aber stets um Varianten oder Kombinationen der „Grundförderer". Ohne den Anspruch auf Vollständigkeit zu erheben, soll auf die interessantesten der noch nicht behandelten Förderer kurz eingegangen werden.

1.10.1. Wandertische

Wandertische werden hauptsächlich in der Fließfertigung zum Fortbewegen der Arbeitsstücke von einem Arbeitsplatz zum anderen verwendet. Wandertische werden waagerecht und senkrecht umlaufend angefertigt.

1.10.1.1. Horizontal umlaufende Wandertische

Bild 1.10.1 zeigt einen solchen Wandertisch mit seitlicher Kettenanordnung. Die wesentlichsten Konstruktionselemente sind die Zugkette (1), die Plattenwagen (2), die Fahrbahnschienen (3), der Antrieb (4), die Spannstation (5), der Antriebsstern (6) und der Umlenkstern (7).

Wandertische werden je nach den örtlichen Gegebenheiten konstruiert, weshalb auch die verschiedenartigsten Variationen zu finden sind.
Wandertische, wie sie in der Fließfertigung eingesetzt werden, sind sehr häufig mit Schrittschaltwerken versehen, womit ein programmierter Arbeitsablauf ermöglicht wird.

1.10.1.2. Vertikal umlaufende Wandertische

Die zweite Hauptgruppe bilden die senkrecht umlaufenden Wandertische. Wegen ihrer gedrungenen Ausführung benötigen sie weniger Platz als die waagerecht umlaufenden Wandertische. Bild 1.10.2 zeigt zwei Arten senkrecht umlaufender Wander-

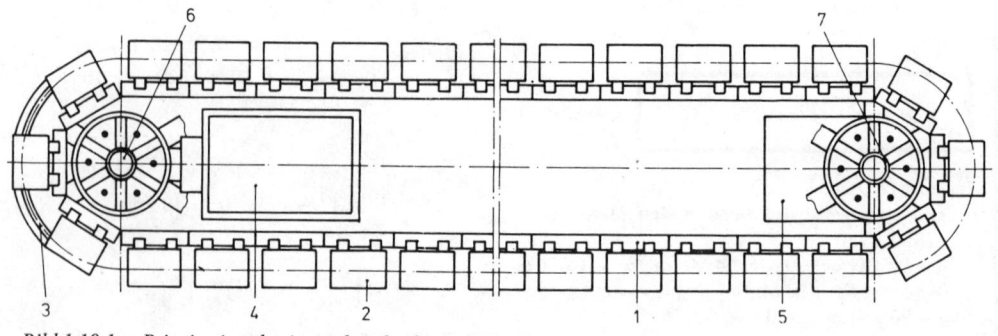

Bild 1.10.1. Prinzip eines horizontal umlaufenden Wandertisches

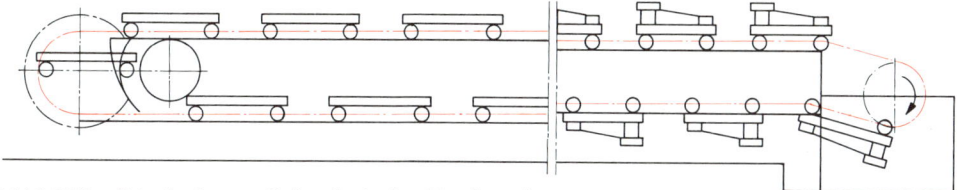

Bild 1.10.2. Prinzip eines vertikal umlaufenden Wandertisches

tische. Die rechte Bildhälfte zeigt eine Anlage mit kippenden, die linke mit absenkenden Platten.
Der konstruktive Aufbau der vertikal und horizontal umlaufenden Wandertische ist ähnlich. Lediglich die Umlenkstelle der vertikal umlaufenden Wandertische mit absenkenden Platten stellt den Konstrukteur vor einige Probleme.

1.10.2. Schaukelförderer

Schaukelförderer sind Stückgutförderer zum Fördern in senkrechter Ebene (waagerecht, schräg auf- und abwärts, senkrecht). Als Tragorgane dienen pendelnde Gehänge, die auch geführt sein können. Als Zugorgane werden parallel laufende Zweistrangketten verwendet, für leichte Lasten auch Einstrangketten mit freihängenden Schaukeln. Den schematischen Aufbau eines Schaukelförderers zeigt Bild 1.10.3. In Bild 1.10.4 ist die Schaukel eines Schaukelförderers dargestellt. Aus der Vielzahl der Möglichkeiten ist hier eine Schaukel für ein zylindrisches Fördergut herausgegriffen worden.

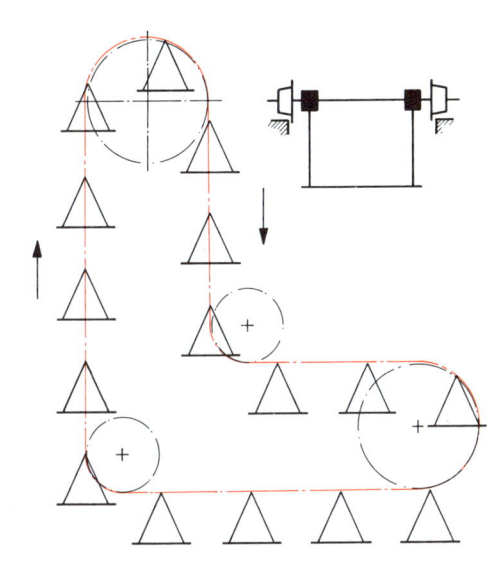

Bild 1.10.3. Schaukelförderer (schematisch)

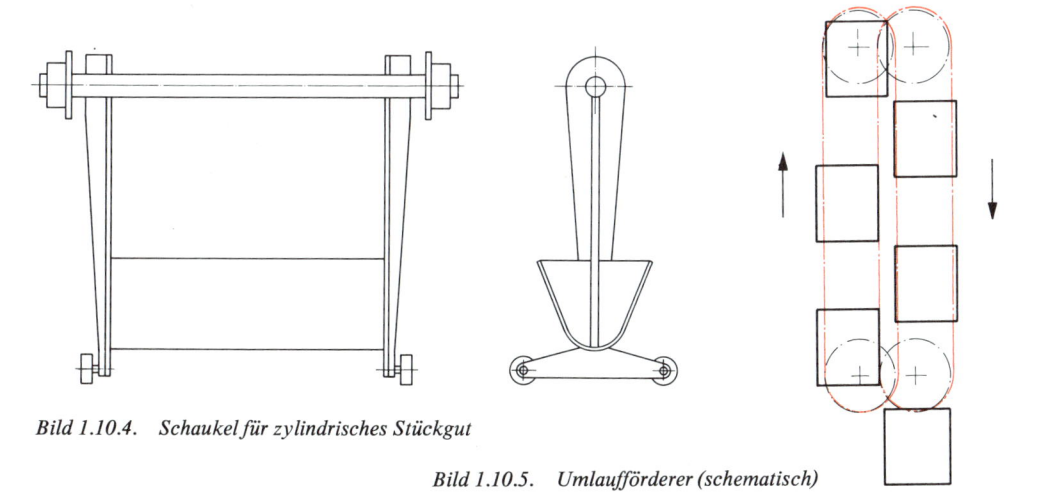

Bild 1.10.4. Schaukel für zylindrisches Stückgut

Bild 1.10.5. Umlaufförderer (schematisch)

Bild 1.10.6. Stapelförderer (schematisch)

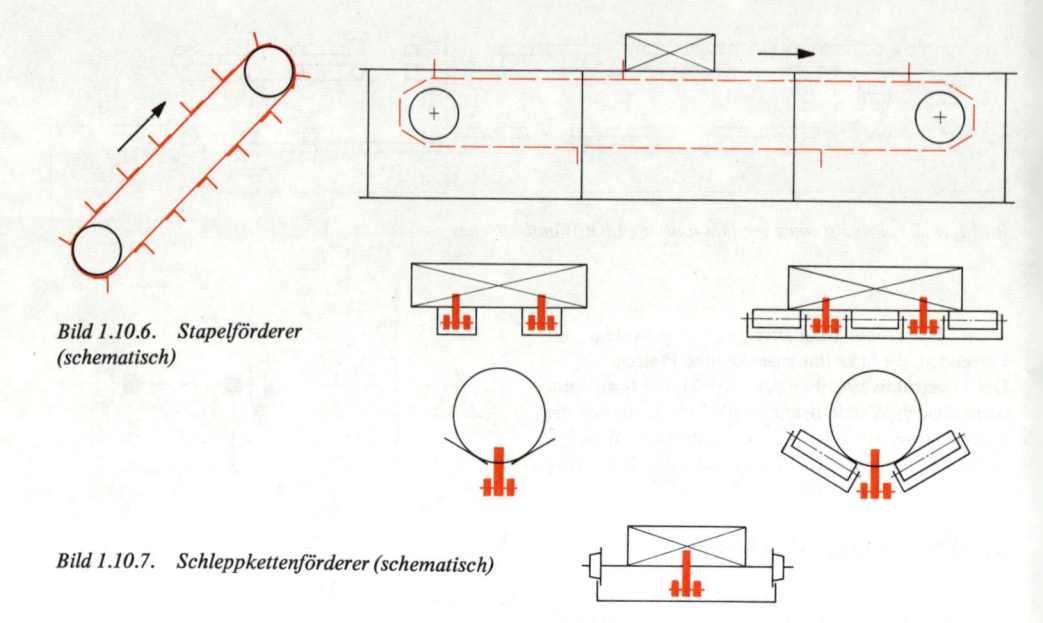

Bild 1.10.7. Schleppkettenförderer (schematisch)

1.10.3. Umlaufförderer

Umlaufförderer (Bild 1.10.5) sind Stückgutförderer für senkrechte Förderung. Sie unterscheiden sich von den Schaukelförderern dadurch, daß die Tragorgane an zwei versetzt angeordneten Kettensträngen pendelfrei aufgehängt und geführt werden.

1.10.4. Stapelförderer

Stapelförderer sind Förderer vorwiegend zum Stapeln von Stückgut (Säcke, Kisten, Fässer). Tragorgane sind Gurte oder Plattenbänder mit Mitnehmern. Zugorgane sind Gurte oder Ketten. Verwendungszweck als Stapelgerät, ortsfest oder fahrbar. Den schematischen Aufbau eines Stapelförderers zeigt Bild 1.10.6.

1.10.5. Schleppkettenförderer

Schleppkettenförderer (Bild 1.10.7) sind Stückgutförderer für waagerechte oder geneigte Förderung. Als Tragorgan dienen Gleit- oder Rollenbahnen, für waagerechten Umlauf auch Rollwagen. Zugorgane sind Ein- oder Zweistrangketten mit oder ohne Mitnehmer.
Ausführungen:
mit flacher Gleit- oder Rollenbahn
mit gemuldeter Gleit- oder Rollenbahn
mit Rollwagen

1.10.6. Hydraulische Förderanlagen

Die hydraulischen Förderanlagen gliedern sich in der Hauptsache in drei Teilgebiete, nämlich in Förderer, die nach dem Spülverfahren, dem Saug-Druck- oder dem Druckverfahren fördern. Im Grundprinzip sind sie jeweils mit den pneumatischen Förderern zu vergleichen. Als Trägermedium dient Wasser. Das Entladen von Zuckerrüben geschieht beispielsweise nach dem Spülverfahren, wo das Fördergut in einer Schwemmrinne weiterbefördert wird. Kleinstückige Kohle kann heute mit Druckwasserförderanlagen bis zu 200 km transportiert werden. Das Saug-Druck-Verfahren findet man beispielsweise bei den Saugbaggern, wo das Fördergut durch die Saugleitung und die Förderkreiselpumpe zur Druckleitung transportiert wird.

1.11. Wahl des geeigneten Fördersystems

Die Wahl des geeigneten Fördersystems ist, wie bisher gezeigt wurde, von vielen Faktoren abhängig. Damit nun die Auswahl nicht allzu schwer wird, sind nachfolgend die wichtigsten Fragen in Form einer „CHECK-Liste" zusammengestellt, die vorher zu beantworten sind.

Bei der Wahl des geeigneten Fördermittels sind folgende Fragen zu beantworten:

1. Muß das Fördermittel stets einen ganz bestimmten Förderweg oder ständig andere Wege nehmen?
2. Welche Streckenlänge hat das Fördermittel jeweils zurückzulegen?
3. Sind die Förderwege geradlinig oder krummlinig?
4. Müssen die Fördermittel auch seitlich abbiegen?
5. Müssen auch andere Verkehrswege gekreuzt werden?
6. Ist nur in waagerechter oder auch in senkrechter oder schräger Richtung zu fördern?
7. Soll die Förderung kontinuierlich oder ruckweise in regelmäßigen oder unregelmäßigen Zeitabständen erfolgen?
8. Kann das Fördermittel nach einem bestimmten Fahrplan verkehren?
9. Welche Mengen sind täglich zu fördern, welchen Raum nehmen sie ein und welches Gewicht haben sie?
10. Welche Form, welches Volumen, welches Gewicht hat das Fördergut?
11. Wie ist der Boden der Förderwege beschaffen?
12. Ist das Fördergut gegenüber Beschädigung besonders empfindlich?
13. Ist es möglich und wirtschaftlich, das Fördergut in größeren Mengen zu fördern?
14. Ist es bei kleineren Gegenständen richtig, diese in genormten Körben oder Kisten zu befördern?
15. Wenn ja, lassen sich bestimmte Mengen in diesen Behältern aufnehmen, um wiederholtes Zählen zu vermeiden?
16. Kann die Schwerkraft zur Förderung genutzt werden?
17. Ist es wirtschaftlich, das Fördermittel von Hand oder maschinell zu bedienen?
18. Sind handelsübliche Fördermittel vorhanden oder sind die Fördermittel den gegebenen Verhältnissen anzupassen?
19. Ist es aus Platzgründen zweckmäßig, Fördermittel zu wählen, die die Last hängend bewegen?
20. Ist es zweckmäßig, streckenweise auch andere Fördermittel zu verwenden?
21. Wie hoch sind die Kosten je Einheit des Fördergutes?
22. Sind die Kosten beim Einsatz anderer Fördermittel günstiger?
23. Ist für eine zentrale Organisation und Pflege des Förderwesens gesorgt, um eine einheitliche Auswertung der Erfahrungen zu ermöglichen?

2. Gleislose Flurförderzeuge

Flurförderzeuge sind Fahrzeuge für den innerbetrieblichen Verkehr. Sie gliedern sich in drei Hauptgruppen, Schlepper, Wagen und Stapler, wobei der Übergang von den Wagen zu den Staplern sehr fließend ist.
Eine Zusammenstellung aller Flurförderzeuge mit Gliederung, Kurzzeichen und Benennung ist in den Tafeln 34 und 35 zu finden.
Die Bauform, der Fahrantrieb und die Lenkung sind vom Einsatz der Flurförderfahrzeuge abhängig.
Antriebe werden in Handantriebe und motorische Antriebe unterschieden. Handangetriebene Flurförderzeuge finden praktisch in jeder Werkstätte als Kleintransportgeräte Verwendung.
Bei den motorisch angetriebenen Flurförderzeugen ist die Wahl des Antriebes hauptsächlich vom Einsatzort abhängig. In Werkstätten und Hallen setzt man üblicherweise abgasfreie Antriebe, also elektrische Antriebe (batteriegespeist) ein. Kommt es, wie beim Arbeiten im Freien, nicht wesentlich auf die Abgasentwicklung an, dann werden die Förderzeuge mit Verbrennungsmotoren ausgerüstet. Die Kurzzeichen für Flurförderzeuge mit Handantrieb werden aus zwei, die mit Motorantrieb aus drei Buchstaben gebildet. Dabei bezieht sich der erste auf den Fahrantrieb.

Fahrwerke sind meist aus geschweißten Stahlkonstruktionen mit entsprechend angeordnetem Antrieb, der Radaufhängung und der Lenkung ausgeführt. Die Laufräder werden üblicherweise mit Vollgummibereifung oder Luftbereifung ausgerüstet.

Lenkungen sind in Handlenkung (H), Lenkung durch Gehenden (G), Standlenkung (S) und Fahrersitzlenkung (F) differenziert. Die Handlenkung findet ausschließlich bei handgezogenen, die Lenkung durch Gehenden bei batteriegetriebenen Flurförderzeugen Anwendung. Stand- und Fahrersitzlenkung gestatten ein Mitfahren der Bedienungsperson.
Der Kennbuchstabe der Lenkungsart (H, G, S oder F) stellt den zweiten der Kurzkennzeichen für Flurförderzeuge dar.

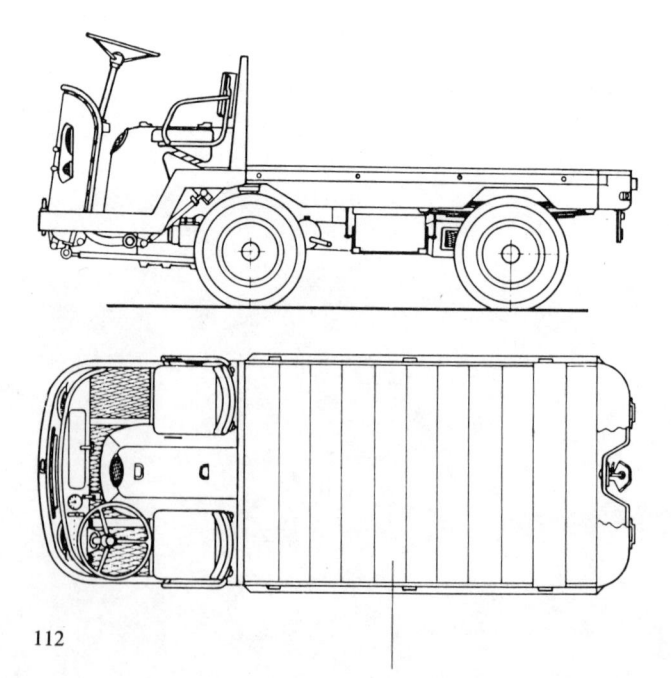

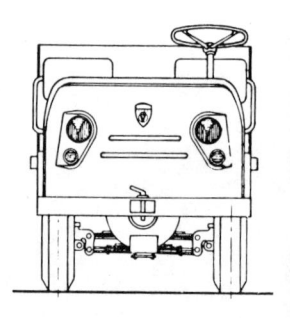

Bild 2.2.1. Dieseltransportwagen (DFW) mit 3 Mp Tragfähigkeit

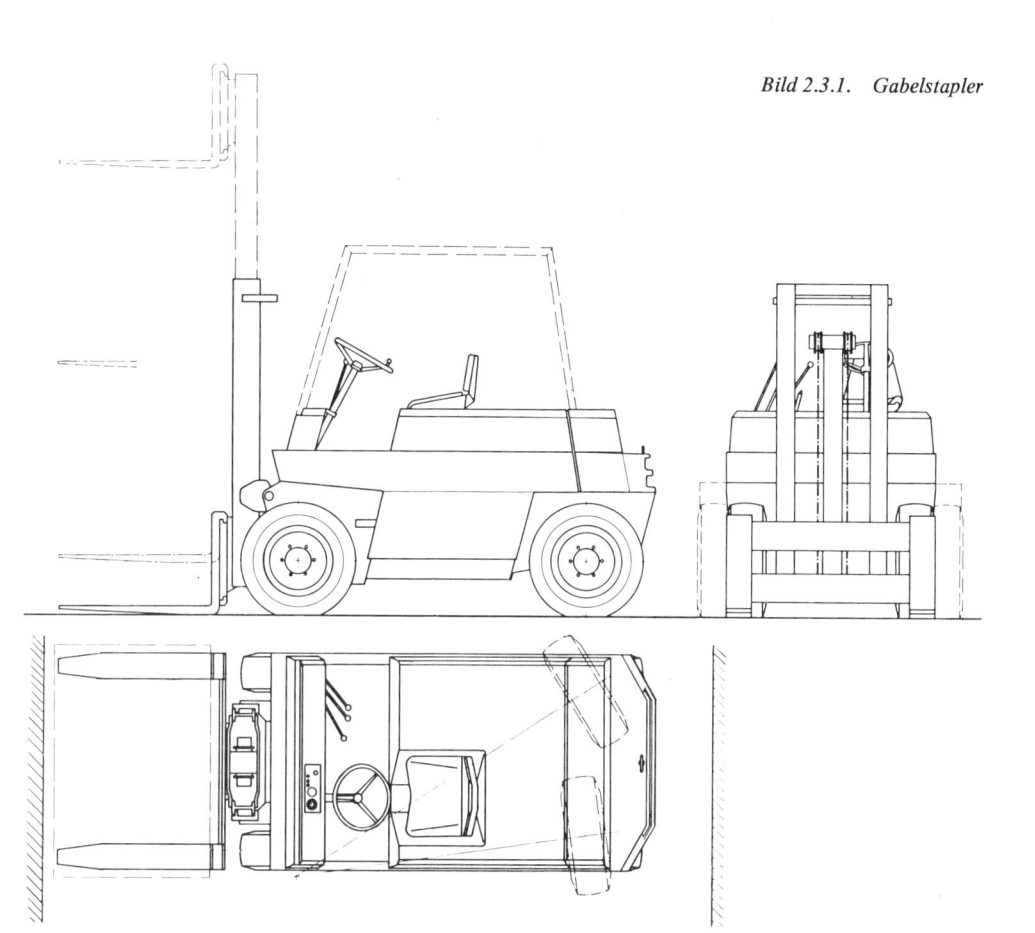

Bild 2.3.1. Gabelstapler

2.1. Schlepper

Schlepper werden ohne Ladeplattform ausgeführt. Hierbei handelt es sich also um Flurförderzeuge mit Kraftantrieb zum Bewegen anderer Fahrzeuge. Nach DIN 15140 werden die Schlepper in Schlepper mit zwei Achsen (Z), Schlepper mit einer Achse (R) und Sattelschlepper (A) unterteilt.

2.2. Wagen

Wagen dienen zum Guttransport über größere Entfernungen. Sie zeichnen sich durch geringen Platzbedarf und große Wendigkeit aus. Die wichtigsten Bauarten stellen die Elektrokarren und die Diesel-(Otto-)Wagen dar. Ihre Fahrgeschwindigkeiten betragen bis zu 20 km/h. Sie werden heute oft mit stufenlosen Getrieben auf elektrischer, elektrohydraulischer oder hydraulischer Basis versehen.

Als Beispiel zeigt Bild 2.2.1 einen Dieseltransportwagen (DFW) mit einer Tragfähigkeit von 3 Mp.

2.3. Stapler

Gabelstapler (Bild 2.3.1) stellen das wichtigste Flurfördergerät dar. Sie dienen zum Heben, Verfahren und Stapeln von Lasten. Anstelle der Gabeln finden für Sonderzwecke auch zahlreiche andere Lastaufnahmemittel Verwendung (Bild 2.3.2).
Die wichtigste Bauart ist der sogenannte Frontstapler, der sich durch seine relativ kompakte Bauweise und seine Wendigkeit auszeichnet. Nachteilig sind die Sichtbehinderung und die erforderlichen Gangbreiten. Als Sonderbauart findet dann der Seiten- oder Querstapler Anwendung, der diesbezüglich entsprechende Vorteile aufweist und auch besonders für den Transport langer Güter geeignet ist.

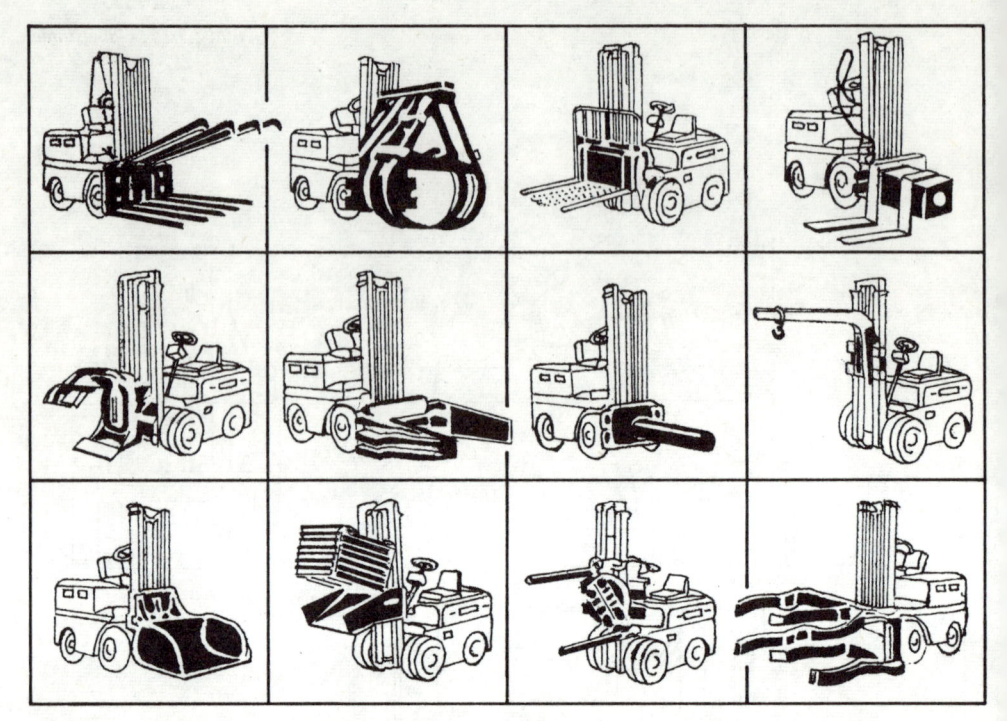

Bild 2.3.2. Verschiedene Lastaufnahmemittel von Staplern

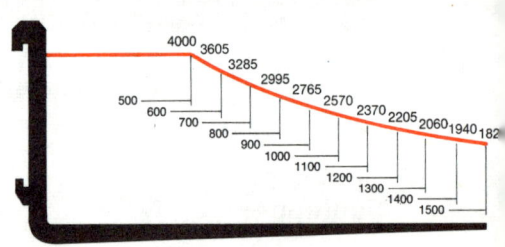

Bild 2.3.3. Tragkraftdiagramm

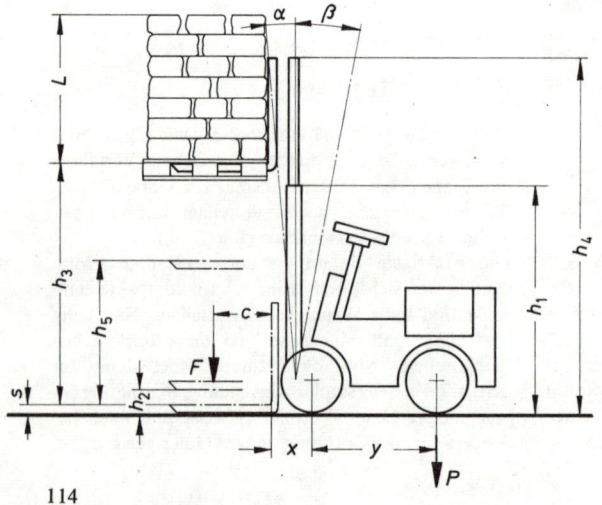

Bild 2.3.4. Hauptabmessungen für Frontstapler

Die Baugröße der Stapler liegt je nach dem Verwendungszweck zwischen 0,5 und 30 Mp, wobei der Schwerpunkt bei 1 bis 5 Mp zu finden ist. Normalerweise besitzen Gabelstapler vier Räder. Für kleinere Lasten (bis 1,5 Mp) werden jedoch auch Dreiradstapler verwendet, die sich infolge ihrer Wendigkeit besonders für enge Gänge eignen. Bei den Vierradstaplern werden meist die Vorderräder angetrieben, während die Hinterräder als Lenkräder ausgeführt sind.

Die Hubwerke führt man je nach der gewünschten Hubhöhe mit Einfach- oder Teleskopmast aus.

Die Antriebsleistungen der Stapler lassen sich mit Hilfe des Einheitsfahrwiderstandes w_{ges} überschläglich ermitteln. Dieser beträgt je nach Bodenbeschaffenheit und Bereifung zwischen 10 und 25 kp/Mp. Die Windleistung wird üblicherweise vernachlässigt. Da die Stapler kippgefährdet sind, ist ihre Kippsicherheit nachzuweisen. In Tafel 36 sind die vier Einzelversuche nebst Versuchsbedingungen aufgeführt, denen die Stapler genügen müssen.

Um Überlastungen zu vermeiden, werden von den Herstellern meist Diagramme angegeben, aus denen die in Abhängigkeit des Abstandes zulässigen Belastungen zu ersehen sind (Bild 2.3.3).

In Bild 2.3.4 sind die Hauptabmessungen für Frontstapler angegeben.

3. Lagerwesen

3.1. Allgemeines

Lagerhaltung und die optimale Lagerbewirtschaftung haben in der modernen Betriebswirtschaft einen recht bedeutsamen Platz eingenommen. In den letzten Jahren finden diese Aufgaben ihre Lösung weitgehend in der Anwendung von Hochraumlagern.

Noch vor wenigen Jahren verband man mit dem Begriff Lager die Räumlichkeiten, in denen eine mehr oder weniger große Anzahl von Artikeln gelagert wurde, deren Transport über einfache Geräte der gleislosen Flurförderung (Stapler, Handkarren usw.) erfolgte. Ferner wurde die „Lagerbuchhaltung" meist von Hand vorgenommen. So trat in diesem Zusammenhang nicht gerade selten der Fall ein, daß ein bestimmtes Gut zwar buchmäßig vorhanden, jedoch nicht auffindbar war. Unter Umständen konnten verschiedene Artikel erst bei der nächsten Inventur wieder gesichtet werden und hatten dann häufig nur noch verminderten Wert — wenn nicht sogar Schrottwert.

Die Wurzel dieses Übels ist in der „Unvollkommenheit" des Menschen zu suchen, der sich beim Ablegen eines Artikels auf einem ganz bestimmten Platz sehr leicht irren kann. Das trifft natürlich besonders dann zu, wenn er infolge großer, eventuell unübersichtlicher Lagerbereiche überfordert ist. Aus diesem Grunde ist es nicht verwunderlich, wenn schon vor Jahren damit begonnen wurde, die Aufgaben des Menschen im Lager einzuschränken und ihn durch elektronische Einrichtungen — beispielsweise kommerzielle Rechner — auch noch indirekt in bezug auf seine Arbeit zu überwachen. Diese Rationalisierung auf dem Sektor der Erfassung von Ist- und Sollwert sowie der Artikelbewegung ging selbstverständlich Hand in Hand mit den Entwicklungen auf dem fördertechnischen Sektor. So entwickelte man in den letzten Jahren eine Vielzahl von Fördereinrichtungen, die der stiefmütterlichen Behandlung des betrieblichen Lagerwesens ein Ende setzten.

So faßt denn die moderne Lagertechnik die Faktoren „Materialfluß", „Datenfluß" und „Energiefluß" weitgehend zusammen.

Nach den Einsatzformen werden heute statische und dynamische Läger unterschieden.

Statische Läger (Bild 3.1.1) dienen dem Aufbewahren von Beständen. Dabei handelt es sich meist um Rohmaterial-, Zwischenfabrikations- oder Fertigwarenlager.

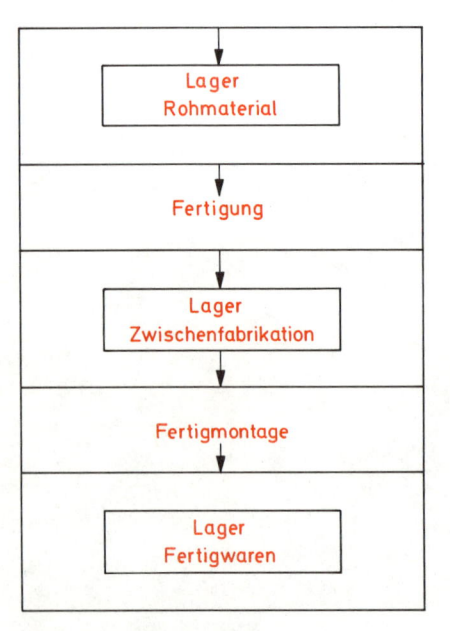

Bild 3.1.1. Statische Läger

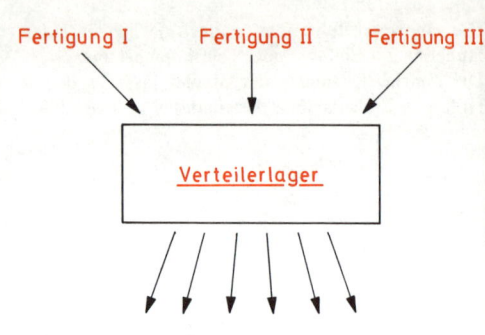

Bild 3.1.2. Verteilerlager

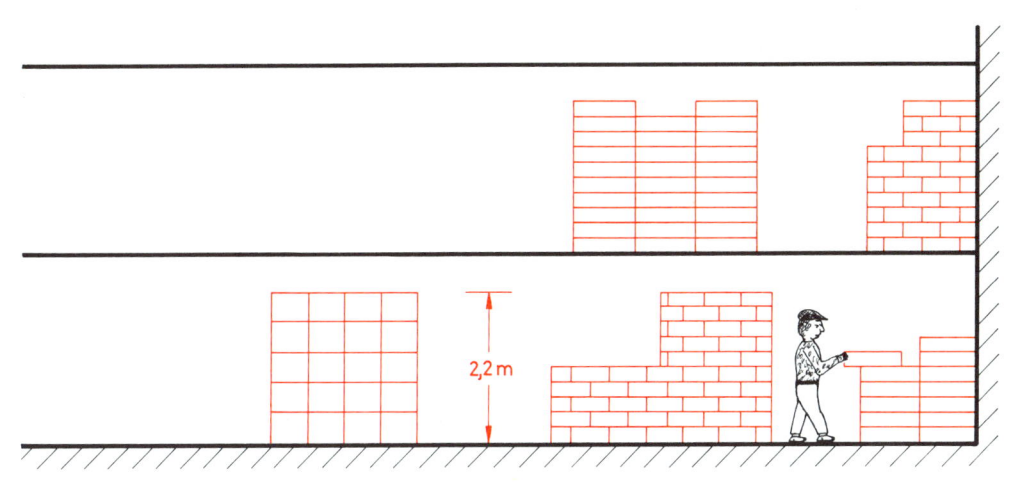

Bild 3.1.3. Prinzipdarstellung eines Flachlagers

Dynamische Läger dienen dem kurzzeitigen Aufbewahren von Fertigungsprodukten. Sie sind gekennzeichnet durch eine hohe Umschlagsquote. Die sogenannten Verteillager (Bild 3.1.2) können hier als Beispiel betrachtet werden.

Das gebräuchlichste Lagersystem der Vergangenheit stellte das Flachlager (Bild 3.1.3 — Blocklager) dar. Den Vorteilen der unkomplizierten Lagerung — der billigsten Form überhaupt — bei leicht veränderlichen Gängen stehen allerdings erhebliche Nachteile gegenüber. Beispielsweise:
große Belegungsflächen, damit schlechte Raumausnutzung,
unübersichtliche Bodenlagerung,
nur obere Einheiten direkt greifbar,
lange Lagerzugriffszeiten,
keine Automatisierungsmöglichkeiten.
Der erste Schritt in Richtung besserer Lagermethoden ergab sich durch die Zusammenfassung von zu fördernden bzw. zu lagernden Gütern zu Ladeeinheiten. Hierbei ist die Palette — als Grundplatte für gestapelte Stückgüter — besonders bekannt geworden.
Es lag nahe, für die Lagerung der Güter ebenfalls diese Paletten auszunutzen. Daraus entwickelten sich die ersten Regallager (Bild 3.1.4). Sie bestehen aus Regalen von zum Teil mehreren Metern Höhe, in die die Paletten eingestellt werden konnten. Die Bedienung erfolgte mittels Gabelstapler, was natürlich eine Beschränkung der Stapelhöhe auf rd. 7 m zur Folge hatte. Diese Art der Lagerung hat gegenüber der Flachlagerung den wesentlichen Vorteil, daß eine direkte Zugriffsmöglichkeit besteht. Somit ergibt sich indirekt ein besserer Flächen- und Raumnutzungsgrad. Dennoch sind die begrenzte Stapelhöhe und die von den Gabelstaplern benötigten erheblichen Gangbreiten als wesentlicher Nachteil dieser Lagerart anzusehen. Zwar kann durch den richtigen Einsatz von Frontstaplern oder Seitenstaplern bzw. die richtige Regalanordnung (Bild 3.1.5) diese nachteilige Auswirkung gemildert werden, dennoch bleiben die Raumverluste beachtlich.
Die erforderliche Lagerraumgröße ist von der Arbeitsgangbreite und den Palettenabmessungen abhängig. Der maximale Raumnutzungsgrad läßt sich beim Stapeln im Block (Bild 3.1.6) erreichen. Da dabei eine bestimmte Palette nicht unmittelbar zu erreichen ist, kann dieses Verfahren nur bei großen Partien angewendet werden. Allerdings ist dabei immer die Gefahr gegeben, daß das zuletzt eingestapelte Gut wieder als erstes entnommen wird.

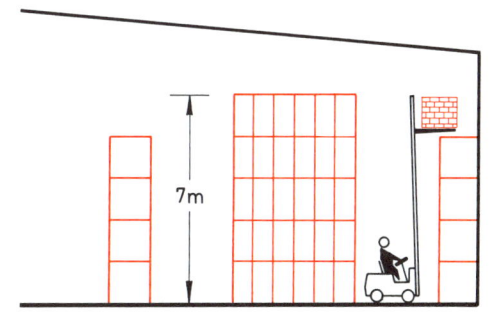

Bild 3.1.4. Prinzipdarstellung eines Regallagers

Bild 3.1.5. Regalanordnungen bei kleinen Gassenbreiten
a) für Seitenstapler
b) für Frontstapler

Bild 3.1.6. Stapeln im Block

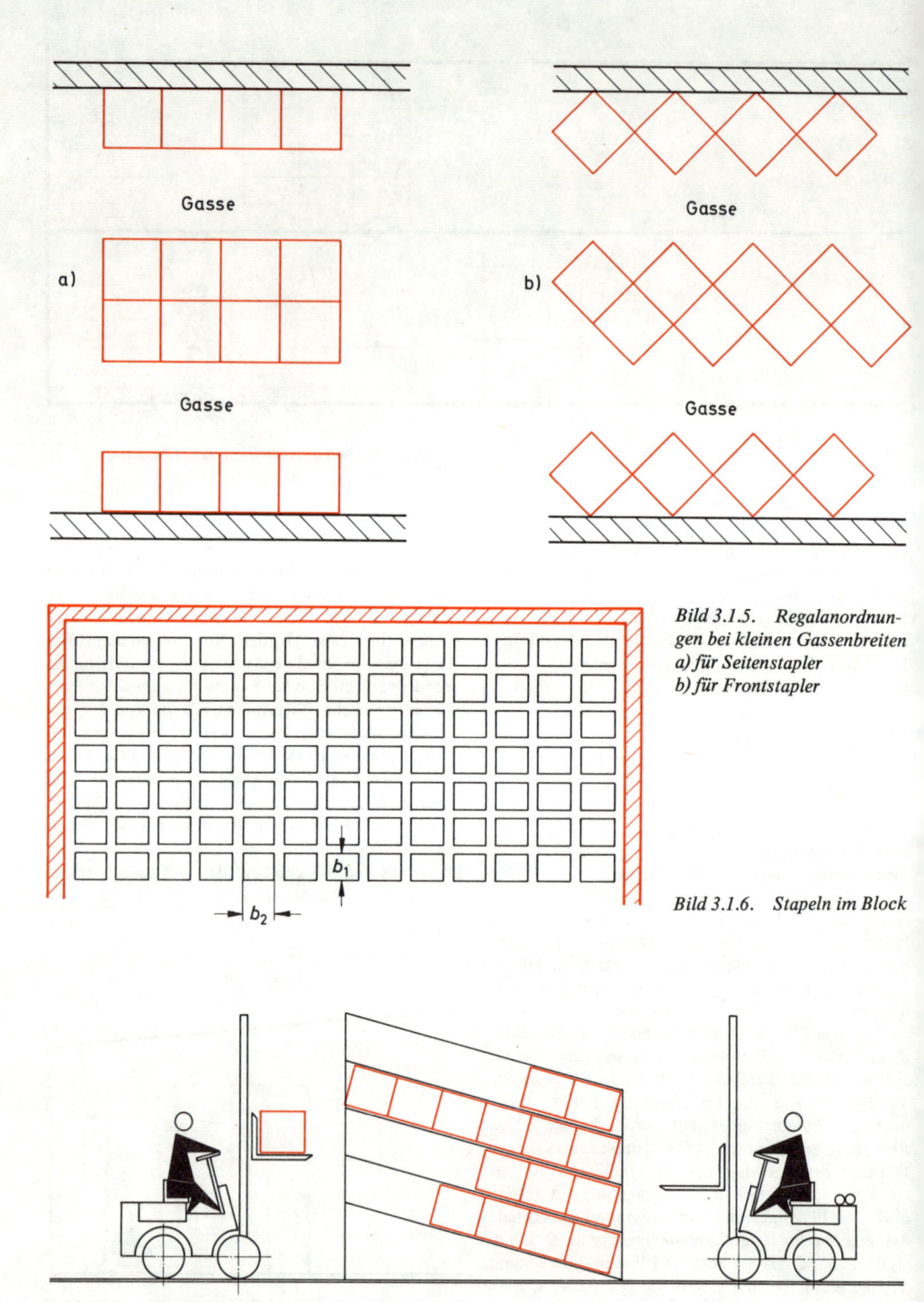

Bild 3.1.7. Prinzipdarstellung eines Durchlaufregallagers

Bild 3.1.8.
Dreiradstapler im Lager

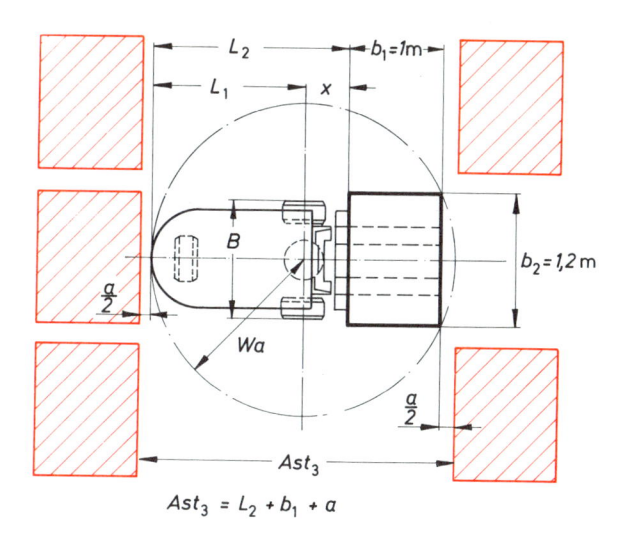

$$Ast_3 = L_2 + b_1 + a$$

Dieser Nachteil kann jedoch durch den Einsatz von Durchlaufregallagern (Bild 3.1.7) behoben werden.
Beim Stapeln in Doppelreihen ist die gewünschte Ladung immer unmittelbar zu erreichen. Die Raumausnutzung ist jedoch relativ schlecht, deshalb sollte dieses Lagerungsprinzip nur für kleine Partien verschiedener Lagergüter angewendet werden.
Die erforderliche Arbeitsgangbreite ist den Typenblättern der Gabelstaplerhersteller zu entnehmen (Bild 3.1.8 und 3.1.9). Sie beträgt bei Fahrersitzstaplern etwa

mit 0,6 Mp Tragfähigkeit (3 Räder) — 2,8 m
mit 0,6 Mp Tragfähigkeit (4 Räder) — 3,0 m
mit 1,0 Mp Tragfähigkeit (3 Räder) — 2,8 m
mit 1,0 Mp Tragfähigkeit (4 Räder) — 3,2 m
mit 2,0 Mp Tragfähigkeit (4 Räder) — 3,7 m
mit 3,0 Mp Tragfähigkeit (4 Räder) — 4,4 m

Bei Querstaplern lassen sich diese Werte bis auf rd. 2 m herabsetzen.
Die Breite der Hauptgänge ist entsprechend der Verkehrsfrequenz als ein ganzzahliges Vielfaches der Ladungsbreite (b_2 + 10 cm) zu wählen, was einen weiteren Raumverlust bedeutet.
Aus diesem Grunde wurde ein Förderzeug entwickelt, das zum integrierten Bestandteil des Lagers wurde. Die hierfür erforderliche Gangbreite ist nur

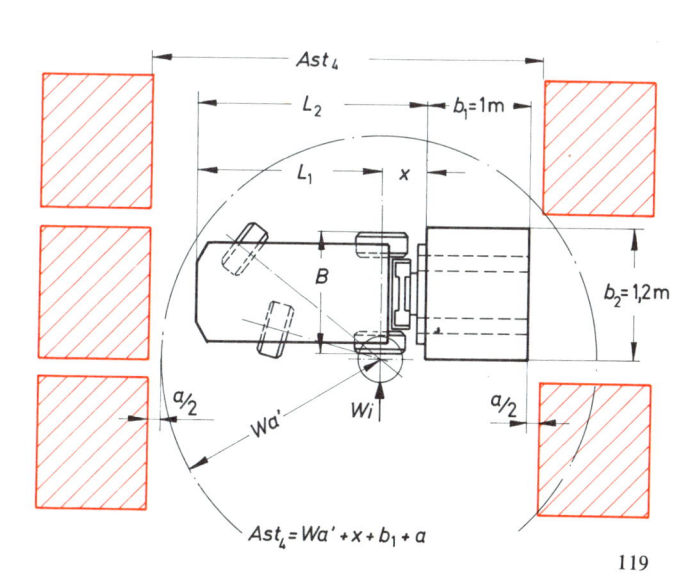

$$Ast_4 = Wa' + x + b_1 + a$$

Bild 3.1.9.
Vierradstapler im Lager

Bild 3.1.10. Hochregallager

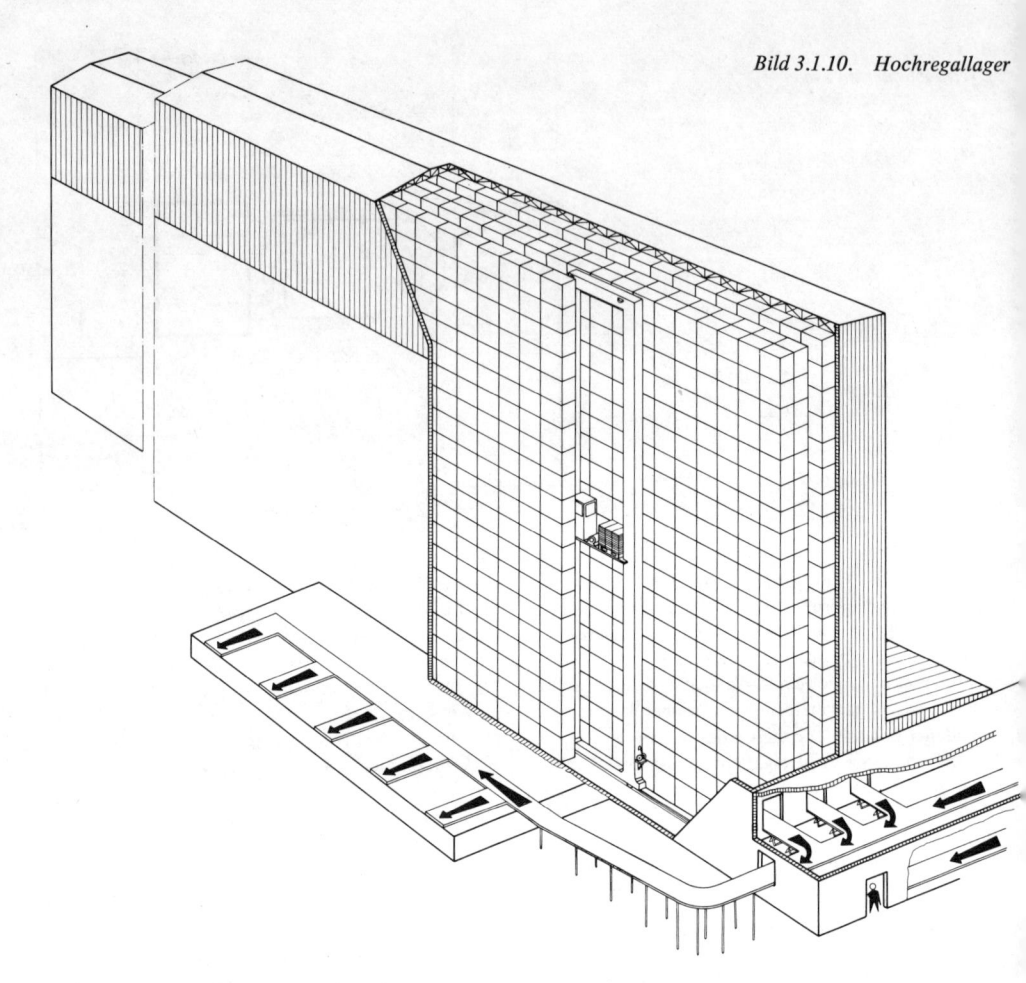

etwas größer als die Palette selbst. Auch die möglichen Stapelhöhen sind dadurch um ein wesentliches Maß erhöht worden. Dieses Förderzeug wurde inzwischen als „Stapelkran", „Regalbediengerät" und „Regalförderzeug" (RFZ) bekannt.

Jene Regalförderzeuge stellen seit Mitte der sechziger Jahre den Wendepunkt in der Lagertechnik dar. Die durch deren Einsatz gewonnenen Vorteile sind u. a.:

optimaler Flächen- und Raumnutzungsgrad,
große Lagerhöhen erreichbar,
freie Belegbarkeit der Fächer,
höchster Automatisierungsgrad möglich,
Sonderwünsche bei der Lagerung durchführbar.

Die Lager, in denen die genannten Stichpunkte realisiert werden, sind die sogenannten Hochregallager (Bild 3.1.10). Man versteht unter diesem Begriff ein Lager für Paletten bzw. palettenähnliche Einheiten (Box-Paletten, Klein-Container usw.). Allgemein ist es aus mehreren Regalreihen aufgebaut, die meist als Doppelreihen ausgeführt sind. Zwischen den Reihen bewegt sich jeweils ein RFZ, das direkt am Regal geführt wird (Bild 3.1.11).

Die Regale werden üblicherweise aus Stahl oder Beton gefertigt. Die Verkleidungen (Wände und Decke) werden direkt an den Regalen montiert. Somit bilden Regale, RFZ und Außenverkleidung eine Einheit. Da keine zusätzlichen Umbauungen erforderlich sind, ergeben sich hinsichtlich der Abschreibungen noch zusätzliche Vorteile. Bisher ausgeführte Hochraumlager weisen Höhen bis zu 40 m und Längen bis zu 180 m auf. Die RFZ- und Gassenzahl ergibt sich aus wirtschaftlichen Gesichtspunkten und räumlichen Prämissen.

Mit zunehmender Größe des Lagers wird noch ein umfangreiches peripheres Transportsystem (Bild

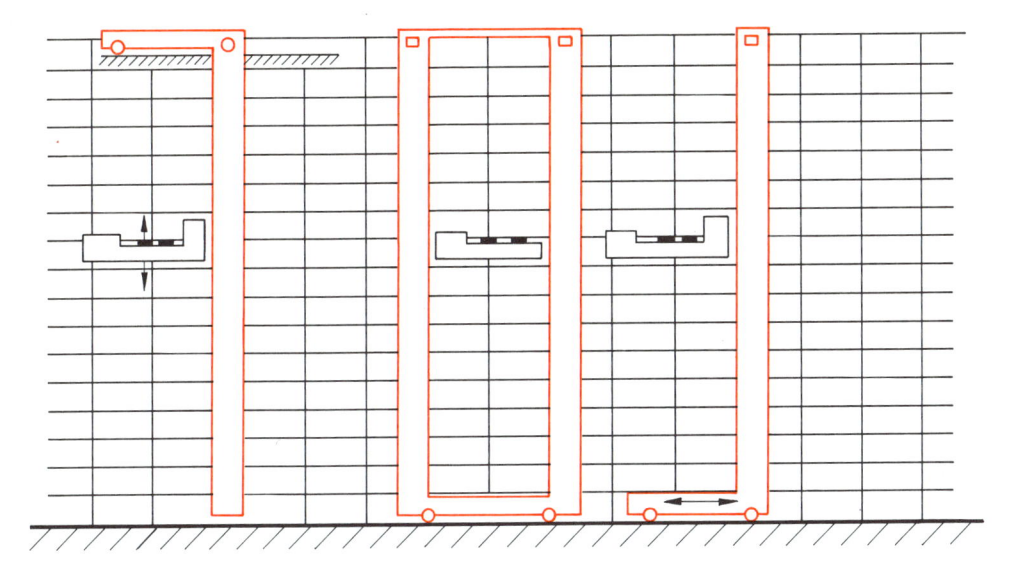

Bild 3.1.11. Ausführungsformen von Regalförderzeugen

3.1.12) notwendig, das das Lagergut zu und von den Lagergassen transportiert.
Anfangs wurden vorwiegend Hochregallager mit handgesteuerten Regalförderzeugen eingesetzt. In jüngster Zeit tritt an deren Stelle zunehmend das automatisierte, über Lochkarten gesteuerte und in Weiterentwicklung das von Prozeßrechnern geführte Lagersystem.

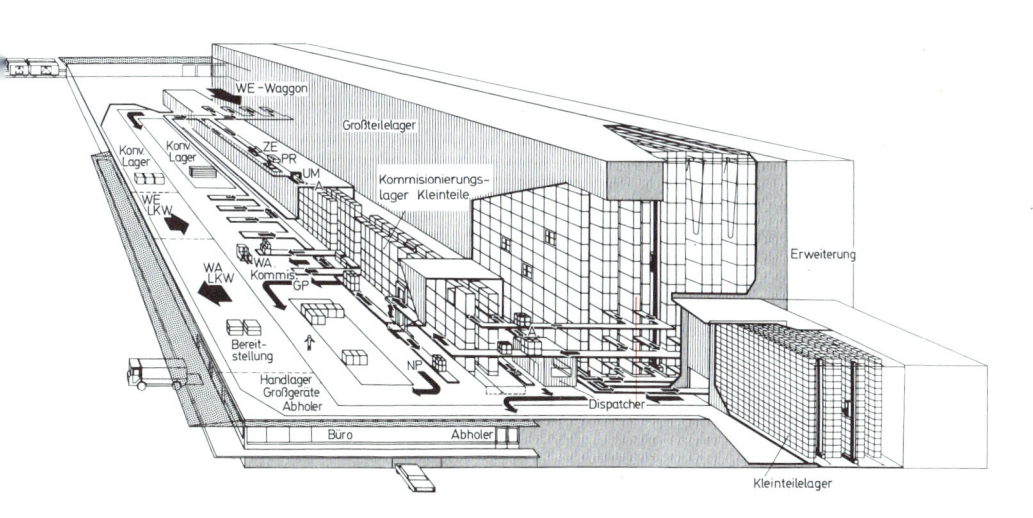

Bild 3.1.12. Prinzipdarstellung eines modernen Lagersystems

3.2. Lagerplanung

Die Planung moderner Lager erfordert zunächst einmal das Erfassen des Ist-Zustandes und die Festlegung des Sollzustandes, damit Lagerart und -größe festgelegt werden können. An dieser Stelle erhebt sich nun eine sehr wichtige Frage: „Nach welchen Grundsätzen kann man ein solches Lager planen?"
An speziellen Fragen tauchen meist auf:
Wie hoch soll das Lager werden?
Wie lang sollen die Gänge werden?
Wieviel Gänge soll man überhaupt anordnen?
Welcher Flächennutzungsgrad ergibt sich?
Welcher Raumnutzungsgrad ergibt sich?
Wie soll die Kommissionierung vorgehen?
Welche Investitionssumme erweist sich als sinnvoll?
Diese Fragen können natürlich nicht allgemeingültig, sondern nur individuell beantwortet werden.
Einige nachstehend aufgeführte Thesen können jedoch zur Zeit als generell gültig betrachtet werden.

3.2.1. Die betriebliche Situation des Lagers

Üblicherweise kann das Lager als zum Gesamtbetrieb zugehörig betrachtet werden. Aus diesem Grunde ist die organisatorische Planung des Lagers inklusiv dem Material und Datenfluß als primär anzusehen.
Die technische Seite steht also zunächst im Hintergrund. Erst bedingt durch die allgemeine Produktionsrationalisierung wird eine entsprechend automatisierte Lagereinrichtung erforderlich, um den Anstrengungen auf der Produktionsseite nicht entgegenzuwirken.

3.2.2. Zusammenhang von Lagergröße und Kapitalbindung

Eine der wesentlichen Aufgaben der Vorplanung ist die Ermittlung der optimalen Lagermenge, damit das zwangsläufig im Lager gebundene Kapital auf einem Minimum gehalten wird. Dabei ist es unbedingt erforderlich, zwischen den eigenen Wünschen und denen der Kunden einen zufriedenstellenden Kompromiß zu finden. Der Kunde möchte einerseits ein möglichst großes Sortiment bei kurzen Lieferzeiten und geringen Bestellmengen, während auf der anderen Seite diese Wünsche als Kostenfaktoren für das Lager anzusehen sind. Zur Minimierung des gebundenen Kapitals ist es also unerläßlich, die Umschlaghäufigkeit möglichst groß und den Warenbestand gering zu halten. Ferner sollte das Artikelangebot auf ein Minimum reduziert werden.

Bei der Festlegung der Mindestbestellmengen ist stets zu prüfen, ob der Verkauf von Stapeleinheiten möglich und somit eine wesentliche Minderung des Kommissionierungsaufwandes möglich ist. Grundsätzlich sollten die Läger jedoch nur bis zu Höhen von 20 m als Kommissionierläger ausgeführt werden.

3.2.3. Die Kommissionierung

Definition: Auftragsweise Zusammenstellung von Einzeleinheiten zu einer Gesamtorder.
Die Wahl der günstigsten Kommissionierungsart ist von zahlreichen Faktoren abhängig, die von Fall zu Fall durch eine Wirtschaftlichkeitsrechnung gegenseitig abzuwägen sind.
Grundsätzlich muß zwischen dem „Kommissionieren in der Gasse" — man fährt zu jedem gewünschten Lagerplatz und entnimmt — und dem „Kommissionieren außerhalb der Gasse" — man holt Ladeeinheiten mit großem Vorrat zu einem stationären Entnahmeplatz und sendet die Ladeeinheit mit dem restlichen Vorrat zum Lagerplatz zurück — unterschieden werden. Beeinflußt wird die Möglichkeit der Lagerautomatisierung insbesondere durch die Auswahl der Kommissionierungsart.
Bei kleinen Sortimenten und großem Automatisierungsgrad empfiehlt sich das Kommissionieren vor der Gasse (KVG); bei großem Artikelangebot und geringem Automatisierungsgrad ist das Kommissionieren in der Gasse (KIG) vorteilhaft.

3.2.4. Die allgemeine Lagerkonzeption

Bei der Planung eines Lagers muß zunächst einmal die allgemeine Warenbewegung aufgrund von steuertechnischen Überlegungen und inhaltlichen Prämissen festgelegt werden. Die Möglichkeiten der allgemeinen Warenbewegung zeigt Bild 3.2.1.
Das Zusammenstellen von Lagereinheiten im gesamten Auf- und Abgabetrakt bedarf ebenfalls sehr eingehender Überlegungen. Einige Beispiele hierzu zeigen die in Bild 3.2.2 dargestellten Warenbewegungen.
Vor einer näheren Entscheidung der Lagerkonzeption sollten auf jeden Fall die nachstehend genannten Faktoren untersucht werden:
In welchen Einheiten, mit welchen Gewichten und Abmessungen kommt das Lagergut an welcher Stelle an?
Welche Menge geht in acht Arbeitsstunden ein?

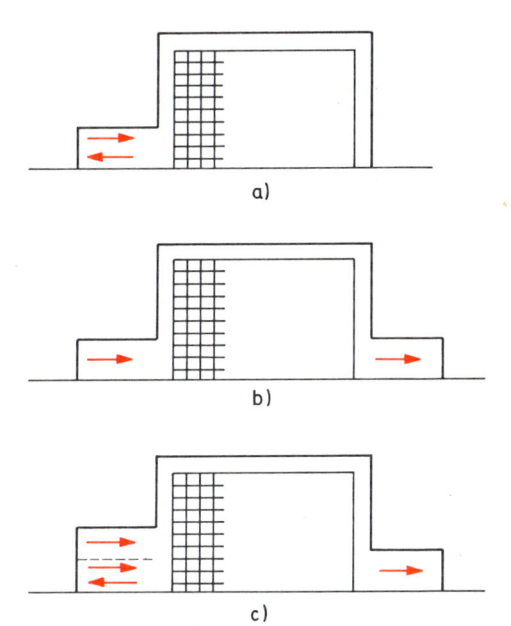

Bild 3.2.1. Möglichkeiten der allgemeinen Warenbewegung
a) Ein- und Auslagerung zusammen auf einer Seite in einer Ebene
b) Ein- und Auslagerung je auf einer Seite in einer Ebene
c) Einlagerung auf einer Seite in zwei Ebenen, Auslagerung auf zwei Seiten in einer Ebene

Wie muß das Material zum Lagern vorbereitet werden?
Mit welchen Fördermitteln erfolgt der Transport zum Lager?
Welcher Beleg dient als Warenbegleitpapier?
Wie ist der gesamte Datenfluß aufgebaut?
Welcher RFZ-Typ eignet sich nach Normung der Lagereinheiten am besten für den Ablauf und welches sind die Eigenschaften und Abmessungen?
Welche Menge soll gelagert werden?
Gibt es Spitzen- oder Saisonzeiten?
Kann eine Einzelentnahme im Regal oder außerhalb der Regalzone erfolgen?
Welche Hilfsmittel sind dazu notwendig?
Muß Verpackungsmaterial bzw. eine Ladeeinheit auf dem RFZ mitgenommen werden?
Gibt es spezielle Eigenschaften des Lagerguts, die berücksichtigt werden müssen (feuergefährlich, bruchempfindlich, explosionsgefährlich)?
Erfolgt ein Wiegen, Abzählen?
Wo werden die verschiedenen Artikel zu Kommissionen zusammengestellt?

Mit welchen Förderaggregaten erfolgt der Abtransport?
Gibt es behördliche Vorschriften aufgrund von Bebauungsplänen?
Welche Feuerschutzeinrichtungen müssen beachtet werden?
Ist an eine Automatisierung des Hochraumlagers gedacht, so ist auf folgende allgemeine Grundsätze zu achten:

1. Hohe Betriebssicherheit (z. B. Großserienfertigung)
2. Hohe Schnelligkeit (kurze Zugriffszeiten)
3. Gute Raumausnutzung
4. Personalverminderung
5. Flexibilität (Anpassung auf kurzfristige Fertigungsumstellung)
6. Integration in die Fertigungssteuerung
7. Freie Wahl des Lagerplatzes; d. h. keine feste Zuordnung von Lagerplatz zu Lagergut
8. Hohe Wirtschaftlichkeit
9. Höhere Sicherheit für das Bedienungspersonal
10. Besserer Arbeitsablauf (z. B. kein falsches Lagergut)

Diese aufgeführten Grundgedanken können als Forderungen definiert werden, die an ein automatisierbares Lagersystem in der Fertigung zu stellen sind.

3.2.5. Heutige Erkenntnisse der Industrie für zukünftige Hochregalanlagen

Die Planungsphase eines Hochregallagers ist äußerst personalintensiv, weil ein derartig komplexes System nur von qualifizierten Spezialisten der einzelnen Fachgebiete optimiert werden kann.
Als Anhaltswerte für die Gesamtrealisierungszeit werden heute von der einschlägigen Industrie genannt:

Planungsphase	$2/5$	ca. 12 Monate
Realisierungsphase	$2/5$	ca. 12 Monate
Einarbeitungsphase	$1/5$	ca. 6 Monate
Gesamtrealisierungszeit:		30 Monate

Selbstverständlich liegt die Gesamtrealisierungszeit dann niedriger, wenn auf Erfahrungswerte zurückgegriffen werden kann (z. B. ein identisches Lagersystem). Außerdem ist für die Planungszeit sehr wesentlich, welche Arbeitsunterlagen (Istwerte) vorliegen. Eine Istwertaufnahme kann nämlich sehr langwierig sein und aus diesem Grunde die Planungszeit stark beeinflussen.
Ferner ist es wichtig, daß das Gesamtsystem großzügig ausgelegt wird. So darf also beispielsweise bei

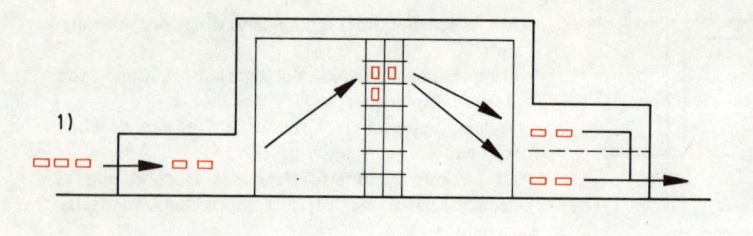

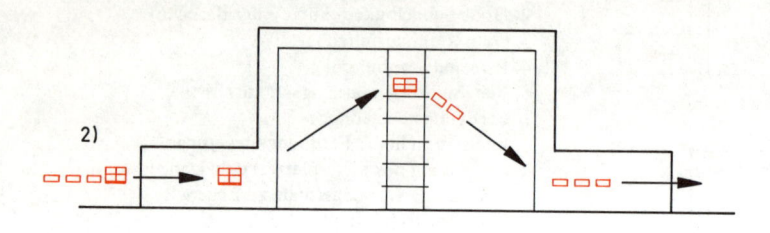

Bild 3.2.2. Warenbewegung in Hochraumlägern
1 Einzeleinlagerung und Einzelauslagerung
2 Palettenweise Einlagerung und Einzelauslagerung
3 Gruppeneinlagerung und Gruppenauslagerung
4 Palettenweise Ein- und Auslagerung mit Kommissionierung vor der Gasse
5 Palettenweise Ein- und Auslagerung

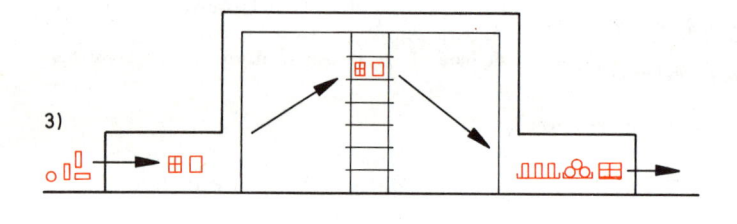

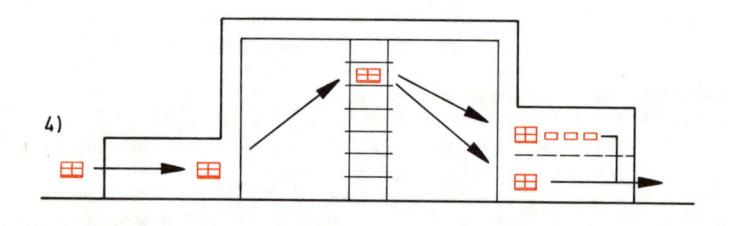

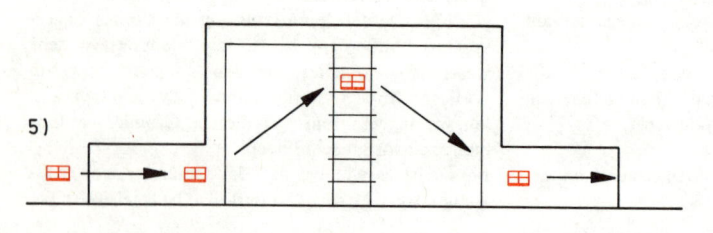

der Leistungsberechnung von Regalförderzeugen niemals die obere Leistungsgrenze zugrundegelegt werden, da stets eine gewisse Kapazitätserweiterung mit eingeplant werden muß. An dieser Stelle ist es üblich, ein RFZ mehr einzusetzen (Reservegerät). Die Entscheidungsfindung für derart komplexe Systeme ist schwierig. Aus diesem Grunde müssen ständig Überlegungen angestellt werden, wie die Entscheidungsgrundlagen durch Anwendung moderner Methoden verbessert werden können. Eine besondere Entscheidungshilfe ist hier durch die Simulation des Arbeitsablaufes auf einem Elektronenrechner gegeben. Dabei können die Ein- und Auslagerungsvorgänge auf möglicherweise auftretende Warteschlangen u. ä. untersucht werden.

Damit ist in begrenztem Umfang eine qualitative Aussage über die Funktionsfähigkeit einer konzipierten Anlage möglich.

4. Einrichtungen der Transportrationalisierung

Um die Transport- und Lagerkosten auf ein Minimum zu reduzieren, ist die Bildung von sogenannten Einheitsladungen unbedingt erforderlich. Dabei werden bestimmte Mengen des betreffenden Fördergutes auf Paletten oder in Containern zusammengefaßt.

Paletten und Container repräsentieren zwei verschiedene Arten moderner Förderhilfsmittel, wobei die Paletten vorwiegend für geringe Entfernungen, für die Lagerhaltung und Endverteilung, die Container überwiegend für die Transporte über größere Strecken benutzt werden.

4.1. Paletten

Die Paletten gliedern sich in Flachpaletten und Boxpaletten. Flachpaletten sind Stapelpaletten zum Beladen mit Fördergut; sie gestatten das Unterfahren mit den Aufnahmeteilen von Flurförderzeugen oder RFZ (Regalförderzeuge). Nach der Art der Zugänglichkeit unterscheidet man sie in Zwei- und Vierwegpaletten (Bild 4.1.1). Ferner können sie als Ein- oder Doppeldeckpaletten gebaut sein — mit Bodenplatten als geschlossene Fläche oder fensterartigen Durchbrüchen. Die Einteilung und Bezeichnung der Paletten ist aus der Tafel 37 ersichtlich.

In Bild 4.1.2 sind die Hauptmaße der Paletten, die außer aus Holz auch noch aus Pappe, Preßstoff, Stahl- oder Aluminiumblech hergestellt werden, allgemein eingetragen. In Tafel 38 sind die dazugehörigen Abmessungen zusammengestellt.

Neben den Flachpaletten gibt es noch — wie bereits aufgeführt — die Boxpaletten (Bild 4.1.3). Dabei

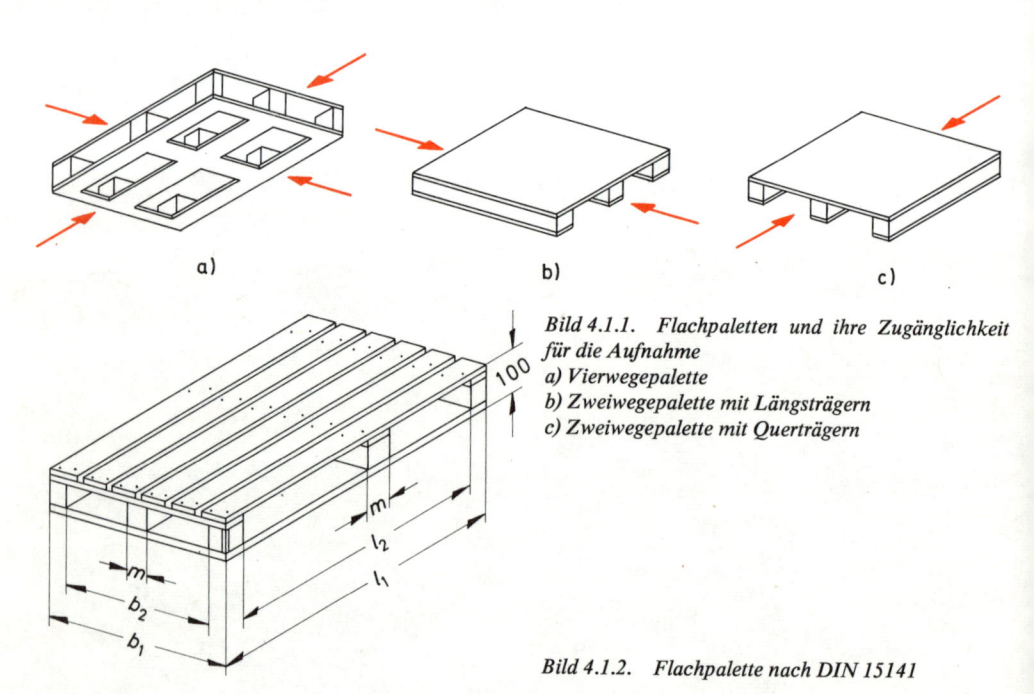

Bild 4.1.1. Flachpaletten und ihre Zugänglichkeit für die Aufnahme
a) Vierwegepalette
b) Zweiwegepalette mit Längsträgern
c) Zweiwegepalette mit Querträgern

Bild 4.1.2. Flachpalette nach DIN 15141

handelt es sich um oben offene Stahlbehälter, deren Grundmaße mit denen der Palette übereinstimmen. Von den verschiedenen Größen und Ausführungen der Paletten sind die europäischen Tauschpaletten (P = europäische Tauschpalette) die wichtigsten. Die beladene Palette wird beim Eingang bei den dem Palettenpool angehörenden Unternehmen Eigentum des Empfängers, womit aber eine Abgabe einer gleichen Palette an das Transportunternehmen verknüpft ist.

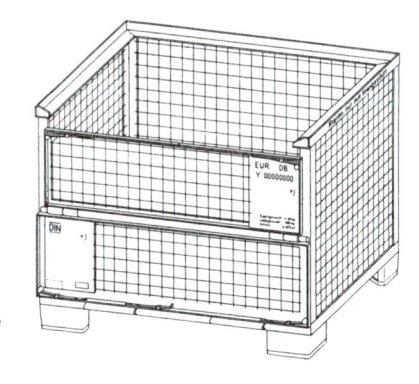

Bild 4.1.3. Boxpalette

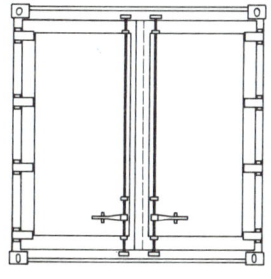

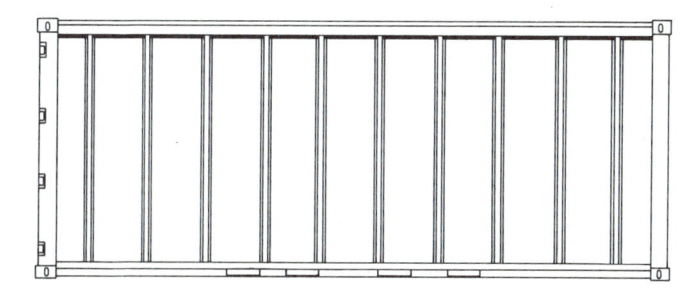

Bild 4.2.1. Container

4.2. Container

Container (Bild 4.2.1) sind genormte Großbehälter zum Bilden von Einheitsladungen, die in den vergangenen Jahren im Transportwesen eine fast revolutionäre Wendung hervorgerufen haben. Ihre Größen, die nach einem bestimmten Modulsystem gestaffelt sind (Bild 4.2.2), sind genormt. Dadurch wird eine Kombination verschieden großer Einheiten ermöglicht.

Der größte Container ist der $40'$-Behälter mit ca. 30 Mp Bruttogewicht. Für europäische Verhältnisse hat besonders der $20'$-Container Bedeutung erlangt. Sein Bruttogewicht beträgt ca. 20 Mp. In Tafel 39 sind die wichtigsten Containeraußenmaße nach ISO aufgeführt.

Für den Bau von Containern werden Stahl, Aluminium sowie glasfaserverstärkte und kunststoffbeschichtete Sperrholzplatten in den verschiedensten Kombinationen verwendet. Den prinzipiellen Aufbau zeigt Bild 4.2.3.

Das wichtigste an der Normung ist die genaue Festlegung der acht Containerecken, sowohl maßlich

Bild 4.2.2. Modulsystem der Container

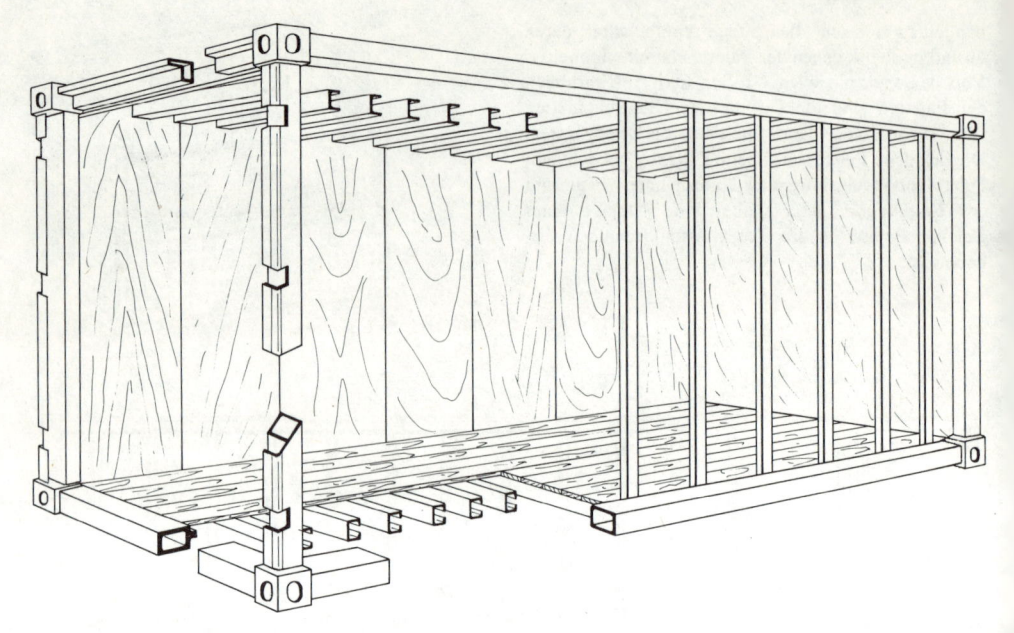

Bild 4.2.3. Prinzipieller Aufbau eines Containers

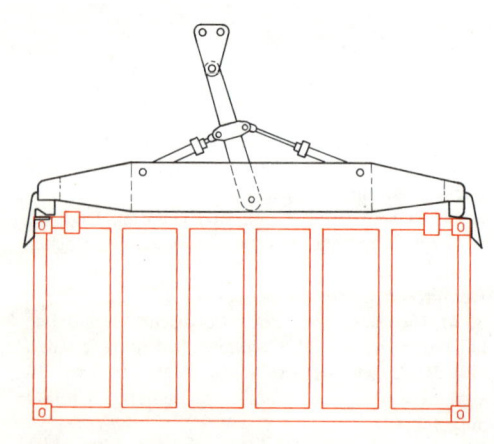

Bild 4.2.4. Container mit Spreader

als auch konstruktiv, denn an den oberen Eckenbeschlägen werden die Container mit Hilfe eines Greiferrahmens, dem Spreader (Bild 4.2.4), angehoben.

Neben den Standardcontainern findet man zahlreiche Spezialcontainer, z. B. Flüssigkeits- und Schüttgutcontainer.

Als Umschlaggeräte werden eine Vielzahl von Einrichtungen eingesetzt, die von der im Eckbeschlag befestigten Rolle bis zum Containerportalkran reichen.

Durch den Containereinsatz ergeben sich folgende Vorteile:

Einsparung von Verpackungsmaterial

besserer Schutz der Ware gegen Transport- und Witterungsschäden

wesentlich verkürzte Transportzeiten (z. B. Liegezeiten der Schiffe im Hafen)

Vermeidung von Zwischenumladungen

Schutz der Ware gegen Diebstahl

teilweise ermäßigte Frachtsätze.

Beim optimalen Einsatz lassen sich Kosteneinsparungen im Güterverkehr bis zu 50% erzielen.

5. Tabellen-Anhang

Tafel 1: Gliederung der Schüttgüter nach Stückigkeit und Körnung

Bezeichnung des Schüttgutes	Stückigkeit bzw. Körnung in mm
grobstückig	über 160
mittelstückig	60···160
kleinstückig	10···60
körnig	0,5···10
staubförmig	unter 0,5

Tafel 2: Gliederung der Schüttgüter nach dem Schüttgewicht

Bezeichnung des Schüttgutes	Schüttgewicht γ_s in Mp/m³	Beispiele
leicht	bis 0,6	Sägespäne, Torf, Koks
mittelschwer	0,6···1,1	Getreide, Kohle Schlacke
schwer	1,1···2,0	Sand, Kies, Steine
sehr schwer	über 2,0	Eisenerz

Tafel 3: Alphabetische Tabelle über Schüttgewichte und max. mögliche Bandsteigungen (Gurtförderer)

Fördergut	Steigung δ in 1°	Schüttgewicht γ_s in Mp/m³
Aluminium in Stücken	18···20°	0,95···1,05
Aluminiumoxid	20°	0,95···1
Aluminium, pulverisiert	20°	0,7···0,8
Ammonsalpeter	22°	1
Asche, trocken	20°	0,55···0,65
Asche, naß	23°	0,7···0,9
Asche und Schlacken		0,7
Asphalt, gebrochen	22°	0,7
Backpulver		0,65···0,7
Backstein, gemahlen	23°	1,4
Basaltsplitt	20°	3,2
Basaltschotter		2,0
Bauschutt-Abraum		1,8···2,0
Baumwollsamen	20°	0,4···0,5
Bauxit, gebrochen	18···20°	1,2···1,4
Bauxit, fein		1,9···2,0
Beton		2,0···2,2
Beton, gemischt, naß	16···22°	1,95···2,4
Bimssand		0,7
Bimsstein, gemahlen	23°	0,65···0,75
Bleioxid	18···20°	0,95···2,4
Borax	20°	0,8···1,15
Brauereigerste, naß	16°	0,8
Braunkohle, lufttrocken	23°	0,7···0,9
Braunkohle, naß	25°	0,9
Brauneisenstein, fein		3,2
Brennerei-Korn, verbraucht (Schlempe), trocken	24°	0,5
Bruchsteine		2,0
Eisenerz	18···20°	2,4
Erde, Humus, trocken		1,14
Erde mit Steinen, trocken		1,31
Erdnüsse, ohne Schale	13°	0,3···0,4
Erdnüsse, mit Schale	19°	0,25···0,35
Erde, trocken	20°	1,4···1,8
Erde, feucht	22°	1,7···2,5
Erbsen, getrocknet	12°	0,7···0,8
Erze (Spanisch)	18···22°	2,0···2,5
Erze (Schwedisch)	18···22°	2,5···3,5
Erze (Schwefelkies)	18···22°	2,0···2,4
Feinerze	18···22°	2,0
Chromerze	18···22°	2,0
Formsand		1,2
Feldspat, gebrochen	18°	1,6
Fischmehl	25°	0,55···0,65
Flachsaat	14°	0,7···0,75
Flugasche	20°	0,45···0,5
Flugstaub	23°	1,6
Flußspat	20°	1,75
Gerbrinde	22°	0,95
Gerste	15°	0,6
Gips, kalziniert	24°	0,85···1,0
Gips, pulverisiert	23°	0,95···1,0
Gips, gebrochen	18°	1,35
Gichtstaub		1,5

Fördergut	Steigung δ in 1°	Schüttgewicht γ_s in Mp/m³
Geröll		1,8
Glas (Bruch)	12···15°	1,3···1,6
Granit, gebrochen	20°	1,5···1,6
Granit in Stücken		2,7
Grauwacke		2,0
Graphit		2,05
Graphitflocken	22°	0,6···0,65
Graphitpulver	20°	0,45
Gras und Klee		0,35
Hafer	15°	0,4
Holzstücke	20···25°	0,25···0,5
Holz, Hobelspäne	22°	0,2···0,3
Holzkohle	18°	0,2···0,4
Holzschnitzel, trocken	25°	0,3···0,35
Holzschnitzel, naß	28°	0,6···0,9
(Holz, pulverisiert: s. Sägemehl)		
Kiefernholz in Scheiten		0,33
Kiefernholz in Spänen		0,32
Eichenholz in Scheiten		0,42
Heu gepreßt		0,15
Hausmüll		0,6
Hochofen-Masseln		4,5
Hochofenschlacke		1,2···1,4
Hochofenschlacke, grob		1,0
Kaffeebohnen, grün	15°	0,45···0,65
Kaffeebohnen, geröstet	13°	0,35···0,45
Kakao pulverisiert	20°	0,45···0,55
Kakaobohnen	8°	0,45···0,65
Kalk, kleine Stücke	18°	0,9
Kalk, hydriert	20°	0,3···0,5

Fördergut	Steigung δ in 1°	Schüttgewicht γ_s in Mp/m³
Kalk, pulverisiert	23°	0,5···0,7
Kalkstein, Staub	20···23°	1,3···1,4
Kalkstein, Siebrückstand	18°	1,4···1,5
Kalk, gebrannt		1,2
Kalk und Bruchsteine		2,0
Kali		1,2
Kalkstein, kleinstückig		1,6···2,0
Kalk, gelöscht		1,2
Kartoffeln		0,75
Kies sortiert, gewaschen	12···15°	2,5
Kies sortiert, ungewaschen	15···17°	2,0
Kies, unsortiert	18···20°	1,8
Kies und Sand erdfeucht	24°	1,6···1,8
Kies und Sand naß	22°	2,0···2,4
Klärbeckenschlamm	20°	0,6···0,8
Kleie	22°	0,25···0,3
Knochen, gebrochen	20°	0,55···0,65
Knochen, gekörnt	18°	0,8···0,85
Knochen, gemahlen	22°	0,85···1,0
Knochenasche	20°	0,3···0,4
Knochenkohle	18°	0,6···0,65
Kesselasche		1,0
Kohlenstaub (s. a. Steinkohle)		
Retortenkohle, Holzkohle	18°	0,4···0,45
Kohle (Stück)		0,8
Kohle (Englisch)		0,9
Grobe Stückkohle		0,83
Fein- und Nußkohle		0,85···1,0
Schlammkohle		1,0
Staubkohle		0,7
Koks	17···18°	0,45···0,65

Fortsetzung von Tafel 3

Fördergut	Steigung δ in 1°	Schüttgewicht γ_s in Mp/m³
Koksasche		0,7···0,9
Koks, fein	20°	0,4···0,5
Konverterstaub		2,7
Kopra	20°	0,35···0,6
Koprakuchen	20°	0,4···0,5
Kork, roh	24°	0,08···0,25
Kork, gebrochen	24°	0,1···0,2
Kork, fein gemahlen	22°	0,2···0,25
Kunstdünger		1,2
Kupfer, Blei (schweres Erz)		2,4
Kreide, pulverisiert	23°	1,1···1,2
Kreide, gebrochen	22°	1,35···1,45
Leim, gemahlen	22°	0,6···0,65
Leinsamenkuchen	20°	0,75···0,8
Lehm und Ton, trocken		1,6···1,8
Lehm und Ton, naß		2,0···2,1
Lehm, feucht		1,8
Maiskörner	15°	0,7···0,75
Maismehl	22°	0,6···0,65
Malz, trocken	17°	0,3···0,5
Mangansulfat	18°···20°	1,1
Marmor, gebrochen	18°	1,5···1,6
Magnesit		2,4
Martinschlacke		3,0
Mergel		2,15
Mehl	22°	0,55···0,65
Minette		1,8
Mist-Guane		0,8···1,0
Mörtel		1,7···1,9
Mutterboden		1,8

Fördergut	Steigung δ in 1°	Schüttgewicht γ_s in Mp/m³
Oxalsäure, kristallin	20°	1,0
Pakete	18°···25°	—
Pech, trocken	22°	0,8···1
Phosphorsäure	23°	1,45
Phosphorstein, gebrochen	18°	1,35···1,45
Phosphat		2,0
Pyrite		2,5
Quarz (Bruchquarz)	18°	1,6···1,75
Retortenkohle	18°	0,8
Reis	18°	0,7···0,8
Rohgummiabfälle	22°	0,45···0,5
Roggen		0,73
Sägemehl (od. pulveris. Holz)	22°	0,2···0,35
Salz, roh		2,2
Salz, grob	18°···20°	0,7···0,8
Salz, fein	15°···18°	1,2···1,3
Salz, Stückform	15°···16°	1,2···1,45
Steinsalz		1,2
Salpeter		1,0
Siedesalz		0,75
Sand, trocken	15°···16°	1,5···1,6
Sand, naß	20°···25°	1,75···2,1
Sand, Gießereisand	24°···27°	1,4···1,8
Sand und Kies, trocken	18°	1,5···1,8
Sand und Kies, naß	20°	1,75···2,0
Sandstein, Bruch	18°	1,35···1,55
Soda		1,0
Schamotte	20°	1,8
Schellack		1,3

Fördergut	Steigung δ in 1°	Schüttgewicht γ_s in Mp/m³
Schiefer	18°	1,25 ··· 1,45
Schieferton, Bruch	18°	1,4 ··· 1,55
Schlackensand		0,9
Schlacke, porös, gebr.	18°	1,2 ··· 1,3
Schlackenbruch (Stücke)	18°	1,3
Schotter		1,63
Steinschotter		1,8
Schrott (Misch-Schrott)		1,2
Schrott (Kern-Schrott)		1,8 ··· 2,0
Seifenflocken	15°	0,15 ··· 0,35
Splitt		1,8
Schwefel, grob	18°	1,3
Schwefel, pulverisiert	23°	0,9
Schwerspat, gebrochen	18°	2,7 ··· 2,9
Stärke, pulverisiert	22°	0,4 ··· 0,65
Steine, sortiert, über 100 mm	15°	1,3 ··· 1,6
Steine, sortiert, unter 100 mm	16°	1,45 ··· 1,6
Steine, unsort., über 100 mm	16°	1,4 ··· 1,6
Steine, unsort., unter 100 mm	18°	1,5 ··· 1,6
Steine, klein	20 ··· 22°	1,55 ··· 1,7
Steinkohle im Stück	18°	1,2 ··· 1,5

Fördergut	Steigung δ in 1°	Schüttgewicht γ_s in Mp/m³
Tabakblätter	24°	—
Tabakstengel	22°	0,4
Talkum	22°	0,8 ··· 1,0
Thomasmehl		2,2
Torf, trocken		0,35
Torf, naß		0,5 ··· 0,6
Weizen	18°	0,75
Weizenmehl	22°	0,55 ··· 0,65
Zement, trocken (Portland)	20 ··· 22°	1,35 ··· 1,6
Zement (Klinker)	18°	1,2 ··· 1,3
Ziegelsteine		1,4
Zinkblende	22°	1,8 ··· 2,0
Zinkoxid	22°	0,3 ··· 0,6
Zinksulfat		1,1
Zucker, roh	15°	0,9 ··· 1,05
Zucker, körnig	18°	0,8 ··· 0,9
Zucker, raffiniert	20°	0,8 ··· 0,9
Zuckerrohr	20°	1,1 ··· 1,3
Zuckerrüben	17°	0,6

Tafel 4: Böschungswinkel und Reibungszahl der wichtigsten Schüttgüter (Mittelwerte)

Schüttgut	Böschungswinkel in 1° der Bewegung β_b	der Ruhe β	Reibungszahl der Ruhe μ_0 auf Stahl	auf Holz	auf Gummi
Anthrazit	27	45	0,84	0,84	—
Asche (trocken)	40	50	0,84	1,00	—
Braunkohle	35	50	1,0	1,0	0,7
Eisenerze	30	50	1,2	—	—
Erde (trocken)	30	45	1,0	—	—
Formsand	30	45	0,71	—	0,61
Gips (kleinstückig)	—	40	0,78	—	0,82
Hafer	28	35	0,58	0,78	0,50
Holzsägespäne	—	39	0,8	—	0,65
Kalksteine (kleinstückig)	30	—	0,56	0,7	—
Kies	30	45	1,0	—	—
Koks	35	50	1,0	1,0	—
Lehm (trocken)	40	50	0,75	—	—
Sand (trocken)	30	45	0,8	—	0,56
Schotter (trocken)	35	45	0,63	—	0,6
Steinkohlenschlacke	35	45	1,0	—	0,66
Torf (trocken)	40	45	0,75	0,8	—
Weizen	25	35	0,58	0,58	0,5
Weizenmehl	49	55	0,65	—	0,85
Zement (trocken)	35	50	0,65	—	0,64

Tafel 5: Gewichte von Textilgurten je m² ohne Gummidecke

Gurtkonfektion	Dicke je Einlage s_E in mm	Einlagenzahl z — Gewicht ohne Deckplatten in kp/m²				
		2	3	4	5	6
B 50	1,2	3,0	4,3	5,8	7,2	8,6
B 60	1,5	3,2	4,7	6,3	7,9	9,4
B 80	1,65	4,0	5,9	7,9	9,9	11,8
Z 90	1,3	3,2	4,8	6,3	7,9	9,5
R 125	1,15	3,7	5,6	7,4	9,3	11,1
RP 160	1,3	4,0	5,9	7,9	9,9	11,8
RP 200	1,4	4,3	6,4	8,5	10,7	12,8
RP 250	1,6	4,7	7,0	9,3	11,6	13,9
RP 315	1,85	4,8	7,2	9,6	12,0	14,4
RP 400	2,15	6,0	9,0	12,0	15,0	18,0
RP 500	2,5	6,5	9,7	13,0	16,2	19,4

Tafel 6: Dicke der Gummidecke je nach Fördergut

Fördergut	Gummidecke Tragseite in mm	Laufseite in mm
Sand, feiner Kies, Feinkohle	2	1
Steinkohle, Braunkohle, Kies, Koks	3	2
Grobstückige Kohle, Splitt, Steine	4⋯5	2
Abraum, Erze, scharfkantige Steine	5⋯8	2⋯3

Tafel 7: Genormte Gurtbreiten

B in mm	Genormte Gurtbreiten in mm										
	400	500	650	800	1000	1200	1400	1600	1800	2000	2250	2500

Tafel 8: Multiplikator x

Gurtqualität	B 50	B 60	B 80	Z 90	R 100	R 125	RP 160	RP 200	RP 250	RP 315	RP 400	RP 500
Multiplikator x	0,09	0,10	0,11	0,10	0,10	0,10	0,15	0,175	0,20	0,225	0,25	0,275

Tafel 9: Mindestgurtbreiten bei Muldung von B-Gurten

Gewebequalität	B 50		B 60		B 80		B 100			
Einlagenzahl	3	4	3	4	5	4	5	6	5	6	7
Bandbreite bei 20°-Muldung in mm	400	400	400	400	500	500	650	650	650	800	1000
Bandbreite bei 30°-Muldung in mm	–	–	–	–	800	–	800	1000	1000	1200	1400

Tafel 10: Mindestgurtbreiten bei Muldung von RP-Gurten

Gewebequalität	RP 160			RP 200			RP 250		
Einlagenzahl	4	5	6	4	5	6	4	5	6	7
Bandbreite bei 20°-Muldung in mm	500	650	800	650	800	1000	650	800	1000	1200
Bandbreite bei 30°-Muldung in mm	–	800	1000	800	1000	1200	800	1000	1200	1400

Tafel 11: Eigenschaften der Stahlseilgurte

Typ	Bruchfestigkeit	Seil-∅	Mindestdicke der Deckplatte	Gurtdicke	Gewichte je m² Normalausführung	FW	kleinste Bandbreite
St.	kp/cm	mm	mm	mm	kp	kp	mm
800	800	4,1	4+4	12	16,8	18,4	500
1000	1000	4,1	5+5	14	20,1	22,1	500
1250	1250	4,1	5+5	14	21,0	23,0	500
1600	1600	5,85	5+5	16	25,0	27,0	800
2000	2000	5,85	5+5	16	26,0	28,0	800
2500	2500	7,4	6+6	19,5	32,7	35,1	800
3150	3150	8,3	6+6	20	36,7	39,1	800
4000	4000	9,5	6+6	22	42,0	44,4	1000
5000	5000	9,5	7+7	24	49,0	51,8	1200
6300	6300	10,5	7+7	25	57,0	59,8	1200

Tafel 12: Trommeldurchmesser beim Einsatz von Stahlseilgurten

Gurttyp	Antriebstrommeln			Umlenk-Spanntrommeln			Ablenktrommel
	Ausnutzung der zulässigen Zugkraft in %						
St.	100	60	30	100	60	30	
800	630	500	500	500	500	400	400
1000···1250	800	630	630	630	630	500	500
1600···2000	1000	800	630	800	630	500	500
3150···4000	1250	1000	800	1000	800	630	500
5000···6300	1400	1250	1000	1250	1000	800	630

Tafel 13: Theoretische Fördermenge in m³/h bei $v = 1$ m/s für drei gleich lange Rollen nach DIN 22107

Muldung	20°	25°	30°	37,5°	45°
Bandbreite in mm	Fördermenge in m³/h				
650	125	140	155	–	–
800	–	225	240	260	–
1000	–	–	395	425	440
1200	–	–	580	625	655
1400	–	–	800	870	910
1600	–	–	1065	1150	1205
1800	–	–	1365	1470	1540

Leistungen bei höheren Geschwindigkeiten durch entsprechende Umrechnung

Tafel 14: Werte für f bei Wälzlagerung und Labyrinthdichtung der Tragrollen

gut verlegte Anlagen mit leichtlaufenden Tragrollen und Fördergut mit geringer innerer Reibung	$f = 0{,}017$
normal ausgeführte Anlagen	$f = 0{,}020$
ungünstige Betriebsbedingungen; staubiger Betrieb, Fördergut mit hoher innerer Reibung, gelegentliche Überladungen	$f = 0{,}023 \cdots 0{,}027$

Tafel 15: Werte für Reibungszahl f bei Wälzlagerung

Betriebs-bedingungen	Kennzeichnung der Betriebsbedingungen des Förderers	Reibungszahl f Flachrollen	Muldenrollen
günstig	reiner und trockener Raum ohne schleißenden Staub	0,018	0,020
normal	geheizter Raum bei geringem Gehalt an schleißendem Staub und normaler Luftfeuchtigkeit	0,022	0,025
ungünstig	ungeheizter Raum und im Freien; größtmöglicher Gehalt an schleißendem Staub, erhöhte Feuchtigkeit und andere für die Arbeit der Lager ungünstige Bedingungen	0,035	0,040

Tafel 16: Gebräuchliche Werte für $1/(e^{\mu a} - 1)$

Reibwerte	a in 1°				
μ	180	190	200	210	220
0,20	1,15	1,06	0,99	0,93	0,88
0,25	0,84	0,77	0,71	0,67	0,63
0,30	0,64	0,58	0,54	0,50	0,47
0,35	0,50	0,46	0,42	0,38	0,36
0,40	0,40	0,36	0,33	0,30	0,28

Tafel 17: Reibwerte μ

Trommelbelag Betriebsbedingungen	blanke St.-Trommel	Gummibelag	Keramikbelag
Trockener Betrieb	0,35···0,4	0,40···0,45	0,4···0,45
Sauberer Naßbetrieb	0,1	0,35	0,35···0,4
Schmieriger Naßbetrieb	0,05···0,1	0,25···0,3	0,35

Tafel 18: Umlaufendes Rollengewicht je Rollenstation

Bandbreite mm	Stückzahl	Rollenart	Dimension Durchmesser in mm	Länge in mm	Umlaufgewicht in kp
500	3	Muldenrollen	63,5	190	5,7
	3	Muldenrollen	63,5	200	6
	3	Muldenrollen	89	190	8,7
	3	Muldenrollen	89	200	9
	1	Flachrolle	63,5	550	3,2
	1	Flachrolle	63,5	600	3,7
	1	Flachrolle	89	600	6
	1	Flachrolle mit Stützringen	63,5/120	550	5,4
	1	Flachrolle mit Stützringen	63,5/120	600	6
650	3	Muldenrollen	89	240	9,9
	3	Muldenrollen	89	250	10,2
	3	Muldenrollen	108	240	12,6
	3	Muldenrollen	108	250	12,9
	1	Flachrolle	63,5	700	4,2
	1	Flachrolle	63,5	750	4,4
	1	Flachrolle	89	700	6,7
	1	Flachrolle	89	750	7,1
	1	Flachrolle	108	750	8,3
	1	Flachrolle mit Stützringen	63,5/120	700	7,1
	1	Flachrolle mit Stützringen	63,5/120	750	7,3
800	3	Muldenrollen	89	290	11,1
	3	Muldenrollen	89	315	11,7
	3	Muldenrollen	108	290	13,8
	3	Muldenrollen	108	315	14,4
	3	Muldenrollen	133	315	22,2
	1	Flachrolle	89	950	8,6
	1	Flachrolle mit Stützringen	63,5/120	950	9,4
	1	Flachrolle mit Stützringen	63,5/150	950	11,4
	2	V-Rollen	89	500	10,3
	2	V-Rollen mit Stützringen	63,5/120	500	10,8
	3	Muldenrollen mit Polsterringen	63,5/120	315	13,5
1000	3	Muldenrollen	89	380	12,9
	3	Muldenrollen	108	380	15,9
	3	Muldenrollen	133	380	24,6
	1	Flachrolle	89	1150	9,1
	1	Flachrolle	108	1150	11,6
	1	Flachrolle	133	1150	18
	1	Flachrolle mit Stützringen	63,5/120	1150	10,5
	1	Flachrolle mit Stützringen	63,5/150	1150	12,8
	2	V-Rollen	89	600	11,8
	2	V-Rollen mit Stützringen	63,5/120	600	12,4
	3	Muldenrollen mit Polsterringen	89/138	380	20,7
1200	3	Muldenrollen, leicht	133	465	27,8
	3	Muldenrollen, schwer	133	465	28,5
	1	Flachrolle	108	1400	13,3
	1	Flachrolle	133	1400	21,4
	1	Flachrolle mit Stützringen	89/180	1400	21,7
	2	V-Rollen	108	710	15,8
	2	V-Rollen	133	710	24,8
	2	V-Rollen mit Stützringen	89/180	710	24,2
	3	Muldenrollen mit Polsterringen	89/150	465	28,8
	3	Muldenrollen mit Polsterringen	89/155	465	31,5
1400	3	Muldenrollen	133	530	31,5
	3	Muldenrollen	159	530	51,3
	1	Flachrolle	133	1600	24
	1	Flachrolle mit Stützringen	89/180	1600	23,2
	2	V-Rollen	133	800	27,8
	2	V-Rollen mit Stützringen	89/180	800	32,2
	3	Muldenrollen mit Polsterringen	89/155	530	35,1

Tafel 19: k-Werte bei schräger Förderung

Neigungs-winkel δ	flaches Plattenband	Trogband
bis 10°	1,0	1,0
10 bis 20°	0,9	0,95
über 20°	0,85	0,9

Tafel 21: f_R-Werte

Betriebs-bedingungen	Gleitlager	Wälzlager
günstig	0,07	0,02
normal	0,09	0,03
ungünstig	0,12	0,045

Tafel 20: Gesamtreibungsbeiwert f_{ges}

Betriebs-bedingungen[1]	f_{ges} für Stützrollen auf	
	Gleitlager	Wälzlager
günstig	0,07···0,09	0,023
normal	0,09···0,11	0,035
ungünstig	0,11···0,15	0,052

[1] Kennzeichnung der Betriebsbedingungen s. Tafel 15.

Tafel 22: f_{ges}-Werte

	Förderer mit	
	Stütz- bzw. Laufrollen	Gleitkette ohne Rollen
grobe Stückkohle	0,30···0,38	0,37···0,45
Anthrazit	0,21···0,28	0,30···0,35
Kohlenstaub	0,30···0,43	0,37···0,50

Tafel 23: Empfehlenswerte Radien R bei senkrechten Laufbahnkrümmungen

Laufwerksrollen-abstand t_R in Kettenteilungen t_K	Laschenkette mit $t_K = 80$ mm			zerlegbare Kette mit $t_K = 100$ mm			zerlegbare Kette mit $t_K = 160$ mm		
	Kettenzug an der Krümmung in % vom zulässigen Wert								
	50	75	100	50	75	100	50	75	100
	Krümmungsradius R in m								
$t_R = 2 \cdot t_K$	–	–	–	–	–	–	3,5	3,5	4,0
$t_R = 4 \cdot t_K$	3,0	3,5	4,0	2,5	2,5	3,0	3,5	4,0	4,5
$t_R = 6 \cdot t_K$	3,5	4,0	5,0	3,0	3,5	4,5	4,5	5,5	7,0
$t_R = 8 \cdot t_K$	4,5	5,0	6,0	3,5	5,0	6,0	7,0	7,0	9,0

Tafel 24: Zusammenstellung der Widerstandfaktoren

Betriebs-bedingungen	f	f_S			f_{WK}				f_{WR}		
					Gleitlager		Wälzlager				
		≤ 25°	35°	45°	90°	180°	90°	180°	≤ 30°	45°	60°
günstig	0,020	1,010	1,015	1,020	1,035	1,040	1,020	1,025	1,015	1,020	1,025
normal	0,025	1,015	1,020	1,025	1,050	1,055	1,025	1,030	1,020	1,025	1,030
ungünstig	0,040	1,020	1,025	1,030	1,060	1,070	1,030	1,035	1,025	1,035	1,040

Tafel 25: Flache Becher nach DIN 15231 für leichte Güter, z. B. Mehl, Grieß, Schrot

Breite b_B in mm	Ausladung e_B in mm	Höhe h_B in mm	Gewicht eines Bechers in kp bei Stahlblechdicke in mm						Becherinhalt V_B in Liter
			0,88	1	1,5	2	3	4	
80	75	67	0,130	0,150					0,1
100	90	80	0,200	0,220	0,330				0,16
125	106	95	0,280	0,320	0,480	0,640			0,28
160	125	112		0,480	0,700	0,960			0,5
200	140	125		0,650	0,950	1,30	1,90		0,8
250	160	140		0,860	1,30	1,75	2,60		1,25
315	180	160			1,80	2,40	3,60	4,80	2,0
400	200	180				3,25	4,90	6,50	3,15
500	224	200					6,60	8,80	5,0

Tafel 26: Flachrunde Becher nach DIN 15232 für körnige leichte Güter; z. B. Getreide

Breite b_B in mm	Ausladung e_B in mm	Höhe h_B in mm	Gewicht eines Bechers in kp bei Stahlblechdicke in mm						Becherinhalt V_B in Liter
			0,88	1	1,5	2	3	4	
80	75	80	0,140	0,160					0,17
100	90	95	0,210	0,240	0,360				0,3
125	106	112	0,300	0,340	0,510	0,680			0,53
160	125	132		0,500	0,750	1,00			0,9
200	140	150		0,680	1,02	1,40	2,10		1,4
250	160	170		0,940	1,40	1,90	2,80		2,24
315	180	190			1,95	2,60	3,85	5,20	3,55
400	200	212				3,55	5,30	7,10	5,6
500	224	236					7,20	9,60	9

Tafel 27: Mitteltiefe Becher nach DIN 15233 für klebrige Güter, z. B. Rohrzucker

Breite b_B in mm	Ausladung e_B in mm	Höhe h_B in mm	Gewicht eines Bechers in kp bei Stahlblechdicke in mm						Becherinhalt V_B in Liter
			2	3	4	5	6	8	
160	140	160	1,23	1,86					0,95
200	160	180	1,66	2,57	3,46				1,5
250	180	200	2,24	3,36	4,48				2,36
315	200	224		4,56	6,08	7,85			3,75
400	224	250		6,06	8,15	10,3			6
500	250	280			11,5	14,4	17,3		9,5
630	280	315			16,1	20,2	24,3		15
800	315	355				27,5	33,3	44,3	23,6
1000	355	400				38,2	46,0	61,2	37,5

Tafel 28: Tiefe Becher mit ebener Rückwand nach DIN 15234 für schwere pulverförmige bis grobstückige Güter, z. B. Sand, Zement, Kohle

Breite b_B in mm	Ausladung e_B in mm	Höhe h_B in mm	Gewicht eines Bechers in kp bei Stahlblechdicke in mm						Becherinhalt V_B in Liter
			2	3	4	5	6	8	
160	(125)	160	1,17	1,78					1,2
	140	180	1,38	2,08					1,5
200	(140)	180	1,59	2,41	3,24				1,9
	160	200	1,85	2,80	3,76				2,36
250	(160)	200	2,15	3,26	4,37				3
	180	224	2,49	3,77	4,96				3,75
315	(180)	224		4,44	5,95	7,72			4,75
	200	250		5,09	6,82	8,59			6
400	224	280		7,03	9,40	11,8			9,5
500	250	315			12,8	16,1	19,4		15
630	280	355			17,5	22,1	26,6		23,6
800	315	400				30,6	36,9	49,6	37,5
1000	355	450				42,0	50,3	67,0	60

Eingeklammerte Größen sind ungebräuchlich und möglichst zu vermeiden.

Tafel 29: Tiefe Becher mit gekrümmter Rückwand nach DIN 15235 für leichtfließende oder rollende Güter, z. B. Flugasche, Kartoffeln

Breite b_B in mm	Ausladung e_B in mm	Höhe h_B in mm	Gewicht eines Bechers in kp bei Stahlblechdicke in mm						Becherinhalt V_B in Liter
			2	3	4	5	6	8	
160	140	200	1,51	2,28					1,5
200	160	224	2,04	3,07	4,15				2,36
250	180	250	2,74	4,14	5,56				3,75
315	200	280		5,59	7,41	9,46			6
400	224	315		7,72	10,4	13,0			9,5
500	250	355			14,1	17,7	21,4		15
630	280	400			19,2	24,1	29,0		23,6
800	315	450				32,5	39,3	52,5	37,5
1000	355	500				44,5	53,5	71,2	60

Tafel 30: Förderguteigenschaften bei der Elevatorförderung

Fördergut	Schüttgewicht γ_S in $\frac{Mp}{m^3}$	Füllungsgrad φ	empfohlene maximale Fördergeschwindigkeit v in $\frac{m}{s}$
Asche (Schlacke)	0,9	0,7	2,5
Basalt	3,0	0,5	1,0
Basaltlava	2,8	0,5	1,2
Bimsstein	1,2	0,5	1,8
Bimssteinsand	0,7	0,7	2,7
Braunkohle	0,7	0,5	1,9
Erde	1,7	0,7	2,4
Feinkohle	0,8	0,8	2,6
Flugasche	1,0	0,8	2,8
Formsand	1,2	0,8	2,5
Gaskoks	0,4	0,6	2,5
Gerste	0,7	0,8	3,0
Gips	1,3	0,8	2,7
Granit	2,6	0,5	1,3
Hafer	0,55	0,8	3,0
Hochofenschlacke	1,5	0,5	2,0
Hochofenschlackensand	0,7	0,8	2,7
Holzkohlen	0,3	0,6	2,5
Hülsenfrüchte	0,85	0,7	2,9
Kalk	0,9	0,8	2,5
Kalkstein	2,6	0,5	1,2
Kartoffeln	0,75	0,6	2,0
Kies, naß	2,0	0,7	2,5
Kies, trocken	1,7	0,7	2,5
Kohlenschlacke	1,0	0,5	2,0
Kohlenstaub	0,7	0,7	2,7
Lehm, feucht	2,0	0,4	1,8
Lehm, trocken	1,6	0,7	2,0
Malz	0,55	0,7	3,0
Marmor	2,7	0,5	1,2
Mehl	0,5	0,9	3,5
Mörtel, Gips-	1,2	0,7	2,0
Mörtel, Kalk-	1,7	0,7	2,0
Mörtel, Zement-Kalk-	2,0	0,7	2,0
Muschelkalk	2,6	0,7	1,4
Preßkohle	1,0	0,5	1,8
Roggen	0,7	0,8	3,0
Rohmehl	1,0	0,8	3,5
Rüben	0,65	0,5	2,0
Sägespäne	0,25	0,8	3,0
Sand, trocken	1,6	0,7	2,5
Sand, naß	2,1	0,4	2,5
Schiefer	2,7	0,5	1,2
Stückkohle	0,9	0,5	1,5
Superphosphat	0,8	0,8	2,5
Ton	2,0	0,7	1,8
Tuffstein	2,0	0,5	1,6
Weizen	0,75	0,7	3,0
Zement	1,2	0,8	2,5
Zucker	0,7	0,8	2,7
Zuckerrübenschnitzel	0,3	0,7	3,0

Tafel 31: Äquivalente Längen l_{iK} in mm von 90°-Krümmern

Art des Gutes	Verhältnis r/D			
	4	6	10	20
staubförmig	4···8	5···10	6···10	8···10
körnig, gleichförmig	—	8···10	12···16	16···20
kleinstückig, ungleichförmig	—	—	28···35	38···45
grobstückig, ungleichförmig	—	—	60···80	70···90

r = Krümmungsradius D = Rohrdurchmesser

Tafel 32: Beiwert c_2

Art des Fördergutes	Maximale Korngröße a_k	c_2
staubförmig	0,001···1 mm	10···16
körnig, gleichförmig	1···10 mm	17···20
kleinstückig, gleichförmig	10···20 mm	17···22
mittelstückig, gleichförmig	40···80 mm	22···25

Tafel 33: Mischungsverhältnis μ

	l_{red} in m			
	≤ 50	100	200	≥ 500
Saugluftanlage	20	10	7,5	5
Druckluftanlage	70	50	30	15

Tafel 34: Kurzzeichen für die Fahrantriebe von Flurförderzeugen

Benennung	Kurzzeichen
Benzin	B
Diesel	D
Elektro (Batterie)	E
Netz	N
Preßluft	P
Treibgas	T
Handbetrieb	kein Buchstabe

Die Kurzzeichen für Flurförderzeuge mit motorischem Fahrantrieb werden aus 3, mit Handantrieb aus 2 Buchstaben (2. und 3. Buchstabe) gebildet, die folgende Bedeutung haben:

Erster Buchstabe   Fahrantrieb   (Tafel 34)
Zweiter Buchstabe   Lenkung   (Tafel 35)
Dritter Buchstabe   Bauform   (Tafel 35)

Tafel 35: Die wichtigsten Bauformen von Flurförderzeugen

Lenkung				Benennung	Bauform	
Handlenkung H	Lenkung durch Gehenden G	Standlenkung S	Fahrersitzlenkung F		Kurzzeichen	Erklärung
				Schlepper		*
				Zweiachsschlepper	Z	Schlepper mit zwei Achsen
				Einachsschlepper	R	Schlepper mit einer Achse
	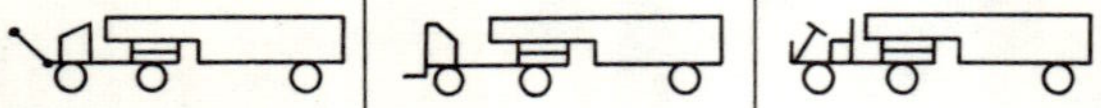			Sattelschlepper	A	Schlepper zum Bewegen von Anhängern mit einer Achse oder Tandemachse
						Fahrzeuge mit mindestens 3 Rädern
				Wagen		
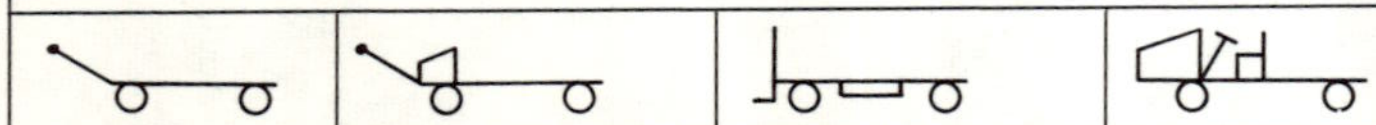				Wagen (Plattformwagen)	W	Wagen mit ebener Ladefläche
				Kipper	I	Wagen mit kippbarem Lastträger
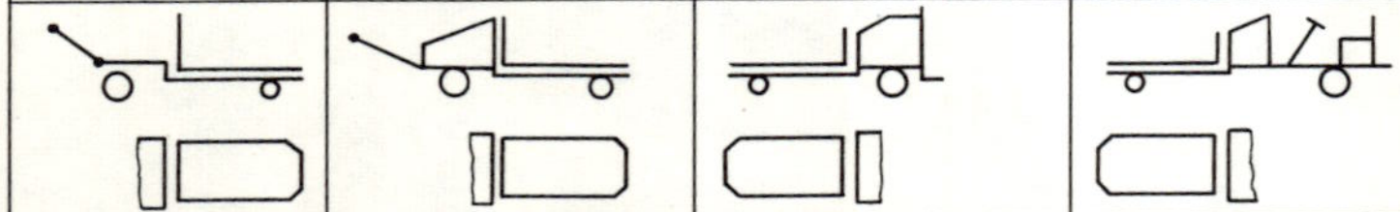				Hubwagen	N	Wagen zum Unterfahren, Aufnehmen und Befördern von Ladepritschen
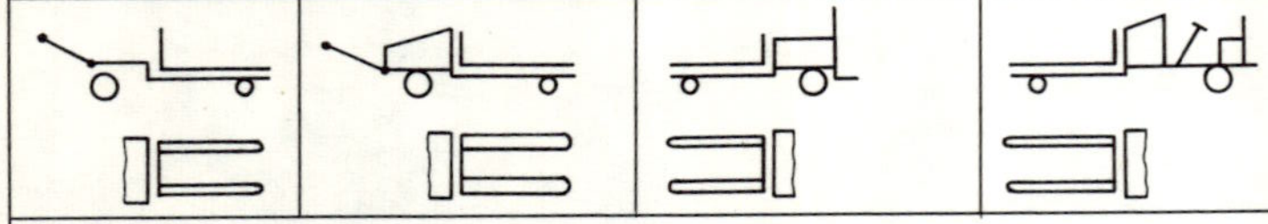				Gabelhubwagen	U	Hubwagen mit gabelförmigen Lastträgern zum Aufnehmen und Befördern von Paletten
				Stapler		Flurförderzeuge mit für Stapelvorg. senkrecht bewegbaren Lastträgern
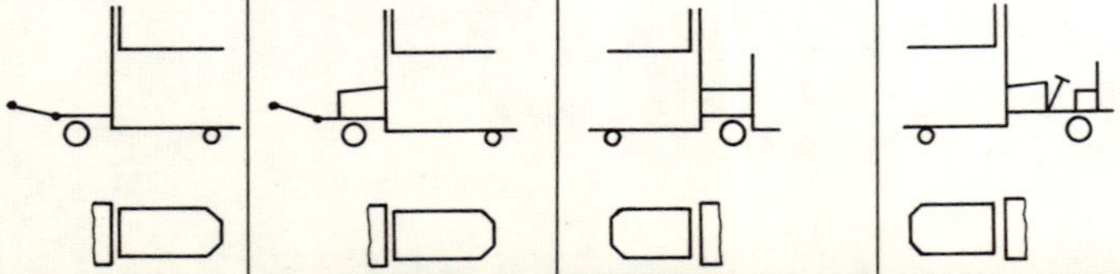				Hochhubwagen	H	Radarmstapler mit Plattform

	Bezeichnung	Symbol	Beschreibung
	Gabelhoch-hubwagen	V	Radarmstapler mit Gabeln
	Spreitzenstapler	P	Radarmstapler, dessen Gabeln zwischen dem Rahmen bis auf den Boden abgesenkt werden können
	Gabelstapler	G	Stapler, die ihre Last außerhalb der Radbasis aufnehmen und befördern
	Schubgabelstapler a mit Schubgabel b mit Schub-rahmen	S_a S_b	Schubstapler, deren Gabeln bzw. Hubgerüst in Fahrtrichtung verschiebbar sind
	Querstapler (Seitenstapler)	Q	Stapler, dessen Lastträger quer zur Fahrtrichtung angeordnet sind

* motorisch angetriebene Fahrzeuge zum Bewegen anderer Fahrzeuge

Tafel 36: Versuchsbedingungen für den Standsicherheitsnachweis von Gabelstaplern nach DIN 15138

Versuch	Standsicherheit in	gilt für	Belastung	Hubhöhe bis Oberkante Gabel	Stellung des Hubgerüstes	Plattformneigung in % bei Nennlast bis 5 Mp	Plattformneigung in % bei Nennlast über 5 bis 10 Mp	Aufstellung des Gabelstaplers	
I[1]	Längsrichtung	Stapeln	Prüflast	größte Hubhöhe	senkrecht	4	3,5	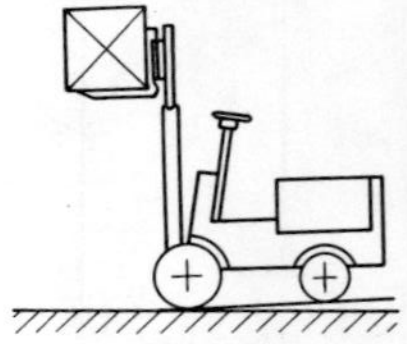	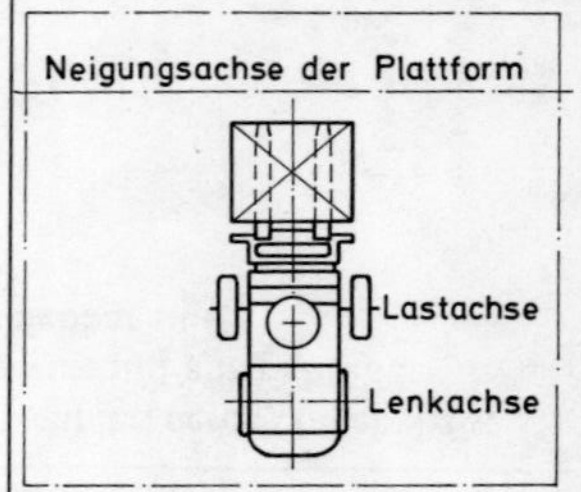
II		Fahren	Prüflast	≈ 300 mm	größte Rückwärtsneigung	18	18		
III	Querrichtung	Stapeln	Prüflast	größte Hubhöhe		6	6		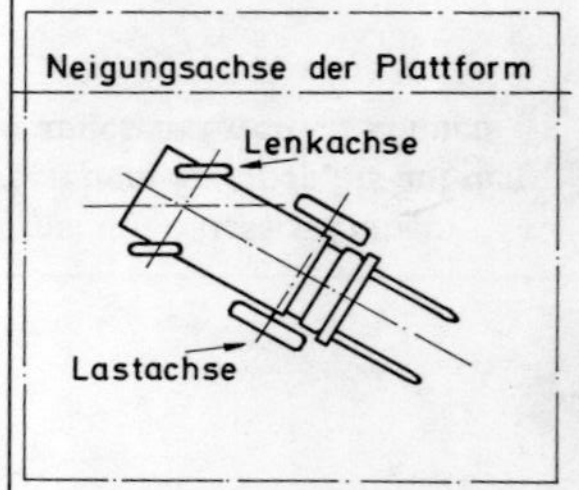
IV[2]		Fahren	ohne	≈ 300 mm		15 + 1,09 v* max. 50	15 + 1,09 v* max. 40		

* v = Höchstgeschwindigkeit des unbelasteten Gabelstaplers in km/h.

¹ Prüfbelastung bei Versuch I.

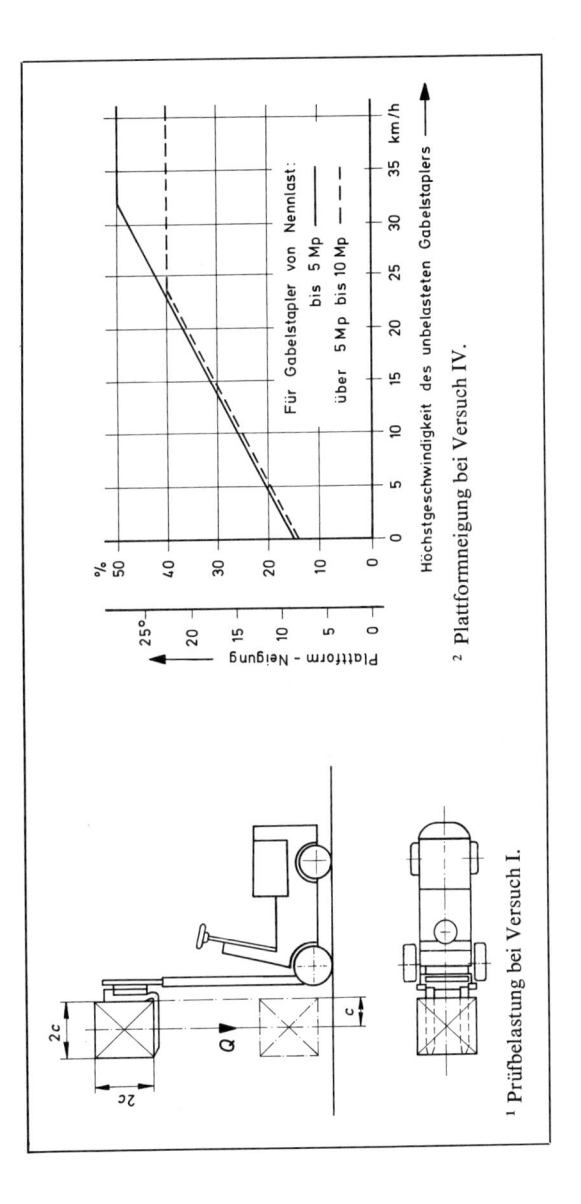

² Plattformneigung bei Versuch IV.

Tafel 37: Bezeichnung der Palettenformen in Abhängigkeit vom Aufbau und der Möglichkeit des Unterfahrens durch die Gabeln von Stapelgeräten

	Zweiwege-Palette		Vierwege-Palette
Aufnahme	längs	quer	längs und quer
Mit Bodenplatte	Form A	Form B	Form C
Mit Bodenplatte und mit Fenstern	Form AmF	Form BmF	Form CmF
Mit Längsleisten	Form D	–	Form E
Mit Querleisten	–	Form F	Form G

Tafel 38: Daten der Flachpaletten nach DIN 15141 (4-Wege-Palette)

Nennmaße in mm $b_1 \times l_1$	Kennz. n. VDI 3307	Maße in mm			Gewicht (Hartholz) in kp	Tragfähigkeit in kp
		b_2	l_2	m		
600 × 800		–	> 590	–	–	1000 auf Gabel
800 × 1000	PA	> 590	> 710	< 150	27	
800 × 1200	P	> 590	> 800	< 150	32	
1000 × 1200	PB	> 710	> 800	< 150	42	4000 im Stapel
1200 × 1600		> 800	> 800	< 175	–	
1200 × 1800		> 800	> 800	< 175	–	

Tafel 39: Containermaße (ISO)

Typ	Höhe		Breite		Länge		Zulässiges Bruttogewicht
	mm	feet	mm	feet	mm	feet and inch	in Mp
1 A	2435	8′	2435	8′	12190	40′	30
1 B	2435	8′	2435	8′	9125	29′ 11¼″	25
1 C	2435	8′	2435	8′	6055	19′ 10½″	20
1 D	2435	8′	2435	8′	2990	9′ 9¾″	10
1 E	2435	8′	2435	8′	1965	6′ 5½″	7
1 F	2435	8′	2435	8′	1460	4′ 9½″	5

Literaturverzeichnis

Titel	Autor	Verlag
Hebe- und Förderanlagen	Aumund	Springer, Berlin
Einführung in die Fördertechnik	Scheffler	Fachbuchverlag, Leipzig
Grundlagen der Fördertechnik	Kurth	Verlag Technik, Berlin
Unstetigförderer	Kurth	Verlag Technik, Berlin
Stetigförderer	Kurth	Verlag Technik, Berlin
Fördergurthandbuch	Verschiedene	Fa. Scholtz, Hamburg
Fördertechnik	Hänsel	Springer, Berlin
Maschinenkunde (MKE 20A)	Zebisch	SGD, Darmstadt
Fördertechnik und Fabrikorganisation	Krippendorff	Rowohlt, Reinbeck
Planung und Ausführung von Gurtbandförderern	Verschiedene	Fa. Eickhoff, Bochum
Förderanlagen	Spiwakowski	Vieweg, Braunschweig
Rationelle Lagergestaltung	Granitza	Verlag Technik, Berlin
Stetigförderer	Salzer	Krausskopf, Mainz
ABC des Gabelstaplers	Verschiedene	VDI-V., Düsseldorf
Rationeller Transport mit Paletten	Verschiedene	VDI-V., Düsseldorf
Taschenbuch für den Maschinenbau	Dubbel	Springer, Berlin
Hütte, Band II A und II B	Verschiedene	Ernst u. Sohn, Berlin

Zeitschriften:

Antriebstechnik	Demag-Nachrichten
Deutsche Hebe- und Fördertechnik	Fördern und Heben
Konstruktion	Materialfluß
VDI-Zeitschrift	Werkstatt und Betrieb

Stichwortverzeichnis

A

Abgabestelle 22
Angetriebene Rollenbahnen 81
Antriebsleistung 24
Aufgabekraft 67
Aufgabestelle 18

B

Bandförderer 9
Bandschnecke 75
Bandtraggerüst 18
Becher 140
Becherwerke 59
Böschungswinkel 8, 134
Boxpaletten 127

C

Container 127
Containermaße 148

D

Drahtbandförderer 30
Dreiradstapler 119
Druckluftförderer 103
Durchlaufregallager 118

E

Eckantrieb 54
Einlagenzahl 10
Eintrommelantrieb 14
Einzelverlustverfahren 35
Elevatoren 59, 142

F

Federtragrolle 30
Flachlager 117
Flachpaletten 126
Flachrollen 18
Fliehkraftentleerung 65
Flurförderzeuge 112, 144
Fördergut 8
Fördermengen 136

Förderschnecke 75
Förderstrom 23
Frontstapler 114

G

Gliederbandförderer 30
Gliederförderer 30
Gummideckengewichte 134
Gummigurtförderer 10
Gurtbreiten 135
Gurtdehnung 12
Gurtführungen 15
Gurtgewichte 11
Gurtmuldung 11
Gurtspannanlagen 17
Gurtverbindungen 13
Gurtzüge 26

H

Hochregallager 120
Hydraulische Förderer 110

K

Kettenberechnung 36
Körnung 8
Kommissionierung 122
Kratzerabstand 41
Kratzerförderer 39
Kreisförderer 48

L

Lagerplanung 122
Lagerwesen 116
Lastaufnahmemittel für
  Kreisförderer 50
  Stapler 114
Laufbahnkrümmungen 139
Luftgeschwindigkeit 104

M

Maschinenkennwert K 93
Mindestbandbreiten 11
Mischungsverhältnis 105

Mitnehmerformen 40
Modulsystem der Container 127
Muldung 11
Muldenrollen 18

P

Paletten 126, 148
Pendelbecherwerke 70
Pneumatische Förderer 102
Power-Free-Anlage 51

R

Reduzierte Förderlänge 104
Regalförderzeug (RFZ) 120
Reibbeläge 16
Reibung 8
Reibungszahlen f_R 137
Regallager 117
Relative Becherfolge 67
Resonanzerscheinungen 37
Rohrkreisförderer 53
Rollenbahnen 81
Rollenbatterien 54
Rollengewicht (umlaufend) 138
Rolltreppe 33
Rutschen 80

S

Saugluftförderer 103
Schaufelschnecke 75
Schaukelförderer 109
Schleppkettenantrieb 54
Schleppkettenförderer 110
Schlepper 113
Schneckenförderer 74
Schöpfarbeit, spezifisch 67
Schöpfbecherwerke 72
Schüttelrutschen 85
Schüttgewicht 8, 130
Schüttgüter 8, 129
Schwerkraftentleerung 65
Schwerkraftförderer 80
Schwerkraftrollenbahnen 81
Schwingförderer 85

Schwingrinnen 86
Spreader 128
Stahlbandförderer 30
Stahlseilgurte 13, 135
Stapler 113
Stapelförderer 110
Stapelkran 120
Statische Läger 116
Steilfördergurte 9
Stückigkeit 8
Stückgüter 8

T

Textilgurte 10, 134
Tragrollen 18
Transportrationalisierung 126
Trogbandförderer 34
Trogketten 43
Trogkettenförderer 43
Trommeldurchmesser 11, 136

U

Übergangslängen 12
Umlaufförderer 110
Umlenkeinrichtungen 51
Unwuchtmotor 89

V

Verdichtungsgrad 8
Verteilerlager 116
Vierradstapler 119
Vollschnecke 75
Vorspannkraft 27

W

Wagen 113
Wandertische 108
Wendelschwingrinne 86
Wurfkennwert Γ 91

Z

Zeitkennwert z_t 95
Zweitrommelantrieb 16

Eduard Karg

**Regelungstechnik
kurz und bündig**

84 Seiten, 58 Abbildungen 3farbig

Regeln, Steuern, Automatisieren, das Zeitverhalten von Regelkreisgliedern, Grundgesetze der Regelungstechnik, Anwendung der Grundgesetze beim Aufbau praktischer Regler und Regelungen

Nach Abgrenzung der Aufgabenstellung wird gezeigt, welche Eigenschaften Regelungen haben, welche Schwierigkeiten sich bei der Verwirklichung von Regelungen ergeben, was zur Überwindung der Schwierigkeiten getan werden kann. Zum Verständnis sind nur elementare mathematische Kenntnisse erforderlich.

Thomas Krist

**Hydraulik
kurz und bündig**

208 Seiten, zahlreiche Abbildungen 3farbig, Tabellenanhang

Physikalische Grundlagen, Hydraulikflüssigkeiten, Druck- und Energieverluste, Schwingungen und Druckstöße, Hydropumpen, Hydromotoren, Hydrozylinder, Hydrogetriebe

In der modernen Produktions-, Regel- und Fördertechnik ist die Hydraulik von hervorragender Bedeutung. Über die Darstellung von Grundlagen, Bauelementen und Funktionsabläufen hinaus werden hydraulische Probleme erläutert, Grundformeln abgeleitet sowie für den Betrieb erforderliche Einrichtungen beschrieben.

Deppert/Stoll

**Pneumatische Steuerungen
kurz und bündig**

184 Seiten, 223 Abbildungen 3farbig

Einleitung, Drucklufterzeugung, Druckluftverteilung, Teile pneumatischer Steuerungen, Steuerungen, Anwendungsbeispiele, Wartung, ABC der Pneumatik

Rationalisierung in der Produktion setzt die Kenntnis rentabler Maßnahmen voraus, zu denen der Einsatz pneumatischer Steuerungen zählt. Diese erst ermöglichen die Automatisierung vorhandener Anlagen in Teilschritten, auch kleiner und unbedeutender Vorgänge, mit einfachen Mitteln.

Peter v. d. Hagen

**Kostenrechnung
kurz und bündig**

100 Seiten, 40 Abbildungen und Formularmuster 3farbig

Betriebswirtschaftslehre; Kostenrechnung: Kostenarten, Kostenstellenrechnung, Kostenträgerrechnung, Kostenrechnungssysteme; Wirtschaftlichkeitsberechnungen; Anhang: Beispiele eines BAB

Neben den grundlegenden Tatsachen der Kostenrechnung ist ein Abschnitt betriebswirtschaftlichen Grundlagen gewidmet. Grundzüge der Wirtschaftlichkeitsberechnung werden berücksichtigt. Exkurse über Lohnsysteme, Abschreibungsmethoden, Kostentheorie und Preispolitik zeigen die Gesamtzusammenhänge.

Auskunft und Prospekte erhalten Sie von Ihrem Buchhändler oder direkt vom

VOGEL-VERLAG

8700 Würzburg
Postfach 800